计算机类本科规划教材

Oracle 10g 数据库基础教程
（第3版）

孙风栋　主编

电子工业出版社
Publishing House of Electronics Industry
北京·BEIJING

内 容 简 介

本书深入浅出地介绍了 Oracle 10g 数据库系统管理与开发的基础知识，包括 4 篇，共 14 章，内容涉及 Oracle 10g 数据库服务器的安装与配置、Oracle 数据库管理与开发工具的使用、Oracle 数据库体系结构管理、Oracle 数据库对象应用与管理、Oracle 数据库安全性管理、Oracle 数据库备份与恢复管理、SQL 语言应用、PL/SQL 程序设计、Oracle 应用系统开发实例等，包含数据泵技术、闪回技术等 Oracle 10g 的最新技术。全书理论与实践相结合，包含大量应用实例，强调实际操作技能的培训。为适合教学需要，附录 A 提供了 8 个实验，各章末均配有习题，并配有电子课件。

本书面向 Oracle 数据库的初学者和入门级用户，可以使读者从 Oracle 知识零起点开始逐渐全面地了解 Oracle 数据库的基本原理和相关应用开发，为将来深入学习 Oracle 数据库奠定基础。

本书适合作为高等院校计算机相关专业的教材，也适合作为 Oracle 数据库的初学者，以及初、中级数据库管理与开发人员的培训教材。

未经许可，不得以任何方式复制或抄袭本书之部分或全部内容。
版权所有，侵权必究。

图书在版编目（CIP）数据

Oracle 10g 数据库基础教程/孙风栋主编. —3 版. —北京：电子工业出版社，2017.1
计算机类本科规划教材
ISBN 978-7-121-30484-2

Ⅰ.①O… Ⅱ.①孙… Ⅲ.①关系数据库系统－高等学校－教材 Ⅳ.①TP311.138

中国版本图书馆 CIP 数据核字(2016)第 287873 号

责任编辑：凌　毅
印　　刷：北京盛通数码印刷有限公司
装　　订：北京盛通数码印刷有限公司
出版发行：电子工业出版社
　　　　　北京市海淀区万寿路 173 信箱　邮编：100036
开　　本：787×1 092　1/16　印张：19.5　字数：500 千字
版　　次：2009 年 7 月第 1 版
　　　　　2017 年 1 月第 3 版
印　　次：2024 年 7 月第 14 次印刷
定　　价：45.00 元

凡所购买电子工业出版社图书有缺损问题，请向购买书店调换。若书店售缺，请与本社发行部联系。联系及邮购电话：(010)88254888，88258888。
质量投诉请发邮件至 zlts@phei.com.cn，盗版侵权举报请发邮件至 dbqq@phei.com.cn。
本书咨询联系方式：(010)88254528，lingyi@phei.com.cn。

第3版前言

本书是《Oracle 10g 数据库基础教程》的第 3 版。《Oracle 10g 数据库基础教程》一书自 2009 年 7 月份出版以来，先后经过 14 次印刷，印量达 4 万余册，在大连东软信息学院、湖南商学院、大连理工大学软件学院、南昌航空大学、沈阳航空工业学院、北京电子科技学院、山东农业大学、广东技术师范学院、苏州大学等多所院校得到了很好的应用，颇受广大师生的好评。除了众多高校作为教材之外，该教材的第 1 版、第 2 版还成为软件开发人员学习 Oracle 数据库应用的入门书籍，部分培训机构把该书作为培训教材使用。该教材在使用的过程中，得到了众多读者的意见反馈，在此向他们表示感谢！

此外，《Oracle 10g 数据库基础教程》一书获得 2010 年"大连市科学著作奖二等奖"，获得 2011 年"辽宁省自然科学学术成果奖二等奖"等。

本书在《Oracle 10g 数据库基础教程（第 2 版）》的基础上，根据读者的反馈，进行了适当的调整，删减在教学过程中很少涉及的部分内容，如 OEM 在数据库管理中的应用；增加了部分最新技术与实用技术，如利用 RMAN 备份与恢复数据库。具体表现为：

（1）删减下列内容：
- Oracle 数据库概述
- 创建数据库
- OEM 控制台设置
- 在 OEM 中启动与关闭数据库
- 利用 OEM 管理表
- 利用 OEM 管理索引
- 利用 OEM 管理分区表与分区索引
- 维护分区表
- 利用 OEM 管理视图、序列、同义词和数据库链接
- 利用 OEM 进行安全管理
- 利用 OEM 进行物理备份与恢复
- 利用 OEM 导出、导入数据
- 备份原则与策略
- 恢复原则与策略

（2）增加下列内容：
- Oracle 数据库管理与开发常用工具的介绍，包括 PL/SQL Developer、ONM、ONCA、ODBC 等
- 外部表的应用
- 利用 RMAN 备份与恢复数据库
- 包括 8 个实验内容的附录 A

本书是作者根据多年的教学经验、软件开发经验及第 1 版、第 2 版读者反馈意见编写而成的，是一本面向应用型人才培养的教材，具有较强的实用性。全书简明易懂，篇幅适当，重点

突出。在内容编排上突破传统，融入整个课程体系设置之中，注重相关课程之间的整合与衔接，适应课程改革和学时调整的需要。本书反映了最新的教育思想，精讲多练，强调实践能力培养，强化学生动手能力和实际问题解决能力的培养，以学生为主体培养学生的自学能力。

本书由浅入深，层层深入，理论与实践相结合，突出实际操作，所有案例都在实践中得到验证。同时，每章配有大量练习题，特别是实训题，以强化对读者应用能力的培养。

本书共 4 篇，分为 16 章。

- 第一篇：基础篇（第 1～2 章）

主要介绍 Oracle 数据库服务器的安装与卸载、常用的 Oracle 开发与管理工具的使用。

- 第二篇：体系结构篇（第 3～5 章）

主要介绍 Oracle 数据库体系结构，包括物理存储结构、逻辑存储结构及 Oracle 实例。

- 第三篇：管理篇（第 6～10 章）

主要介绍 Oracle 数据库的管理知识，包括数据库的启动与关闭、数据库各种对象的管理、数据库安全性管理、数据库的备份与恢复及 Oracle 10g 最新技术——闪回技术等。

- 第四篇：应用开发篇（第 11～14 章）

主要介绍 Oracle 数据库应用开发知识，包括 SQL 语言基础、PL/SQL 语言基础及程序设计，以及基于 Oracle 数据库的应用程序开发实例。

全书知识结构如下图所示。

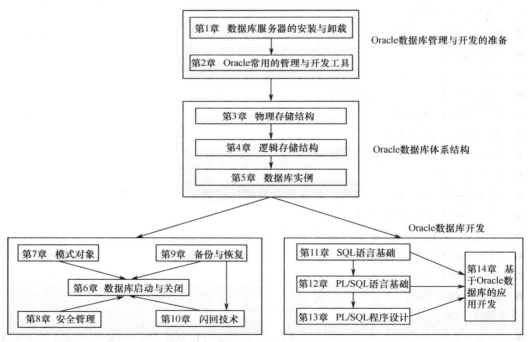

本书作者全部是有多年 Oracle 数据库开发经验及 Oracle 数据库授课经验的教师。其中，第 1～5 章由闫海珍编写，第 6～10 章、附录 A 由孙风栋编写，第 11～14 章由张冬青编写。此外，参与本书编写工作的还有刘蕾、李绪成、张阳、王红、李翔坤、程卓、王澜、邓丽、樊晓勇、宋晓慧、刘筱筠、宋维刚、曹玉琳、郑东霞、王文生、陈鹏、刘冰月、何宗刚等。全书由孙风栋统稿，王澜主审。

本书配有电子课件、程序源代码、习题解答等教辅资源，读者可登录华信教育资源网

（www.hxedu.com.cn）下载。

  本书在编写过程中得到很多人的帮助和支持，在此感谢我的合作者们辛勤、严谨的劳动，感谢我的同事、我的学生对本书的建议，感谢读者朋友们的意见与反馈。

  由于 Oracle 数据库知识繁杂，限于作者水平有限，编写时间仓促，本书中错误或不妥之处在所难免，敬请读者批评指正。QQ 交流群 201233076，欢迎大家一起探讨。作者 E-mail：sunfengdong@neusoft.edu.cn。

孙风栋

2016 年 12 月

目　　录

第一篇　基　础　篇

第1章　数据库服务器的安装与卸载 ……… 2
- 1.1　安装 Oracle 10g 数据库服务器 ……… 2
- 1.2　检查数据库服务器的安装结果 ……… 5
- 1.3　卸载 Oracle 10g 产品 ……… 7
- 复习题 ……… 8

第2章　Oracle 常用的管理与开发工具 ……… 10
- 2.1　OEM ……… 10
  - 2.1.1　OEM 介绍 ……… 10
  - 2.1.2　OEM 的启动与登录 ……… 10
  - 2.1.3　数据库控制 OEM 功能界面介绍 ……… 11
- 2.2　SQL*Plus ……… 13
  - 2.2.1　SQL*Plus 概述 ……… 13
  - 2.2.2　SQL*Plus 常用命令 ……… 14
- 2.3　PL/SQL Developer ……… 19
  - 2.3.1　PL/SQL Developer 简介 ……… 19
  - 2.3.2　连接数据库 ……… 20
  - 2.3.3　编写与运行 PL/SQL 程序 ……… 21
- 2.4　网络配置与管理工具 ……… 22
  - 2.4.1　网络配置助手 ONCA ……… 22
  - 2.4.2　网络管理工具 ONM ……… 22
- 2.5　使用 DBCA 创建数据库 ……… 23
- 复习题 ……… 26

第二篇　体系结构篇

第3章　物理存储结构 ……… 28
- 3.1　Oracle 数据库系统结构 ……… 28
- 3.2　数据文件及其管理 ……… 29
  - 3.2.1　数据文件概述 ……… 29
  - 3.2.2　数据文件的管理 ……… 30
- 3.3　控制文件 ……… 34
  - 3.3.1　控制文件概述 ……… 34
  - 3.3.2　控制文件管理 ……… 35
- 3.4　重做日志文件 ……… 38
  - 3.4.1　重做日志文件概述 ……… 38
  - 3.4.2　重做日志文件的管理 ……… 40
- 3.5　归档重做日志文件 ……… 43
  - 3.5.1　重做日志文件归档概述 ……… 43
  - 3.5.2　数据库归档模式管理 ……… 44
- 复习题 ……… 46

第4章　逻辑存储结构 ……… 49
- 4.1　逻辑存储结构概述 ……… 49
- 4.2　表空间 ……… 49
  - 4.2.1　表空间概述 ……… 49
  - 4.2.2　表空间的管理 ……… 51
- 4.3　数据块 ……… 58
- 4.4　区 ……… 60
- 4.5　段 ……… 61
  - 4.5.1　段概述 ……… 61
  - 4.5.2　回滚段 ……… 61
- 复习题 ……… 63

第5章　数据库实例 ……… 65
- 5.1　实例概述 ……… 65
- 5.2　Oracle 内存结构 ……… 66
  - 5.2.1　SGA ……… 66
  - 5.2.2　SGA 的管理 ……… 70
  - 5.2.3　PGA ……… 71
- 5.3　Oracle 后台进程 ……… 71
  - 5.3.1　Oracle 进程概述 ……… 71

5.3.2 Oracle 后台进程 ·············· 72

第三篇 管 理 篇

第 6 章 数据库启动与关闭 ············ 78
6.1 数据库启动与关闭概述 ············ 78
    6.1.1 数据库启动与关闭的步骤 ····· 78
    6.1.2 数据库启动的准备 ············ 79
6.2 在 SQL*Plus 中启动与关闭数据库 ····· 80
    6.2.1 在 SQL*Plus 中启动数据库 ····· 80
    6.2.2 在 SQL*Plus 中关闭数据库 ····· 82
    6.2.3 数据库状态转换 ············ 83
6.3 Windows 系统中数据库的自动启动 ····· 84
复习题 ·················· 84

第 7 章 模式对象 ·············· 86
7.1 模式 ··················· 86
7.2 表 ··················· 87
    7.2.1 创建表 ················ 87
    7.2.2 表约束 ················ 90
    7.2.3 表参数设置 ············· 95
    7.2.4 修改表 ················ 95
    7.2.5 删除表 ················ 98
7.3 索引 ·················· 98
    7.3.1 索引概述 ············· 98
    7.3.2 管理索引 ············· 100
7.4 分区表与分区索引 ············ 103
    7.4.1 创建分区表 ············ 104
    7.4.2 创建分区索引 ············ 106
    7.4.3 查询分区表和分区索引信息 ····· 108
7.5 外部表 ·················· 108
    7.5.1 外部表概述 ············ 108
    7.5.2 创建外部表 ············ 109
    7.5.3 利用外部表导出数据 ······· 111
    7.5.4 维护外部表 ············ 112
7.6 其他模式对象 ············· 112
    7.6.1 视图 ················ 112
    7.6.2 序列 ················ 115
    7.6.3 同义词 ··············· 116
    7.6.4 数据库链接 ············ 117
    7.6.5 查询视图、序列、同义词和

数据库链接 ············ 117
复习题 ·················· 117

第 8 章 安全管理 ·············· 120
8.1 Oracle 数据库安全性概述 ········· 120
8.2 用户管理 ················ 120
    8.2.1 用户管理概述 ············ 120
    8.2.2 创建用户 ············· 122
    8.2.3 修改用户 ············· 123
    8.2.4 删除用户 ············· 124
    8.2.5 查询用户信息 ············ 124
8.3 权限管理 ················ 125
    8.3.1 权限管理概述 ············ 125
    8.3.2 系统权限管理 ············ 125
    8.3.3 对象权限 ············· 130
    8.3.4 查询权限信息 ············ 132
8.4 角色管理 ················ 132
    8.4.1 Oracle 数据库角色概述 ········ 132
    8.4.2 预定义角色 ············ 133
    8.4.3 自定义角色 ············ 134
    8.4.4 利用角色进行权限管理 ······· 135
    8.4.5 查询角色信息 ············ 136
8.5 概要文件管理 ············· 137
    8.5.1 概要文件概述 ············ 137
    8.5.2 概要文件中参数介绍 ········ 138
    8.5.3 概要文件的管理 ·········· 139
8.6 审计 ·················· 140
    8.6.1 审计的概念 ············ 140
    8.6.2 审计分类 ············· 140
    8.6.3 审计的启动 ············ 141
复习题 ·················· 141

第 9 章 备份与恢复 ············· 144
9.1 备份与恢复概述 ············ 144
    9.1.1 备份与恢复的概念 ········· 144
    9.1.2 Oracle 数据库故障类型及

恢复措施 ············· 145

9.2 物理备份与恢复 146
　9.2.1 冷备份 146
　9.2.2 热备份 146
　9.2.3 非归档模式下数据库的恢复 147
　9.2.4 归档模式下数据库的完全恢复 148
　9.2.5 归档模式下数据库的不完全恢复 151
9.3 逻辑备份与恢复 153
　9.3.1 逻辑备份与恢复概述 153
　9.3.2 使用 Expdp 导出数据 155
　9.3.3 使用 Impdp 导入数据 159
9.4 利用 RMAN 备份与恢复数据库 162
　9.4.1 RMAN 介绍 162
　9.4.2 RMAN 基本操作 163
　9.4.3 RMAN 备份与恢复概述 164
　9.4.4 利用 RMAN 备份数据库 164
　9.4.5 利用 RMAN 恢复数据库 165
复习题 167

第 10 章 闪回技术 168

10.1 闪回技术概述 168
　10.1.1 基本概念 168
　10.1.2 闪回技术分类 168
10.2 闪回查询技术 169
　10.2.1 闪回查询 169
　10.2.2 闪回版本查询 171
　10.2.3 闪回事务查询 173
10.3 闪回错误操作技术 174
　10.3.1 闪回表 174
　10.3.2 闪回删除 176
　10.3.3 闪回数据库 178
复习题 181

第四篇　应用开发篇

第 11 章 SQL 语言基础 184

11.1 SQL 语言概述 184
　11.1.1 SQL 语言介绍 184
　11.1.2 SQL 语言的分类 184
　11.1.3 SQL 语言的特点 185
11.2 数据查询 185
　11.2.1 数据查询基础 185
　11.2.2 基本查询 185
　11.2.3 分组查询 189
　11.2.4 连接查询 192
　11.2.5 子查询 196
　11.2.6 合并查询 198
11.3 数据操作 200
　11.3.1 插入数据 200
　11.3.2 修改数据 201
　11.3.3 MERGE 语句 201
　11.3.4 删除数据 203
11.4 事务处理 204
　11.4.1 事务概述 204
　11.4.2 Oracle 事务处理 204
11.5 SQL 函数 205
　11.5.1 SQL 函数分类 205
　11.5.2 数值函数 205
　11.5.3 字符函数 206
　11.5.4 日期函数 207
　11.5.5 转换函数 208
　11.5.6 其他函数 209
复习题 210

第 12 章 PL/SQL 语言基础 214

12.1 PL/SQL 概述 214
　12.1.1 PL/SQL 特点 214
　12.1.2 PL/SQL 功能特性 215
　12.1.3 PL/SQL 执行过程与开发工具 215
12.2 PL/SQL 基础 216
　12.2.1 PL/SQL 程序结构 216
　12.2.2 词法单元 217
　12.2.3 数据类型 219
　12.2.4 变量与常量 221
　12.2.5 PL/SQL 记录 222

12.2.6 编译指示 225
12.2.7 PL/SQL 中的 SQL 语句 225
12.3 控制结构 228
　12.3.1 选择结构 228
　12.3.2 循环结构 231
　12.3.3 跳转结构 232
12.4 游标 232
　12.4.1 游标的概念及类型 232
　12.4.2 显式游标 233
　12.4.3 隐式游标 239
　12.4.4 游标变量 240
12.5 异常处理 242
　12.5.1 异常概述 242
　12.5.2 异常处理过程 244
　12.5.3 异常的传播 247
复习题 249

第 13 章 PL/SQL 程序设计 250

13.1 存储子程序 250
　13.1.1 存储过程 250
　13.1.2 函数 254
　13.1.3 局部子程序 257
13.2 包 258
　13.2.1 包的创建 259
　13.2.2 包的调用 260
　13.2.3 包重载 260
　13.2.4 包的初始化 261
　13.2.5 包的管理 262
13.3 触发器 263
　13.3.1 触发器概述 263
　13.3.2 DML 触发器 264
　13.3.3 INSTEAD OF 触发器 266
　13.3.4 系统触发器 267

13.3.5 变异表触发器 270
13.3.6 触发器的管理 272
复习题 273

第 14 章 基于 Oracle 数据库的应用开发 276

14.1 图书管理系统数据库设计与开发 276
　14.1.1 图书管理系统需求分析 276
　14.1.2 图书管理系统数据库对象设计 276
　14.1.3 图书管理系统数据库对象创建 279
　14.1.4 图书管理系统应用开发 281
14.2 人事管理系统开发 282
　14.2.1 系统描述 282
　14.2.2 数据库表设计 282
　14.2.3 重要界面的设计与实现 283
　14.2.4 主要代码的实现 284
复习题 290

附录 A 实验 291

实验 1　Oracle 数据库安装与配置 291
实验 2　Oracle 数据库物理存储结构管理 291
实验 3　Oracle 数据库逻辑存储结构管理 292
实验 4　Oracle 数据库模式对象管理 293
实验 5　SQL 语句应用 295
实验 6　PL/SQL 程序设计 297
实验 7　Oracle 数据库安全管理 298
实验 8　Oracle 数据库备份与恢复 299

参考文献 301

第一篇 基 础 篇

本篇主要介绍 Oracle 数据库管理系统软件的安装与卸载、常用的 Oracle 管理与开发工具（OEM、SQL*Plus、PL/SQL Developer、ONCA、ONM 以及 DBCA 等）的使用。通过本篇的学习，读者可以安装、配置、卸载数据库服务器，可以了解常用的 Oracle 管理与开发工具、网络配置工具以及创建数据库工具的使用。

本篇由以下两章组成：
- 第 1 章　数据库服务器的安装与卸载
- 第 2 章　Oracle 常用的管理与开发工具

第 1 章　数据库服务器的安装与卸载

Oracle 10g 数据库产品可以在多种不同的操作系统平台上安装和运行。本章将介绍 Oracle 10g（10.2.0.1.0）数据库服务器在 32 位系统结构的 Microsoft Windows 2007 操作系统平台上的安装与卸载。

1.1　安装 Oracle 10g 数据库服务器

Oracle Universal Installer（OUI）是基于 Java 技术的图形界面安装工具，利用它可以很方便地完成在不同操作系统平台上不同类型、不同版本的 Oracle 软件安装任务。

（1）将下载的 Oracle 10g 数据库服务器软件解压后，执行 setup.exe 文件启动 OUI。OUI 首先根据"install\oraparam.int"文件中的参数设置情况进行系统软、硬件的先决条件检查，并输出检查结果。然后进入图 1-1 所示的"选择安装方法"对话框。

（2）选择"高级安装"后，单击"下一步"按钮，进入图 1-2 所示的"选择安装类型"对话框。

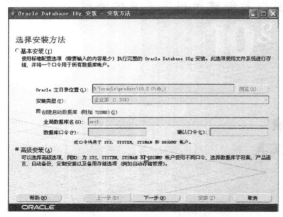
图 1-1　"选择安装方法"对话框

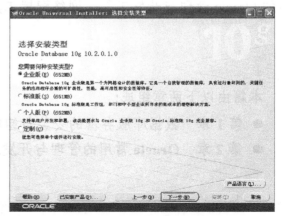
图 1-2　"选择安装类型"对话框

（3）选择"企业版"，单击"下一步"按钮，进入图 1-3 所示的"指定主目录详细信息"对话框，设置主目录名称和路径。

（4）设置完主目录信息后，单击"下一步"按钮，进入图 1-4 所示的"产品特定的先决条件检查"对话框，进行安装先决条件检查。

（5）先决条件检查通过后，单击"下一步"按钮，进入图 1-5 所示的"选择配置选项"对话框，选择相应的配置。

（6）选择"创建数据库"后，单击"下一步"按钮，进入图 1-6 所示的"选择数据库配置"对话框，选择所要创建的数据库类型。

（7）选择"一般用途"后，单击"下一步"按钮，进入图 1-7 所示的"指定数据库配置选项"对话框，对所要创建的数据库进行配置，包括配置数据库命名、数据库字符集和数据库示例。

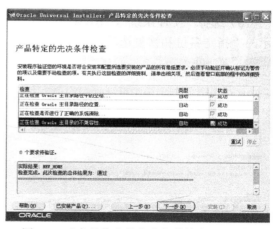

图 1-3 "指定主目录详细信息"对话框　　　　图 1-4 "产品特定的先决条件检查"对话框

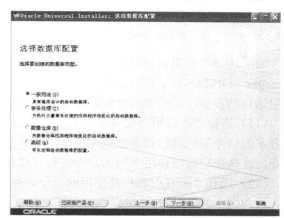

图 1-5 "选择配置选项"对话框　　　　图 1-6 "选择数据库配置"对话框

（8）设置数据库配置选项后，单击"下一步"按钮，进入图 1-8 所示的"选择数据库管理选项"对话框，选择数据库的管理方式。

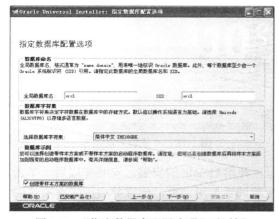
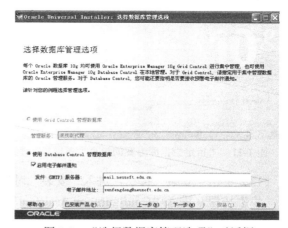

图 1-7 "指定数据库配置选项"对话框　　　　图 1-8 "选择数据库管理选项"对话框

（9）选择"使用 Database Control 管理数据库"后，单击"下一步"按钮，进入图 1-9 所示的"指定数据库存储选项"对话框，设置数据库的存储机制。

（10）选择"文件系统"，指定数据库文件存储位置后，单击"下一步"按钮，进入图 1-10 所示的"指定备份和恢复选项"对话框，选择是否启动数据库的自动备份功能。

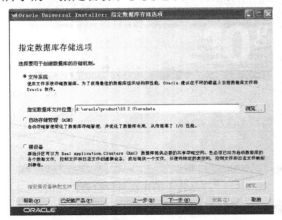
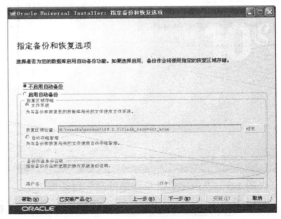

图 1-9 "指定数据库存储选项"对话框　　　图 1-10 "指定备份和恢复选项"对话框

如果选择"启用自动备份"，系统将创建一个备份作业，使用 Oracle Database Recovery Manager（RMAN）工具对数据库进行周期备份，第一次进行完全备份，以后进行增量备份。利用该自动备份，系统可以将数据库恢复到 24 小时内的任何状态。

（11）选择"不启用自动备份"后，单击"下一步"按钮，进入图 1-11 所示的"指定数据库方案的口令"对话框，设置数据库预定义的 4 个账户（SYS，SYSTEM，SYSMAN 和 DBSNMP）口令。这些账户可以使用不同的口令，也可以使用同一个口令。

（12）选择"所有的账户都使用同一个口令"后，设置账户口令，然后单击"下一步"按钮，进入图 1-12 所示的"概要"对话框，显示了前面所做的安装设置。

图 1-11 "指定数据库方案的口令"对话框　　　图 1-12 "概要"对话框

（13）单击"安装"按钮，进入"安装"对话框，开始 Oracle 的安装。安装完成后，单击"下一步"按钮，进入"Configuration Assistant"（配置助手）对话框，配置并启用先前所选的组件。

（14）在配置"Database Configuration Assistant"的过程中，会显示图 1-13 所示的"Database Configuration Assistant"对话框。单击"口令管理"按钮，进入图 1-14 所示的"口令管理"对话框，可以进行用户账户口令的设置及账户锁定与解锁状态的设置。

（15）设置完用户账户的口令和状态后，单击"确定"按钮，回到"Configuration Assistant"（配置助手）对话框，单击"下一步"按钮，进入图 1-15 所示的"安装 结束"对话框。在该对话框中列出了配置助手配置的几个基于 Web 应用程序的 URL，将来就通过这些 URL 实现对数据库的管理。这些 URL 信息还记录在<ORACLE_HOME>\install\portlist.int 文件中。单击"退出"按钮，结束 Oracle 10g 数据库服务器软件的安装。

 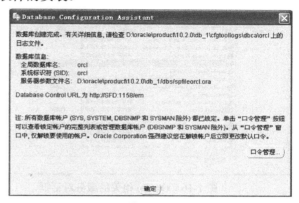

图 1-13　"Database Configuration Assistant"对话框

图 1-14　"口令管理"对话框　　　　　　图 1-15　"安装 结束"对话框

1.2　检查数据库服务器的安装结果

Oracle 10g 数据库服务器安装完成后，可以检查系统安装情况。

1．检查系统服务

在 Windows Server 2007 操作系统中，安装好的 Oracle 10g 数据库服务器将以系统服务的方式运行。

选择"开始→控制面板→管理工具→服务"命令，出现系统"服务"对话框，与 Oracle 相关的服务如图 1-16 所示。其中，除了 OracleJobSchedulerORCL（作业管理服务）的启动类型为"已禁用"外（原因是在进行数据库服务器配置过程中没有启动自动备份），OracleDBConsoleorcl（数据库控制台服务）、OracleOraDb10g_home1iSQL*Plus（iSQL*Plus 管理服务）、OracleOraDb10g_home1TNSListener（网络监听服务）和 OracleServiceORCL（实例服务）的启动类型都为"自动"，且状态为"已启动"。在默认情况下，每次开机后，都会自动启动这 4 个 Oracle 服务，使系统启动时间变长，而且启动后会占用很多内存空间，导致计算机运行速度变慢。因此，如果不经常使用 Oracle，可以把这些服务由"自动"启动改为"手动"启动。方法是：右击要修改的服务，在弹出的快捷菜单中选择"属性"命令，弹出图 1-17 所示的服务属性对话框，将"启动类型"由"自动"改为"手动"。

图 1-16 Oracle 相关的服务对话框　　　　　　图 1-17 Oracle 服务属性对话框

需要注意的是，如果将某些服务的启动类型改为"手动"，那么以后要再启动 Oracle 某个服务，必须手动启动该服务。启动的方法是：右击要启动的服务名称，在弹出的快捷菜单中选择"启动"命令。

2. 检查文件体系结构

Oracle 10g 数据库服务器软件、数据库的数据文件、目录的命名及存储位置都遵循一定的规则，即 OFA（Optimal Flexible Architecture）结构。利用 OFA 结构，可以将 Oracle 系统的管理文件、数据文件、跟踪文件等完全分离，简化数据库系统的管理工作。

图 1-18 显示了 Oracle 10g 数据库服务器安装完成后的树形目录结构。在 D:\oracle\product\10.2.0 目录（称为 Oracle 根目录，ORACLE_BASE）中，有 4 个子目录。

① db_1——Oracle 10g 的主目录（ORACLE_HOME），主要存放 Oracle 10g 数据库管理系统相关的软件，包括可执行文件、网络配置文件、脚本文件等。

② admin——以数据库为单位，主要存放数据库运行过程中产生的跟踪文件，包括后台进程的跟踪文件、用户 SQL 语句跟踪文件等。

③ oradata——以数据库为单位，存放数据库的物理文件，包括数据文件、控制文件和重做日志文件。

④ flash_recovery_area——以数据库为单位，当数据库启动自动备份功能时，存放自动备份的文件，以及数据库的闪回日志文件。

此外，在 Oracle 清单目录 C>:\Program Files\Oracle\Inventory 中保存了已经安装的 Oracle 软件的列表清单。在下次安装其他 Oracle 组件时，Oracle 会读取这些信息。该目录中的内容是由 Oracle 自动维护的，用户不能对其进行操作。

3. 查看 Oracle 10g 数据库服务器网络配置

数据库服务器安装好后，可以查看网络配置情况，测试与数据库的连接是否正常等。

选择"开始→所有程序→Oracle-OraDb10g_home1→配置和移植工具→Net Manager"命令，进入图 1-19 所示的"Oracle Net Manager"对话框。在该对话框中可以进行数据库服务器的网络配置，包括查看概要文件、服务命名、监听程序的配置信息；同时还可以进行概要文件、服务命名、监听程序的配置,以及测试与数据库的连接情况等。

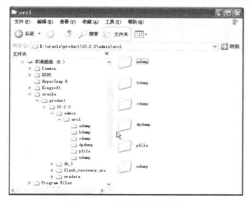

图 1-18 文件体系结构

图 1-19 "Oracle Net Manager"对话框

4．利用企业管理器,查看数据库信息

Oracle 10g 企业管理器（Oracle Enterprise Manager,OEM）是一个图形化的集成管理工具,该工具通过 IE 浏览器与数据库服务器进行交互。

（1）打开 IE 浏览器,在地址栏中输入 http://sfd:1158/em,按回车键,出现图 1-20 所示的 OEM 登录界面。其中,sfd 为数据库服务器名,1158 为端口号。

（2）输入用户名、口令,选择连接身份后,单击"登录"按钮,进入图 1-21 所示的 OEM 主目录界面。

注意：如果是第一次启动 OEM,则单击"登录"按钮后,会出现"Oracle Database 10g 许可授予信息"界面,单击"我同意"按钮,进入图 2-21 所示的 OEM 主目录界面。

（3）利用 OEM 管理界面可以对数据库进行管理和维护。

图 1-20 OEM 登录界面

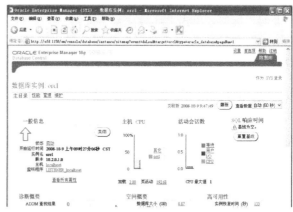

图 1-21 OEM 主界面

1.3 卸载 Oracle 10g 产品

如果 Oracle 数据库服务器出现故障无法恢复,或因为某些特殊原因需要卸载数据库服务器产品,可以按下面的步骤完全卸载数据库服务器产品。

（1）停止所有 Oracle 相关的服务。打开图 1-16 所示的 Oracle 相关的服务对话框,选择要停止的服务并右击,在弹出的菜单中选择"停止"项即可。

（2）卸载 Oracle 10g 数据库服务器组件。运行"开始→程序→Oracle-OraDb10g_home1→Oracle Installation Products→Universal Installer"命令，在弹出的"欢迎使用"对话框中，单击"卸装产品"按钮，出现如图 1-22 所示的卸载组件选择对话框。选择要删除的 Oracle 组件，然后单击"删除"按钮。

（3）手动删除注册表中与 Oracle 相关的内容。

① 运行"开始→运行"命令，输入"regedit"，单击"确定"按钮，打开注册表编辑器。

② 删除 HKEY_LOCAL_MACHINE\SOFTWARE 下的 Oracle 选项。

③ 删除 HKEY_LOCAL_MACHINE \SYSTEM\ CurrentControlSet\Services 下与 Oracle 服务相关的选项。

④ 删除 HKEY_LOCAL_MACHINE \SYSTEM\CurrentControlSet\Services \Eventlog\ Application 下以 Oracle 开始的项，即删除事件日志。

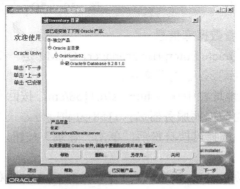

图 1-22　卸载组件选择

（4）删除 Oracle 环境变量。右击"我的电脑"，选择"属性"，进入"系统属性"对话框，选择"高级"标签，单击"环境变量"按钮，在弹出的"环境变量"对话框中先后选择"PATH"和"TEMP"变量，单击"编辑"按钮，弹出"编辑用户变量"对话框，分别删除 PATH 变量和 TEMP 变量中记录的 Oracle 相关路径。

（5）选择"开始→所有程序"命令，查看是否存在 Oracle 程序组，如果存在，则将其删除。

（6）关闭计算机，重新启动系统。

（7）删除系统安装磁盘中的 Program Files\Oracle 目录（如 C:\Program Files\Oracle）。在此目录中记录了上一次安装 Oracle 的信息，每次安装 Oracle 产品后，相关信息都会记录在该目录中。如果忘记删除，则数据库再次安装时会出现错误。

（8）删除 Oracle 安装目录（如 D:\Oracle）。

注意：要完全卸载 Oracle 10g 数据库服务器产品，仅仅执行 OUI 卸载程序或删除 Oracle 安装目录是不起任何作用的。

复 习 题

1. 简答题

（1）Oracle 10g 数据库服务器的企业版、标准版、个人版之间有什么区别？分别适用于什么环境？

（2）常用的数据库类型有哪几种？有何区别？分别适用于什么类型的应用？
（3）查资料说明用户登录身份中的"SYSDBA"和"SYSOPER"在权限上有何不同。
（4）简述卸载数据库服务器的基本步骤。
（5）解释说明 Oracle 10g 数据库文件结构 OFA 的特性。

2．实训题

（1）安装 Oracle 10g 数据库服务器程序，同时创建一个名为"ORCL"的数据库。

（2）将当前数据库服务器更名为"oracle_server"，为保证 Oracle 数据库服务器的正常运行，请对数据库服务器配置进行修改。

（3）完全卸载 ORCL 数据库。

（4）卸载 Oracle 10g 数据库服务器软件的部分组件。

第 2 章 Oracle 常用的管理与开发工具

本章将介绍 Oracle 数据库的几个常用管理与开发工具的使用，包括 OEM、SQL*Plus、PL/SQL Developer、网络管理与配置工具（ONCA、ONM）以及 DBCA 等。利用这些工具，能灵活地实现 Oracle 数据库的管理与开发工作。

2.1 OEM

2.1.1 OEM 介绍

Oracle 10g 企业管理器（Oracle Enterprise Manager，简称 OEM）是一个基于 Java 框架开发的集成化管理工具，采用 Web 应用方式实现对 Oracle 运行环境的完全管理，包括对数据库、监听器、主机、应用服务器、HTTP 服务器、Web 应用等的管理。DBA 可以从任何可以访问 Web 应用的位置通过 OEM 对数据库和其他服务进行各种管理和监控操作。

通过 Oracle 10g 企业管理器，DBA 可以完成的管理与控制操作包括：
- 实现对 Oracle 运行环境的完全管理，包括 Oracle 数据库、Oracle 应用服务器、HTTP 服务器等的管理；
- 实现对单个 Oracle 数据库的本地管理，包括系统监控、性能诊断与优化、系统维护、对象管理、存储管理、安全管理、作业管理、数据备份与恢复、数据移植等；
- 实现对多个 Oracle 数据库的集中管理；
- 实现对 Oracle 应用服务器的管理；
- 检查与管理目标计算机系统软硬件配置。

Oracle 10g 企业管理器根据其管理目标、管理任务的不同，分为 3 种类型。

① 数据库控制 OEM（Oracle Enterprise Manager Database Control），用于本地管理单一的 Oracle 10g 数据库，在安装 Oracle 10g 数据库服务器时安装。

② 网格控制 OEM（Oracle Enterprise Manager Grid Control），用户对整个 Oracle10g 运行环境的完全管理，需要单独进行安装和配置。

③ 应用服务器控制 OEM（Oracle Enterprise Manager Application Server Control），用于 Oracle 10g 应用服务器的管理，在安装 Oracle 10g 应用服务器时安装。

本章将主要介绍数据库控制 OEM 的使用。

2.1.2 OEM 的启动与登录

数据库控制 OEM 是在安装 Oracle 10g 过程中自动进行安装与配置的，是 Oracle 10g 提供的用于数据库本地管理的工具。该工具采用 B/S 架构，即三层模式实现对数据库的管理与控制。在安装数据库控制 OEM 的过程中，系统会自动在数据库中创建一个 SYSMAN 用户作为企业管理器的超级用户，是存放所有 OEM 管理信息的资料档案库的所有者。

为了通过 IE 启动 OEM，必须首先启动数据库服务器端的 OracleService<SID>服务、Oracle

<ORACLE_HOME_NAME>TNSListener 服务和 OracleDBConsole<SID> 服务。其中，OracleDBConsole<SID>是 OEM 控制台服务，实际上是一个基于数据库的 HTTP 服务，实现对数据库的操作。

通过 Web 方式启动 OEM 的基本步骤为

（1）打开 IE 浏览器，在地址栏中输入 OEM 控制台的 URL，按回车键，进入 OEM 登录界面。

OEM 控制台的 URL 格式为 http://hostname:portnumber/em。其中，hostname 为主机名或主机 IP 地址，portnumber 为 OracleDBConsole<SID> 服务的端口号，详细信息可以参阅 <ORACLE_HOME>\install\portlist.int 中的记录，如 http://sfd:1158/em。

（2）在登录界面中输入用户名、口令，并选择连接身份后，单击"登录"按钮，出现"Oracle Database 10g 许可授予信息"界面，单击"我同意"按钮，进入图 2-1 所示的 OEM 主目录界面。

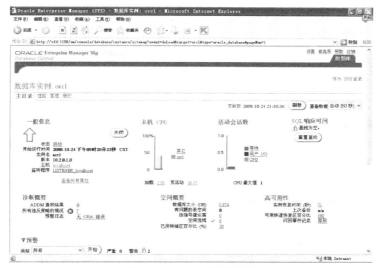

图 2-1　OEM 主目录界面

通常，登录 OEM 的用户应该是 OEM 的管理员账户，其信息保存在 OEM 的资料档案库中。在安装 Oracle 10g 的过程中，系统自动创建 OEM 的超级用户 SYSMAN，将 OEM 的管理权限授予数据库用户 SYS 和 SYSTEM。

2.1.3　数据库控制 OEM 功能界面介绍

数据库控制 OEM 控制台将数据库管理和控制操作进行了分类，分别放在"主目录"、"性能"、"管理"和"维护"4 个属性页中。

（1）"主目录"属性页

"主目录"属性页如图 2-1 所示。通过该属性页显示的一系列数据库运行状况的信息可以获取数据库的当前状态，同时，还可以启动或停止数据库的运行。

（2）"性能"属性页

"性能"属性页如图 2-2 所示，该页面的主要功能是实时监控数据库服务器运行状况，提供系统运行参数。通过该属性页，DBA 可以查看当前数据库外部和内部的潜在问题，确定任何瓶颈的原因，运行 ADDM 以便进行性能分析，基于会话采样数据生成性能诊断报告，访问顶级 SQL、顶级会话、顶级文件和顶级对象的信息等，为进行系统性能优化、有效提高系统运行效率提供有力支持。

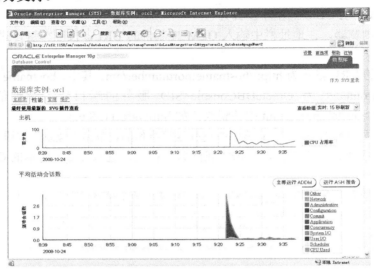

图 2-2 OEM "性能" 属性页

（3）"管理"属性页

"管理"属性页如图 2-3 所示。通过该页可以配置和调整数据库的各个方面，提高性能和调整设置。DBA 通过该属性页，可以完成大部分数据库的日常管理工作，包括存储管理、安全管理、方案对象管理等。"管理"属性页由"数据库管理"、"方案管理"及"Enterprise Manager 管理" 3 个部分组成。

图 2-3 "管理"属性页

（4）"维护"属性页

"维护"属性页如图 2-4 所示。通过该属性页可以实现数据库的备份与恢复，将数据导出到文件中或从文件中导入数据，将数据从文件加载到 Oracle 数据库中，收集、估计和删除统计信息，同时提高对数据库对象进行 SQL 查询的性能。

图 2-4 "维护"属性页

2.2 SQL*Plus

2.2.1 SQL*Plus 概述

1．SQL*Plus 简介

SQL*Plus 工具是随 Oracle 数据库服务器或客户端的安装而自动进行安装的管理与开发工具，Oracle 数据库中所有的管理操作都可以通过 SQL*Plus 工具完成，同时开发人员利用 SQL*Plus 可以测试、运行 SQL 语句和 PL/SQL 程序。

在 SQL*Plus 中，可以执行的命令有 3 种形式，分别为
- SQL*Plus 命令；
- SQL 语句；
- PL/SQL 程序。

利用 SQL*Plus 可以实现以下操作：
- 输入、编辑、存储、提取、运行和调试 SQL 语句和 PL/SQL 程序；
- 开发、执行批处理脚本；
- 执行数据库管理；
- 处理数据，生成报表，存储、打印、格式化查询结果；
- 检查表和数据库对象定义。

2．启动 SQL*Plus

（1）命令行方式启动 SQL*Plus

用命令行方式启动 SQL*Plus 是在操作系统的命令提示符界面中执行 sqlplus 命令来实现的，该命令适用于任何操作系统平台，其语法为

```
sqlplus [username]/[password] [@connect_identifier]|[NOLOG]
```

如果要在启动 SQL*Plus 的同时连接到数据库，则需要输入用户名、密码和连接描述符（数据库的网络服务名）。如果没有指定连接描述符，则连接到系统环境变量 ORACLE_SID 所指

定的数据库；如果没有设定 ORACLE_SID，则连接到默认的数据库。如果只是启动 SQL*Plus，而不连接到数据库，则可以使用 NOLOG 参数。图 2-5 显示了 sqlplus 命令在不同参数下的执行情况。

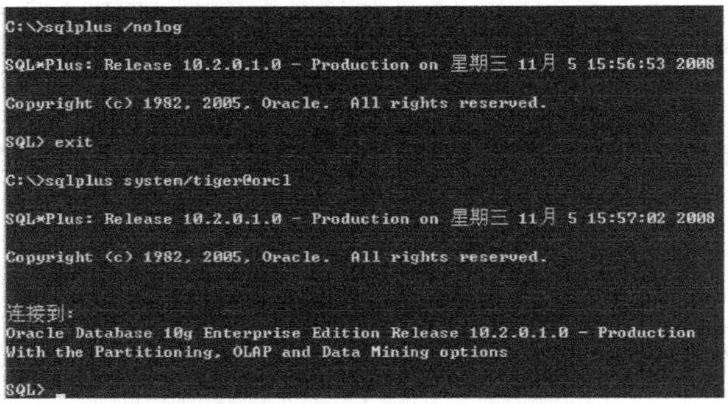

图 2-5　命令行方式启动 SQL*Plus

（2）图形界面方式启动 SQL*Plus

选择"开始→所有程序→Oracle-OraDb10g_home1→应用程序开发→SQL Plus"命令，或者在命令提示符界面中执行 sqlplusw 命令，打开图 2-6 所示的 SQL*Plus 的登录对话框。

输入用户名、口令、主机字符串（数据库网络服务名）后，单击"确定"按钮，就可以启动 SQL*Plus，同时连接到指定的数据库了，如图 2-7 所示。如果在登录窗口中没有指定主机字符串，则默认连接到系统环境变量 ORACLE_SID 所指定数据库；如果没有设定 ORACLE_SID，则连接到默认的数据库。

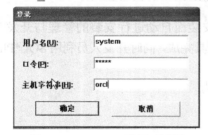
图 2-6　SQL*Plus 登录对话框

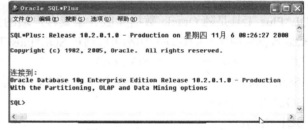
图 2-7　Oracle SQL*Plus 窗口

3. 退出 SQL*Plus

当不再使用 SQL*Plus 时，如果希望返回到操作系统，则在命令行提示符后输入 EXIT 或 QUIT 命令，按回车键即可。

2.2.2　SQL*Plus 常用命令

用户启动 SQL*Plus 并登录数据库后，就可以在 SQL*Plus 环境中执行 SQL 语句、PL/SQL 程序和 SQL*Plus 命令了。本节将介绍 SQL*Plus 命令的使用。

1. 连接命令

（1）CONN[ECT]

CONN[ECT]命令先断开当前连接，然后建立新的连接。该命令的语法是：
```
CONN[ECT] [username]/[password][@connect_identifier]
```
例如：
```
SQL>CONNECT scott/tiger@ORCL
```

注意：如果要以特权用户的身份连接，则必须带 AS SYSDBA 或 AS SYSOPER 选项。

例如：

```
SQL>CONNECT sys/tiger@ORCL AS SYSDBA
```

（2）DISC[ONNECT]

该命令的作用是断开与数据库的连接，但不退出 SQL*Plus 环境，例如：

```
SQL>DISC
```

2. 编辑命令

（1）输入

当输入完 SQL*Plus 命令后，按回车键，则立即执行该命令。

当输入完 SQL 语句后，有 3 种处理方式：

① 在语句最后加分号（;），并按回车键，则立即执行该语句；

② 语句输入结束后回车换行，然后再按回车键，结束 SQL 语句输入但不执行该语句；

③ 语句输入结束后按回车键，换行后按斜杠（/），则立即执行该语句。

当输入完 PL/SQL 程序，回车换行后，如果输入点号（.），则结束输入，但不执行；如果输入斜杠（/），则立即执行。

（2）显示缓冲区

当 SQL 缓冲区中有先前存放的 SQL 语句或 PL/SQL 程序时，可以使用 L[IST]命令显示缓冲区的内容。例如，执行完 SELECT ename,sal FROM scott.emp 语句后，显示缓冲区内容：

```
SQL>LIST
  1* SELECT ename,sal FROM scott.emp
```

（3）编辑缓冲区

当缓冲区存有内容后，可以使用编辑命令对缓冲区进行修改。常用的编辑命令包括：

- A[PPEND]——将指定的文本追加到缓冲区内当前行的末尾；
- C[HANGE]——修改缓冲区中当前行的文本；
- DEL——删除缓冲区中当前行的文本；
- N——用数值定位缓冲区中的当前行；
- I[NPUT]——在缓冲区当前行的后面新增加一行文本；
- ED[IT]——以文本编辑器方式打开缓冲区，进行编辑。

由于以命令行的方式编辑 SQL 缓冲区不太方便，因此在 Windows 系统中，常采用 ED[IT]命令以编辑器方式打开缓冲区并进行编辑，如图 2-8 所示。可以通过执行 DEFINE _EDITOR 命令查看系统默认的编辑器类型。

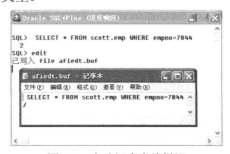

图 2-8 启动记事本编辑器

编辑完缓冲区内容后，选择"文件"菜单中的"保存"项，然后关闭记事本编辑器，回到

SQL*Plus 界面，就可以执行缓冲区中的内容。

> 注意：使用 ED[IT]命令时，缓冲区中必须存在信息。

（4）执行缓冲区

RUN 或 "/" 命令都可以执行缓冲区中的 SQL 语句或 PL/SQL 程序，语法为

```
SQL>RUN
SQL>/
```

（5）清除缓冲区

CLEAR 命令用于清除缓冲区中的内容，语法为

```
SQL>CLEAR BUFFER
```

3．文件操作命令

（1）脚本文件的创建

可以使用 SAVE 命令将 SQL 缓冲区内容保存到一个 SQL 脚本文件中，语法为

```
SAVE filename [CREATE]|[REPLACE]|[APPEND]
```

例如：

```
SQL>save c:\sqlscript.sql
```

（2）脚本文件的装载与编辑

如果需要将 SQL 脚本文件装载到 SQL*Plus 的 SQL 缓冲区中进行编辑，可以使用 GET 命令，该命令的语法为

```
GET filename [L[IST]]|[NOL[IST]]
```

例如：

```
SQL>get c:\sqlscript
```

（3）脚本文件的执行

通过 START 或 "@" 命令执行 SQL 脚本文件。语法为

```
START filename 或 @filename
```

例如：

```
SQL>start c:\sqlscript;
```

（4）脚本文件的注释

在脚本文件中可以使用 3 种方法进行语句注释。

- REMARK：单行注释，放在一行语句的头部，表示该行为注释。
- --：单行注释。
- /*......*/：多行注释。

例如，下面是一个带有注释的脚本文件 script.sql：

```
/* Commission Report
to be run monthly. */
COLUMN last_name HEADING 'LAST_NAME';
COLUMN salary HEADING 'MONTHLY SALARY' FORMAT $99,999;
COLUMN commission_pct HEADING 'COMMISSION %' FORMAT 90.90;
REMARK Includes only salesmen;
SELECT last_name,salary,commission_pct FROM hr.emp_details_view
--Include only salesmen.
WHERE job_id='SA_MAN';
```

4．交互式命令

如果希望一个 SQL 脚本在执行时能够根据不同的条件进行，即运行时可以根据用户的不

同输入而得到不同的结果，就需要在 SQL 脚本文件中使用交互式命令。

（1）替换变量

SQL*Plus 允许在 SQL 语句中使用替换变量，其方法是在变量名前加"&"。如果替换变量已经定义，则会直接使用其数据；如果替换变量没有定义，则会临时定义替换变量（该替换变量只在当前语句中起作用），并需要为其输入数据。

注意：如果替换变量为数值列提供数据，则可以直接引用；如果替换变量为字符类型或日期类型列提供数据，则需要在 SQL 语句中将替换变量用单引号引起来。

例如：

```
SQL>SELECT empno,ename FROM scott.emp WHERE deptno=&X AND job='&Y';
```
输入 x 的值：10
输入 y 的值：MANAGER
原值 1: SELECT empno,ename FROM scott.emp WHERE deptno=&X AND job='&Y'
新值 1: SELECT empno,ename FROM scott.emp WHERE deptno=10 AND job='MANAGER'

如果不希望每次执行时都为替换变量赋值，可以在替换变量名前加两个"&"，这样只需给替换变量赋值一次，就可以在当前 SQL*Plus 环境中一直使用，例如：

```
SQL>SELECT empno,ename FROM scott.emp WHERE deptno=&&no;
```
输入 no 的值：10
原值　1: SELECT empno,ename FROM scott.emp WHERE deptno=&&no
新值　1: SELECT empno,ename FROM scott.emp WHERE deptno=10
……
```
SQL>SELECT empno,ename FROM scott.emp WHERE deptno=&no;
```
原值　1: SELECT empno,ename FROM scott.emp WHERE deptno=&no
新值　1: SELECT empno,ename FROM scott.emp WHERE deptno=10

可以使用 DEFINE 命令为当前的 SQL*Plus 环境定义 CHAR 类型的替换变量，例如：

```
SQL>DEFINE dno='10'
SQL>SELECT empno FROM scott.emp WHERE deptno=&dno;
```
原值　1: SELECT empno FROM scott.emp WHERE deptno=&dno
新值　1: SELECT empno FROM scott.emp WHERE deptno=10

可以通过使用 UNDEFINE 可以清除当前 SQL*Plus 环境中保留的替换变量，例如：

```
SQL>UNDEFINE NO
```

（2）绑定变量

绑定变量是指在 SQL*Plus 中定义，在 PL/SQL 程序中使用的变量。利用绑定变量可以将 PL/SQL 程序运行情况在 SQL*Plus 中显示出来。

在 SQL*Plus 中定义绑定变量是通过 VARIABLE 命令来实现的，其语法为

```
VARIABLE variable_name type
```

注意：
① 在 PL/SQL 程序中引用绑定变量时必须在变量名前加冒号（:）;
② 在 SQL*Plus 中，使用 EXECUTE 命令给绑定变量赋值，使用 PRINT 命令显示绑定变量的值。

```
SQL>VARIABLE v_sal NUMBER
SQL>EXECUTE :v_sal:=10
PL/SQL 过程已成功完成。
SQL>BEGIN
  2   :v_sal:=20;
```

```
  3  END;
  4  /
PL/SQL 过程已成功完成。
SQL>PRINT v_sal
    V_SAL
    ------
       20
```

5. 环境变量显示与设置

SQL*Plus 中有一组环境变量，又称系统变量，通过设置环境变量的值可以控制 SQL*Plus 的运行环境，例如设置行宽、每页显示的行数、自动提交方式、自动跟踪等。

设置和显示环境变量值的方法有两种：一种是采用 SQL*Plus 工具"选项"菜单中的"环境"命令，打开图 2-9 所示的"环境"窗口，显示或设置环境变量的值；另一种是使用 SHOW 命令显示环境变量值，用 SET 命令设置或修改环境变量值，例如：

```
SQL>SHOW linesize autocommit
linesize 80
autocommit OFF
SQL>SET linesize 100 autocommit ON
```

图 2-9 "环境"窗口

SQL*Plus 主要环境变量及其功能见表 2-1。

表 2-1 SQL*Plus 主要环境变量及其功能

环境变量	功能描述
ARRAYSIZE	设置从数据库中提取的行数，默认值为 15
AUTOCOMMIT	设置是否自动提交 DML 语句，设置为 ON 时，每次用户执行 DML 操作时都会自动提交
COLSP	设置选定列之间的分隔符号，默认值为空格
FEEDBACK	指定显示反馈行信息的最低行数，默认值为 6。若要禁止显示行数，则将 FEEDBACK 设置为 OFF
HEADING	设置是否显示列标题，默认值为 ON。如果不显示列标题，则设置为 OFF
LINESIZE	设置行显示的长度，默认值为 80。如果输出行的长度超过 80 个字符，则换行显示
LONG	设置 LONG 和 LOB 类型列的显示长度，默认值为 80，即当查询 LONG 列或 LOB 列时，只显示该列的前 80 个字符。如果要显示更多字符，则应该为该参数设置更大的值
PAGESIZE	设置每页所显示的行数，默认值为 14。如果要显示更多的行，则应该设置更大的值
SERVEROUTPUT	设置是否显示执行 DBMS_OUTPUT.PUT_LINE 命令的输出结果。若该变量值为 ON，则显示输出结果，否则不显示输出结果。默认值为 OFF
AUTOTRACE	设置是否为成功执行的 DML 语句（INSERT, UPDATE, DELETE, SELECT）产生一个执行报告。设置该变量的语法为：SET AUTOTRACE [ON|OFF|TRACEONLY][EXPLAIN][STATISTICS]
TIME	设置是否在 SQL*Plus 命令提示符之前显示时间，默认值为 OFF，不显示
TIMING	设置是否显示 SQL 语句的执行时间，默认值为 OFF，不显示 SQL 语句的执行时间

6. 其他常用命令

（1）DESC[RIBE]

使用 DESC[RIBE]命令可以显示任何数据库对象的结构信息。例如：

```
SQL>DESC DEPT
名称                    是否为空？              类型
------------------------------------------------------
DEPTNO                  NOT NULL               NUMBER(2)
DNAME                                          VARCHAR2(14)
LOC                                            VARCHAR2(13)
```

（2）SPOOL

使用 SPOOL 命令可以将 SQL*Plus 屏幕内容存放到文本文件中。例如：

```
SQL>SPOOL c:\spool.txt
SQL>SELECT * FROM DEPT WHERE DEPTNO=10;
DEPTNO     DNAME         LOC
--------------------------------
10         ACCOUNTING    NEW YORK
SQL>SPOOL OFF
```

（3）CLEAR SCREEN

可以使用 CLEAR SCREEN 命令清除屏幕上所有的内容，也可以使用 Shift 与 Delete 组合键同时清空缓冲区和屏幕上所有的内容。

（4）HELP

可以使用 HELP 命令来查看 SQL*Plus 命令的帮助信息。例如：

```
SQL>HELP DESCRIBE
DESCRIBE
--------
Lists the column definitions for a table, view, or synonym,
or the specifications for a function or procedure.
DESC[RIBE] {[schema.]object[@connect_identifier]}
```

2.3　PL/SQL Developer

2.3.1　PL/SQL Developer 简介

PL/SQL Developer 是由 Allround Automations 公司开发的一款商业开发工具，是专门用于 Oracle 数据库存储程序单元开发的集成开发环境（IDE）。PL/SQL Developer 开发环境将程序的编辑、编译、纠正、测试、调试、优化和查询等功能融为一体，可以方便地进行 Oracle 数据库服务器端的开发。

PL/SQL Developer 属于商业软件，要使用该正版软件，需要支付一定的费用。用户可以到 Allround Automations 公司的官方网站下载试用版，下载网址为：

http://www.allroundautomations.com/plsqldev.html

PL/SQL Developer 可以在 Windows 2000 或更新版本上运行，兼容 Oracle Server 7.0 及更新版本。要连接到 Oracle 数据库服务器，PL/SQL Developer 需要 32 位版本的 Oracle Client 7.0 或更新版本。如果工作站上运行的是 64 位版本的 Oracle Client 或 Oracle Server，则需另行安装 32 位的 Oracle Client。

2.3.2 连接数据库

启动 PL/SQL Developer，进入数据库登录界面，如图 2-10 所示。

图 2-10　PL/SQL Developer 登录界面

输入用户名、口令、数据库（服务）名，并选择连接方式后，单击"OK"按钮，进入 PL/SQL Developer 集成开发界面，如图 2-11 所示。

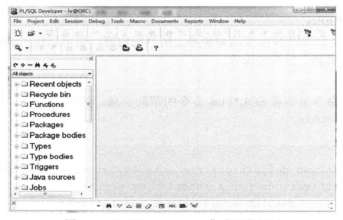

图 2-11　PL/SQL Developer 集成开发界面

选择菜单"File→New→SQL Window"命令，进入 SQL 语句与 PL/SQL 程序的编辑、运行窗口，如图 2-12 所示。

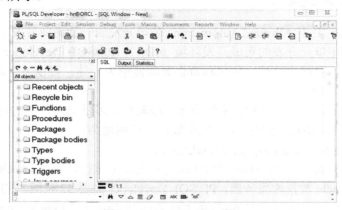

图 2-12　SQL Window 窗口

注意：要使用 PL/SQL Developer 连接数据库，必须在运行 PL/SQL Developer 的计算机上预先安装 Oracle Client 或 Oracle Server 软件，并进行数据库网络服务名的配置。

2.3.3 编写与运行 PL/SQL 程序

打开 PL/SQL Developer，连接数据库后，新建"SQL Window"窗口，就可以编写 PL/SQL 程序了，如图 2-13 所示。输入完程序后，单击 ❸ 按钮或按快捷键 F8 编译、执行该程序。如果存在编译错误，系统将弹出错误提示窗口。如果程序有输出结果，将在"Output"标签页中显示输出结果。

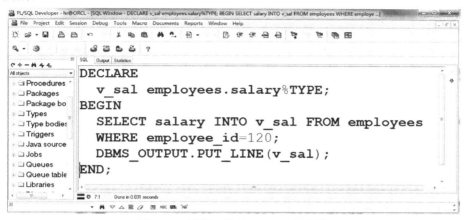

图 2-13　编辑、运行 PL/SQL 匿名块

如果编写 PL/SQL 命名块，程序输入完后，单击 ❸ 按钮或按快捷键 F8 编译、执行该程序后，将创建命名块。如果存在编译错误，系统不会提示错误信息。此时，在左侧的对象浏览器窗口中，在对象名称之前的图标上将显示一个红色的叉号，如图 2-14 所示。

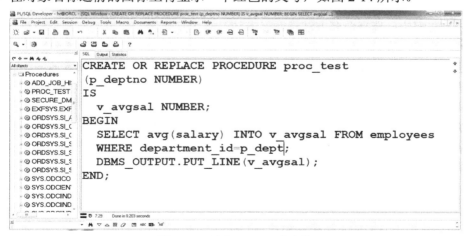

图 2-14　创建 PL/SQL 命名块

如果新建的 PL/SQL 命名块存在编译错误，可以在对象浏览器中右击该对象，在弹出菜单中选择"Edit"命令，编辑该命名块。在编辑界面中，可以看到程序错误的原因，如图 2-15 所示。

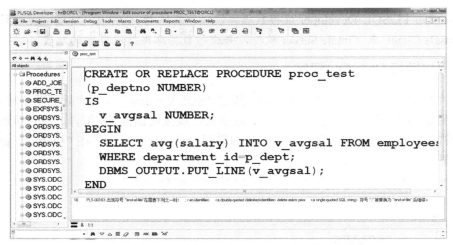

图 2-15 编辑错误的 PL/SQL 命名块

2.4 网络配置与管理工具

为了方便网络的配置和管理，Oracle 数据库提供了网络配置助手（Oracle Net Configuration Assistant，ONCA）和网络管理（Oracle Network Manager，ONM）工具。

2.4.1 网络配置助手 ONCA

在 Oracle 数据库的网络环境中，客户端需要利用网络配置助手 ONCA 进行配置，然后才能连接到数据库服务器。Oracle 提供的 ONCA 可以实现下列的网络配置任务。

- 监听程序配置：可以添加、重新配置、删除或重命名监听程序。监听程序是数据库服务器响应用户连接请求的进程。
- 命名方法配置：选择命名方法。命名方法是将用户连接时使用的连接标识符解析成连接描述符的方法。
- 本地网络服务名配置：可以添加、重新配置、删除、重命名或测试本地网络服务名，本地网络服务名的解析存放在网络配置文件 tnsnames.ora 中。
- 目录使用配置：可以配置符合 LDAP 协议的目录服务器。

选择"开始→所有程序→Oracle-OraClient11g_home1→配置和移植工具→Net Configuration Assistant"命令，进入图 2-16 所示的"Oracle Net Configuration Assistant"对话框，可以根据需要进行相应的网络配置。

2.4.2 网络管理工具 ONM

Oracle 网络管理工具 ONM 是配置和管理 Oracle 网络环境的一种工具。使用 ONM，可以对下列的 Oracle 网络特性和组件进行配置和管理。

- 概要文件：确定客户端如何连接到 Oracle 网络的参数集合。使用概要文件可以配置命名方法、事件记录、跟踪、外部命令参数以及 Oracle Advanced Security 的客户端参数。
- 服务命名：创建或修改数据库服务器的网络服务的描述。
- 监听程序：创建或修改监听程序。

选择"开始→所有程序→Oracle-OraClient11g_home1→配置和移植工具→Oracle Net Manager"命令，进入图 2-17 所示的"Oracle Net Manager"对话框，可以根据需要进行相应的网络配置。

图 2-16 ONCA 对话框

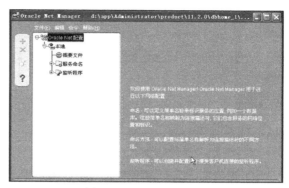

图 2-17 ONM 对话框

2.5 使用 DBCA 创建数据库

数据库设计完成后，需要在数据库服务器上创建数据库。

在 Oracle 10g 数据库服务器安装的过程中，自动安装了一个用于数据库配置的图形化工具——数据库配置助手（DataBase Configuration Assistant，DBCA），可以创建数据库、配置数据库选项、删除数据库、管理数据库模板等操作。利用 DBCA，用户可以基于已有模板快速创建数据库，只需进行少量的参数设置，比较适合 Oracle 数据库的初学者，也是 Oracle 建议的创建数据库的方法。

利用 DBCA 创建数据库的基本步骤为：

（1）选择"开始→程序→Oracle-OraDb10g_home1→配置和移植工具→Database Configuration Assistant"命令，启动 DBCA，出现图 2-18 所示的"Database Configuration Assistant：欢迎使用"对话框。

（2）单击"下一步"按钮，进入图 2-19 所示的"操作选择"对话框，选择要进行的操作。

图 2-18 DBCA"欢迎使用"对话框

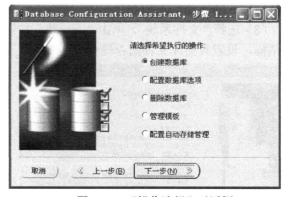

图 2-19 "操作选择"对话框

（3）选择"创建数据库"，单击"下一步"按钮，出现图 2-20 所示的"数据库模板"对话框。

(4) 选择"一般用途",单击"下一步"按钮,进入图 2-21 所示的"数据库标识"对话框。

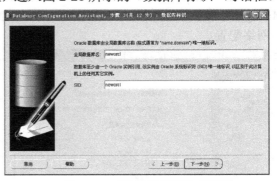

图 2-20 "数据库模板"对话框　　　　　　图 2-21 "数据库标识"对话框

(5) 设置完"全局数据库名"和"SID"后,单击"下一步"按钮,进入图 2-22 所示的"管理选项"对话框。

(6) 设置好数据库的管理选项后,单击"下一步"按钮,进入图 2-23 所示的"数据库身份证明"对话框,进行 4 个内置账户的口令设置。可以分别为每个账户设置口令,也可以为所有账户指定同一个口令。

图 2-22 "管理选项"对话框　　　　　　图 2-23 "数据库身份证明"对话框

(7) 设置完账户口令后,单击"下一步"按钮,进入图 2-24 所示的"存储选项"对话框,选择数据库的存储机制。

(8) 选择"文件系统",单击"下一步"按钮,进入图 2-25 所示的"数据库文件所在位置"对话框,设置数据库文件的存储位置。

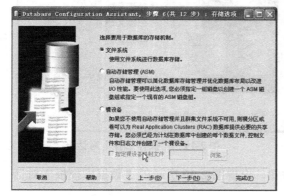
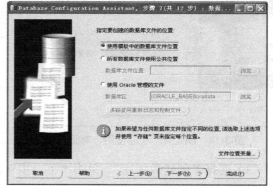

图 2-24 "存储选项"对话框　　　　　　图 2-25 "数据库文件所在位置"对话框

（9）选择"使用模板中的数据库文件位置"，单击"下一步"按钮，进入图 2-26 所示的"恢复配置"对话框。

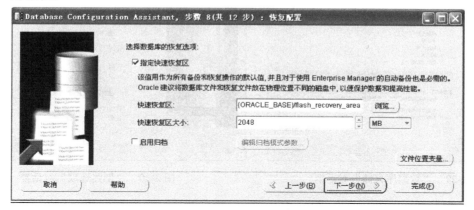

图 2-26　"恢复配置"对话框

（10）选择"指定快速恢复区"，设置完快速恢复区位置和大小后，单击"下一步"按钮，进入图 2-27 所示的"数据库内容"对话框。

（11）选择"示例方案"，单击"下一步"按钮，进入图 2-28 所示的"初始化参数"对话框，进行初始化参数设置。可以进行"内存"、"调整大小"、"字符集"和"连接模式"设置。

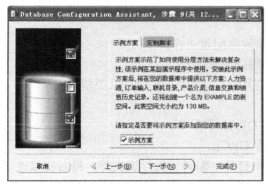

图 2-27　"数据库内容"对话框　　　　图 2-28　"初始化参数"对话框

设置完 4 个标签页中的各个参数后，单击"所有初始化参数"按钮，可以查看当前数据库的参数设置情况。

（12）设置完数据库初始化参数后，单击"下一步"按钮，进入图 2-29 所示的"数据库存储"对话框。在该对话框中，可以进行与数据库物理结构和逻辑存储相关的设置，能够查看或修改数据库控制文件、数据文件、重做日志组等存储结构信息。

（13）单击"下一步"按钮，进入图 2-30 所示的"创建选项"对话框，可以选择立即创建数据库，或将当前的设置情况保存为数据库模板。同时，也可以选择是否生成数据库创建脚本。

（14）选择"创建数据库"，单击"完成"按钮，进入新建数据库的信息确认对话框，单击"确定"按钮，开始创建数据库，其后续过程与安装 Oracle 10g 数据库服务器过程中数据库的创建相同。

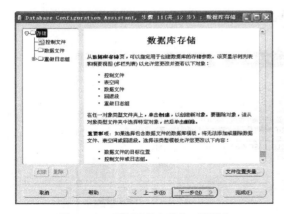
图 2-29 "数据库存储"对话框

图 2-30 "创建选项"对话框

复 习 题

1．简答题

（1）说明 Oracle 10g 数据库控制 OEM 能进行哪些管理操作。

（2）描述 SQL*Plus 工具可以完成的任务。

（3）说明在 SQL*Plus 环境中进行文件读/写操作的方法。

（4）列举 10 个 SQL*Plus 命令，并说明其功能。

（5）简述利用网络配置助手 ONCA 可以进行哪些网络配置工作。

（6）简述利用网络管理工具 ONM 可以进行哪些网络管理操作。

（7）利用 DBCA 创建数据库时采用的数据库模板有几种？分别适合创建什么类型的数据库？

2．实训题

（1）启动 SQL*Plus 工具，用 system 用户连接到 ORCL 数据库。

（2）进行用户切换，以 SYSDBA 身份连接数据库 ORCL。

（3）用记事本编写一个脚本文件，在 SQL*Plus 中打开、编辑、执行该文件，最后将修改后的内容重新保存到文件中。

（4）利用 PL/SQL Developer 连接数据库，使用 SQL 语句操作数据库。

（5）利用网络配置助手在客户端配置 ORCL 数据库的本地网络服务名。

（6）利用 DBCA 创建一个名为 STUDENT 的数据库。

第二篇 体系结构篇

本篇主要介绍 Oracle 数据库系统的体系结构及其管理，包括物理存储结构及其管理、逻辑存储结构及其管理、数据库实例及其管理。通过本篇的学习，读者可以了解 Oracle 数据库系统的基本架构，对 Oracle 数据库的工作过程有一个整体的认识，同时可以进行简单的体系结构管理与维护。

本篇由以下 3 章组成：
- 第 3 章 物理存储结构
- 第 4 章 逻辑存储结构
- 第 5 章 数据库实例

第 3 章　物理存储结构

Oracle 数据库的存储结构分为物理存储结构和逻辑存储结构两种。物理存储结构描述了 Oracle 数据库中的数据在操作系统中的组织和管理，逻辑存储结构则描述了 Oracle 数据库内部数据的组织和管理。本章主要介绍 Oracle 数据库物理存储结构及其管理，包括数据文件、控制文件、重做日志文件的管理和数据库的归档。

3.1　Oracle 数据库系统结构

Oracle 10g 数据库系统结构如图 3-1 所示，由数据库实例和物理存储结构组成。其中，实例包括内存结构与后台进程，物理存储结构包括存储在磁盘上的数据文件、控制文件、重做日志文件、跟踪文件、初始化参数文件等。

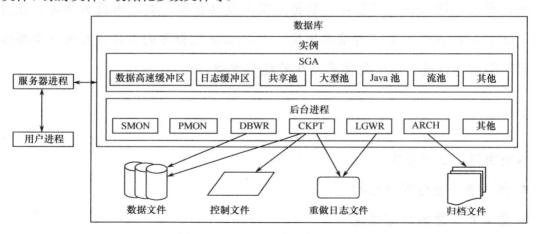

图 3-1　Oracle 10g 数据库系统结构

在 Oracle 数据库中，数据的存储结构包括物理存储结构和逻辑存储结构两种。物理存储结构主要用于描述 Oracle 数据库外部数据的存储，即在操作系统中如何组织和管理数据，与具体的操作系统有关；逻辑存储结构主要描述 Oracle 数据库内部数据的组织和管理方式，与操作系统没有关系。物理存储结构是逻辑存储结构在物理上的、可见的、可操作的、具体的体现形式。

Oracle 数据库逻辑存储结构包括表空间、段、区和块 4 种。从物理角度看，数据库由数据文件构成，数据存储在数据文件中；从逻辑角度看，数据库是由表空间构成的，数据存储在表空间中。一个表空间包含一个或多个数据文件，但一个数据文件只能属于一个表空间。Oracle 数据库存储结构如图 3-2 所示。

Oracle 数据库物理存储结构是指存储在磁盘上的物理文件，包括数据文件、控制文件、重做日志文件、归档文件、初始化参数文件、跟踪文件、口令文件、警告文件、备份文件等，如图 3-3 所示。

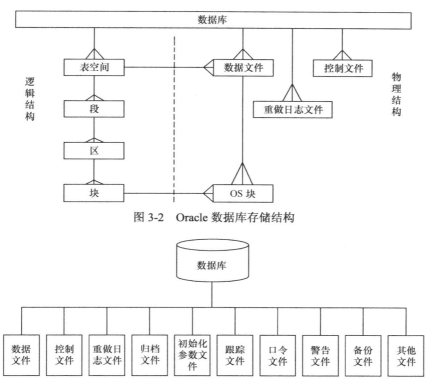

图 3-2　Oracle 数据库存储结构

图 3-3　Oracle 数据库物理存储结构

Oracle 数据库物理结构各个组成部分的功能为
- 数据文件——用于存储数据库中的所有数据；
- 控制文件——用于记录和描述数据库的物理存储结构信息；
- 重做日志文件——用于记录外部程序（用户）对数据库的改变操作；
- 归档文件——用于保存已经写满的重做日志文件；
- 初始化参数文件——用于设置数据库启动时的参数初始值；
- 跟踪文件——用于记录用户进程、数据库后台进程等的运行情况；
- 口令文件——用于保存具有 SYSDBA，SYSOPER 权限的用户名和 SYS 用户口令；
- 警告文件——用于记录数据库的重要活动以及发生的错误；
- 备份文件——用于存放数据库备份所产生的文件。

通常，数据库物理存储结构主要是指数据文件、控制文件和重做日志文件。如果将数据文件比做一个仓库，那么重做日志文件就是该仓库货物进出的记录账本，而控制文件则是该仓库的管理中心或管理员。

3.2　数据文件及其管理

3.2.1　数据文件概述

Oracle 数据库的数据文件（扩展名为 DBF 的文件）是用于保存数据库中数据的文件，系统数据、数据字典数据、临时数据、索引数据、应用数据等都物理地存储在数据文件中。Oracle

数据库所占用的空间主要就是数据文件所占用的空间。用户对数据库的操作,例如数据的插入、删除、修改和查询等,其本质都是对数据文件进行操作。

Oracle 数据库中有一种特殊的数据文件,称为临时数据文件,属于数据库的临时表空间。临时数据文件中的内容是临时性的,在一定条件下自动释放。

在 Oracle 数据库中,数据文件是依附于表空间而存在的。一个表空间可以包含几个数据文件,但一个数据文件只能从属于一个表空间。在逻辑上,数据库对象都存放在表空间中,实质上是存放在表空间所对应的数据文件中。

3.2.2 数据文件的管理

1. 创建数据文件

由于在 Oracle 数据库中,数据文件是依附于表空间而存在的,因此创建数据文件的过程实质上就是向表空间添加文件的过程。在创建数据文件时应该根据文件数据量的大小确定文件的大小和文件的增长方式。

在数据库运行与维护时,可以采用下列两种方法创建数据文件。

- ALTER TABLESPACE…ADD DATAFILE:向表空间添加数据文件。
- ALTER TABLESPACE…ADD TEMPFILE:向临时表空间添加临时数据文件。

【例 3-1】向 ORCL 数据库的 USERS 表空间中添加一个大小为 10MB 的数据文件。

```
SQL>ALTER TABLESPACE USERS ADD DATAFILE
    'D:\ORACLE\PRODUCT\10.2.0\ORADATA\ORCL\USERS02.DBF' SIZE 10M;
```

【例 3-2】向 ORCL 数据库的 TEMP 表空间中添加一个大小为 5MB 的临时数据文件。

```
SQL>ALTER TABLESPACE TEMP ADD TEMPFILE
    'D:\ORACLE\PRODUCT\10.2.0\ORADATA\ORCL\TEMP02.DBF' SIZE 5M;
```

2. 修改数据文件的大小

在 Oracle 10g 数据库中,随着数据库中数据容量的变化,可以调整数据文件的大小。改变数据文件大小的方法有下列两种。

(1)设置数据文件为自动增长方式

在创建数据文件时或在数据文件被创建后,都可以将数据文件设置为自动增长方式。如果数据文件是自动增长的,那么当数据文件空间被填满时,系统可以自动扩展文件的空间。

在使用 CREATE DATABASE、CREATE TABLESPACE、ALTER TABLESPACE 语句创建数据文件时,可以使用 AUTOEXTEND ON 子句将数据文件设置为自动增长方式。如果数据文件已经创建,可以使用 ALTER DATABASE 语句将该数据文件修改为自动增长方式或取消自动增长方式。

【例 3-3】为 ORCL 数据库的 USERS 表空间添加一个自动增长的数据文件。

```
SQL>ALTER TABLESPACE USERS ADD DATAFILE
    'D:\ORACLE\PRODUCT\10.2.0\ORADATA\ORCL\USERS03.DBF' SIZE 10M
    AUTOEXTEND ON NEXT 512K MAXSIZE 50M;
```

其中,NEXT 参数指定数据文件每次自动增长的大小;MAXSIZE 参数指定数据文件的极限大小,如果没有限制则可以设定为 UNLIMITED。

【例 3-4】修改 ORCL 数据库 USERS 表空间的数据文件 USERS02.DBF 为自动增长方式。

```
SQL>ALTER DATABASE
    DATAFILE 'D:\ORACLE\PRODUCT\10.2.0\ORADATA\ORCL\USERS02.DBF '
```

```
                    AUTOEXTEND ON NEXT  512K MAXSIZE UNLIMITED;
```

【例 3-5】 取消 ORCL 数据库 USERS 表空间的数据文件 USERS02.DBF 的自动增长方式。
```
        SQL>ALTER DATABASE
             DATAFILE 'D:\ORACLE\PRODUCT\10.2.0\ORADATA\ORCL\USERS02.DBF '
             AUTOEXTEND OFF;
```

（2）手动改变数据文件的大小

在 Oracle 数据库中，可以在创建数据文件时指定数据文件大小，而以后也可以手动修改数据文件的大小。修改数据文件的大小是通过带有 RESIZE 子句的 ALTER DATABASE DATAFILE 语句实现的。

【例 3-6】 将 ORCL 数据库 USERS 表空间的数据文件 USERS02.DBF 大小设置为 8MB。
```
        SQL>ALTER DATABASE  DATAFILE
            'D:\ORACLE\PRODUCT\10.2.0\ORADATA\ORCL\USERS02.DBF' RESIZE 8M;
```

3．改变数据文件的可用性

可以通过将数据文件联机或脱机来改变数据文件的可用性。处于脱机状态的数据文件对数据库来说是不可用的，直到它们被恢复为联机状态。

在下面几种情况下需要改变数据文件的可用性：

- 要进行数据文件的脱机备份时，需要先将数据文件脱机；
- 需要重命名数据文件或改变数据文件的位置时，需要先将数据文件脱机；
- 如果 Oracle 在写入某个数据文件时发生错误，会自动将该数据文件设置为脱机状态，并且记录在警告文件中。排除故障后，需要以手动方式重新将该数据文件恢复为联机状态。
- 数据文件丢失或损坏，需要在启动数据库之前将数据文件脱机。

（1）归档模式下数据文件可用性的改变

在归档模式下，可以使用 ALTER DATABASE DATAFILE…ONLINE|OFFLINE 来设置数据文件的联机与脱机状态，使用 ALTER DATABASE TEMPFILE…ONLINE|OFFLINE 来设置临时数据文件的联机与脱机状态。

【例 3-7】 在数据库处于归档模式下，将 ORCL 数据库 USERS 表空间的数据文件 USERS02.DBF 脱机。
```
        SQL>ALTER DATABASE DATAFILE
            'D:\ORACLE\PRODUCT\10.2.0\ORADATA\ORCL\USERS02.DBF' OFFLINE;
```

【例 3-8】 将 ORCL 数据库 USERS 表空间的数据文件 USERS02.DBF 联机。
```
        SQL>ALTER DATABASE DATAFILE
            'D:\ORACLE\PRODUCT\10.2.0\ORADATA\ORCL\USERS02.DBF' ONLINE;
```

注意： 在归档模式下，将数据文件联机之前需要进行恢复操作。可以使用 RECOVER DATAFILE 语句进行。

例如：
```
        SQL>RECOVER DATAFILE
            'D:\ORACLE\PRODUCT\10.2.0\ORADATA\ORCL\USERS02.DBF';
```

（2）非归档模式下数据文件脱机

由于数据库处于非归档模式，数据文件脱机后，会导致信息的丢失，从而使该数据文件无法再联机，即无法使用了。因此，在非归档模式下，通常不能将数据文件脱机。例如，下列操作会导致错误：

```
SQL>ALTER DATABASE DATAFILE
    'D:\ORACLE\PRODUCT\10.2.0\ORADATA\ORCL\USERS02.DBF' OFFLINE;
*
ERROR 位于第 1 行:
ORA-01145: 除非启用了介质恢复,否则不允许紧急脱机
```

(3) 改变表空间中所有数据文件的可用性

在归档模式下,可以使用 ALTER TABLESPACE...DATAFILE ONLINE|OFFLINE 语句将一个永久表空间中的所有数据文件联机或脱机,可以使用 ALTER TABLESPACE...TEMPFILE ONLINE | OFFLINE 语句将一个临时表空间中的所有临时数据文件联机或脱机,但是不改变表空间本身的可用性。

【例 3-9】在归档模式下,将 USERS 表空间中所有的数据文件脱机,但 USERS 表空间不脱机。然后再将 USERS 表空间中的所有数据文件联机。

```
SQL>ALTER TABLESPACE USERS DATAFILE OFFLINE;
SQL>RECOVER TABLESPACE USERS;
SQL>ALTER TABLESPACE USERS DATAFILE ONLINE;
```

注意:如果数据库处于打开状态,则不能将 SYSTEM 表空间、UNDO 表空间和默认的临时表空间中所有的数据文件或临时文件同时设置为脱机状态。

4. 改变数据文件的名称或位置

在数据文件建立之后,还可以改变它们的名称或位置。通过重命名或移动数据文件,可以在不改变数据库逻辑存储结构的情况下,对数据库的物理存储结构进行调整。

改变数据文件的名称或位置操作分为两种情况:

① 如果要改变的数据文件属于同一个表空间,则使用 ALTER TABLESPACLE...RENAME DATAFILE...TO 语句实现;

② 如果要改变的数据文件属于多个表空间,则使用 ALTER DATABASE RENAME FILE...TO 语句实现。

注意:改变数据文件的名称或位置时,Oracle 只是改变记录在控制文件和数据字典中的数据文件信息,并没有改变操作系统中数据文件的名称和位置,因此需要 DBA 手动更改操作系统中数据文件的名称和位置。

(1) 改变同一个表空间的数据文件的名称和位置

下面以更改 ORCL 数据库 USERS 表空间的 USERS02.DBF 和 USERS03.DBF 文件名为 USERS002.DBF 和 USERS003.DBF 为例,说明重命名数据文件的方法。

① 将包含数据文件的表空间置为脱机状态。

```
SQL>ALTER TABLESPACE USERS OFFLINE;
```

② 在操作系统中重命名数据文件或移动数据文件到新的位置。分别将 USERS02.DBF 和 USERS03.DBF 文件重命名为 USERS002.DBF 和 USERS003.DBF。

③ 使用 ALTER TABLESPACE...RENAME DATAFILE...TO 语句进行操作,以修改控制文件中的信息。

```
SQL>ALTER TABLESPACE USERS  RENAME DATAFILE
    'D:\ORACLE\PRODUCT\10.2.0\ORADATA\ORCL\USERS02.DBF',
    'D:\ORACLE\PRODUCT\10.2.0\ORADATA\ORCL\USERS03.DBF' TO
    'D:\ORACLE\PRODUCT\10.2.0\ORADATA\ORCL\USERS002.DBF',
    'D:\ORACLE\PRODUCT\10.2.0\ORADATA\ORCL\USERS003.DBF';
```

④ 将表空间联机。
```
SQL>ALTER TABLESPACE USERS ONLINE;
```
（2）改变属于多个表空间的数据文件

下面以更改 ORCL 数据库 USERS 表空间中的 USERS002.DBF 文件位置和修改 TOOLS 表空间中的 TOOLS01.DBF 文件名为例说明改变多个表空间数据文件的方法。

① 关闭数据库。
```
SQL>SHUTDOWN IMMEDIATE
```
② 在操作系统中，将要改动的数据文件复制到新位置或改变它们的名称。将 USERS 表空间中的 USERS002.DBF 文件复制到一个新的位置，如 D:\ORACLE\PRODUCT\10.2.0\ORADATA，修改 TOOLS 表空间的数据文件 TOOLS01.DBF 的名为 TOOLS001.DBF。

③ 启动数据库到 MOUNT 状态。
```
SQL>STARTUP MOUNT
```
④ 执行 ALTER DATABASE RENAME FILE…TO 语句更新数据文件名称或位置。
```
SQL>ALTER DATABASE RENAME FILE
  'D:\ORACLE\PRODUCT\10.2.0\ORADATA\ORCL\USERS002.DBF',
  'D:\ORACLE\PRODUCT\10.2.0\ORADATA\ORCL\TOOLS01.DBF' TO
  'D:\ORACLE\PRODUCT\10.2.0\ORADATA\USERS002.DBF',
  'D:\ORACLE\PRODUCT\10.2.0\ORADATA\ORCL\TOOLS001.DBF';
```
⑤ 打开数据库。
```
SQL>ALTER DATABASE OPEN;
```

5．删除数据文件

可以使用 ALTER TABLESPACE…DROP DATAFILE 语句删除某个表空间中的某个空数据文件，使用 ALTER TABLESPACE… DROP TEMPFILE 语句删除某个临时表空间中的某个空的临时数据文件。所谓的空数据文件或空临时数据文件是指为该文件分配的所有区都被回收。删除数据文件或临时数据文件的同时，将删除控制文件和数据字典中与该数据文件或临时数据文件的相关信息，同时也将删除操作系统中对应的物理文件。

例如，删除 USERS 表空间中的数据文件 USERS03.DBF 和删除 TEMP 临时表空间中的临时数据文件 TEMP03.DBF。
```
SQL>ALTER TABLESPACE USERS DROP DATAFILE
  'D:\ORACLE\PRODUCT\10.2.0\ORADATA\ORCL\USERS03.DBF';
SQL>ALTER TABLESPACE TEMP DROP TEMPFILE
  'D:\ORACLE\PRODUCT\10.2.0\ORADATA\ORCL\TEMP03.DBF';
```

6．查询数据文件信息

使用数据字典视图和动态性能视图可以查看数据库数据文件信息。与数据文件相关的数据字典视图和动态性能视图包括：

- DBA_DATA_FILES：包含数据库中所有数据文件的信息，包括数据文件所属的表空间、数据文件编号等。
- DBA_TEMP_FILES：包含数据库中所有临时数据文件的信息。
- V$DATAFILE：包含从控制文件中获取的数据文件信息。
- V$TEMPFILE：包含所有临时文件的基本信息。

（1）查询数据文件动态信息

查询 V$DATAFILE 视图可以获取数据库所有数据文件的动态信息，在不同时间查询的结果是不同的。例如，查询当前数据库中所有数据文件信息，语句为：

```
SQL> SELECT NAME,FILE#,CHECKPOINT_CHANGE# FROM V$DATAFILE;
NAME                                            FILE# CHECKPOINT_CHANGE#
------------------------------------------------------------------------
D:\ORACLE\PRODUCT\10.2.0\ORADATA\ORCL\SYSTEM01.DBF    1      2167879
D:\ORACLE\PRODUCT\10.2.0\ORADATA\ORCL\UNDOTBS01.DBF   2      2167879
D:\ORACLE\PRODUCT\10.2.0\ORADATA\ORCL\SYSAUX01.DBF    3      2167879
......
```

（2）查询数据文件的详细信息

如果要查询数据文件的详细信息，包括数据文件的名称、所属表空间、文件号、大小以及是否自动扩展等信息，可以查询 DBA_DATA_FILES 视图。例如，查询当前数据库所有数据文件的详细信息，语句为：

```
SQL>SELECT TABLESPACE_NAME,AUTOEXTENSIBLE,FILE_NAME
    FROM DBA_DATA_FILES;
TABLESPACE AUT FILE_NAME
---------- --- -----------------------------------------------------
USERS      YES D:\ORACLE\PRODUCT\10.2.0\ORADATA\ORCL\USERS01.DBF
SYSAUX     YES D:\ORACLE\PRODUCT\10.2.0\ORADATA\ORCL\SYSAUX01.DBF
UNDOTBS1   YES D:\ORACLE\PRODUCT\10.2.0\ORADATA\ORCL\UNDOTBS01.DBF
......
```

（3）查询临时数据文件信息

查询 DBA_TEMP_FILES 视图可以获取临时数据文件信息。例如，查询当前数据库所有临时数据文件信息，语句为：

```
SQL>SELECT TABLESPACE_NAME,FILE_NAME,AUTOEXTENSIBLE
    FROM DBA_TEMP_FILES;
TABLESPACE FILE_NAME                                           AUT
---------- --------------------------------------------------- ---
TEMP       D:\ORACLE\PRODUCT\10.2.0\ORADATA\ORCL\TEMP01.DBF    YES
TEMP       D:\ORACLE\PRODUCT\10.2.0\ORADATA\ORCL\TEMP02.DBF    NO
```

3.3 控制文件

3.3.1 控制文件概述

1. 控制文件的性质

控制文件是 Oracle 数据库最重要的物理文件，描述了整个数据库的结构信息。控制文件在创建数据库时创建，每个数据库至少有一个控制文件。在数据库启动时，数据库实例依赖初始化参数定位控制文件，然后根据控制文件的信息加载数据文件和重做日志文件，最后打开数据文件和重做日志文件。

控制文件是一个二进制文件，DBA 不能直接修改，只能由 Oracle 进程读/写其内容。在数据库运行与维护阶段，数据文件与重做日志文件的结构变化信息都记录在控制文件中。

Oracle 建议最少有两个控制文件，通过多路镜像技术，将多个控制文件分散到不同的磁盘中。这样可以避免由于一个控制文件的故障而导致数据库的崩溃。每次对数据库结构进行修改后（如添加、修改、删除数据文件、重做日志文件），应该及时备份控制文件。

2. 控制文件的内容

控制文件主要存储与数据库结构相关的一些信息,包括数据库名称和标识、数据库创建的时间、表空间名称、数据文件和重做日志文件的名称和位置、当前重做日志文件序列号(Log Sequence Number)、数据库检查点的信息、回退段的开始和结束、重做日志的归档信息、备份信息以及数据库恢复所需要的同步信息等。

当数据库的物理结构发生变化时,如增加、删除、修改数据文件或重做日志文件时,Oracle数据库服务器进程会自动更新控制文件以及记录数据库物理结构的变化。LGWR 进程负责将当前的重做日志文件序列号写入控制文件。CKPT 进程负责将检查点信息写入控制文件。ARCH进程负责将归档信息写入控制文件。

此外,在控制文件中还存储了一些决定数据库规模的最大化参数,这些参数限制了数据库中相关参数的取值范围,同时也决定了控制文件的大小。通常这些参数的值是在数据库创建时设置的,数据库创建后,被写入控制文件中存储。控制文件中的最大化参数包括:

- MAXLOGFILES——最大重做日志文件组数量;
- MAXLOGMEMBERS——重做日志文件组中最大成员数量;
- MAXLOGHISTORY——最大历史重做日志文件数量;
- MAXDATAFILES——最大数据文件数量;
- MAXINSTANCES——可同时访问的数据库最大实例个数。

注意:在 Oracle 10.2.0 之前的版本中,如果某种文件的数量超过了该最大值,则需要重新创建控制文件,而在 Oracle 10.2.0 及其之后的版本中,当某种文件的数量超过了该最大值时,控制文件可以自动扩展。例如,如果控制文件中 MAXLOGFILES 值为 3,那么在 Oracle 10.2.0 之前的版本中是无法添加第 4 个重做日志文件组的,必须重新创建控制文件,将该参数设置为 4;而在 Oracle 10.2.0 及其之后的版本中,可以直接添加第 4 个重做日志文件组,控制文件会自动进行扩展的。

3.3.2 控制文件管理

控制文件的管理主要包括创建、备份、删除控制文件和多路镜像控制文件的实现等。

1. 创建控制文件

在创建数据库时,系统会根据初始化参数文件中 CONTROL_FILES 的设置创建控制文件。在数据库创建完成后,如果发生下面几种情况,则需要手动创建新的控制文件。

- 控制文件全部丢失或损坏;
- 需要修改数据库名称;
- 在 Oracle 10.2.0 之前的版本中,需要修改某个最大化参数(如 MAXLOGFILES,MAXLOGMEMBERS,MAXDATAFILES,MAXINSTANCES 等)。

(1) CREATE CONTROLFILE 语句

可以使用 CREATE CONTROLFILE 语句创建控制文件,该语句的语法为:

```
CREATE CONTROLFILE [REUSE]
[SET] DATABASE database
[LOGFILE logfile_clause]
RESETLOGS|NORESETLOGS
[DATAFILE file_specification]
[MAXLOGFILES]
```

```
            [MAXLOGMEMBERS]
            [MAXLOGHISTORY]
            [MAXDATAFILES]
            [MAXINSTANCES]
            [ARCHIVELOG|NOARCHIVELOG]
            [FORCE LOGGING]
            [CHARACTER SET character_set]
```
(2) 新建控制文件的基本步骤

① 制作数据库中所有的数据文件和重做日志文件列表。

如果数据库还可以打开,则可以通过查询下列数据字典视图获得数据文件和重做日志文件信息。

```
            SQL>SELECT MEMBER FROM V$LOGFILE;
            SQL>SELECT NAME FROM V$DATAFILE;
            SQL>SELECT VALUE FROM V$PARAMETER WHERE NAME = 'CONTROL_FILES';
```
若数据库已经无法打开,则可以查看警告文件中的内容。如果 DBA 已经将控制文件备份到跟踪文件中,就能够很容易地获取数据文件和重做日志文件信息;如果没有备份控制文件,则只能手工查询操作系统获得数据库数据文件和重做日志文件信息。如果漏掉了任何文件,将导致该文件无法恢复;如果漏掉了属于 SYSTME 表空间的数据文件,那么数据库将无法恢复。

② 如果数据库仍然处于运行状态,则关闭数据库。
```
            SQL>SHUTDOWN IMMEDIATE
```
③ 在操作系统级别备份所有的数据文件和联机重做日志文件。

④ 启动数据库到 NOMOUNT 状态。
```
            SQL>STARTUP NOMOUNT
```
⑤ 执行 CREATE CONTROLFILE 命令创建一个新的控制文件。

利用步骤①中获得的文件列表,创建新的控制文件。需要注意,如果除控制文件外,还丢失了某些重做日志文件,则需要使用 RESETLOGS 参数;如果数据库重新命名,也需要使用 RESETLOGS 选项;否则使用 NORESETLOGS 选项。该参数的不同选择,决定了后续的不同操作。

```
            SQL>CREATE CONTROLFILE REUSE
            DATABASE "ORCL"
            NORESETLOGS
            NOARCHIVELOG
            MAXLOGFILES 16
            MAXLOGMEMBERS 3
            MAXDATAFILES 100
            MAXINSTANCES 8
            MAXLOGHISTORY 292
            LOGFILE
            GROUP 1 'D:\ORACLE\PRODUCT\10.2.0\ORADATA\ORCL\REDO01.LOG'  SIZE 50M,
            GROUP 2 'D:\ORACLE\PRODUCT\10.2.0\ORADATA\ORCL\REDO02.LOG'  SIZE 50M,
            GROUP 3 'D:\ORACLE\PRODUCT\10.2.0\ORADATA\ORCL\REDO03.LOG'  SIZE 50M
            DATAFILE
            'D:\ORACLE\PRODUCT\10.2.0\ORADATA\ORCL\SYSTEM01.DBF',
            'D:\ORACLE\PRODUCT\10.2.0\ORADATA\ORCL\UNDOTBS01.DBF',
            'D:\ORACLE\PRODUCT\10.2.0\ORADATA\ORCL\SYSAUX01.DBF',
```

```
            'D:\ORACLE\PRODUCT\10.2.0\ORADATA\ORCL\USERS01.DBF',
            'D:\ORACLE\PRODUCT\10.2.0\ORADATA\ORCL\EXAMPLE01.DBF'
        CHARACTER SET ZHS16GBK
```
⑥ 在操作系统级别对新建的控制文件进行备份。
⑦ 如果数据库重命名，则编辑 DB_NAME 参数来指定新的数据库名称。
⑧ 如果数据库需要恢复，则进行恢复数据库操作；否则直接进入步骤⑨。
- 如果创建控制文件时指定了 NORESTLOGS，就可以完全恢复数据库。例如：
    ```
    SQL>RECOVER DATABASE;
    ```
- 如果创建控制文件时指定了 RESETLOGS，则必须在恢复时指定 USING BACKUP CONTROLFILE。例如：
    ```
    SQL>RECOVER DATABASE USING BACKUP CONTROLFILE;
    ```
⑨ 重新打开数据库。
- 如果数据库不需要恢复或已经对数据库进行了完全恢复，则可以使用下列语句正常打开数据库：
    ```
    SQL>ALTER DATABASE OPEN;
    ```
- 如果在创建控制文件时使用了 RESETLOGS 参数，则必须指定以 RESETLOGS 方式打开数据库：
    ```
    SQL>ALTER DATABASE OPEN  RESETLOGS;
    ```

2．实现多路镜像控制文件

为了保证数据库控制文件的可用性，Oracle 数据库在创建时可以创建多个镜像的控制文件，其名称和存放位置由初始化参数文件中的 CONTROL_FILES 参数指定。例如，在 ORCL 数据库初始化文件中，参数 CONTROL_FILES 的设置为：
```
control_files = 'D:\ORACLE\PRODUCT\10.2.0\ORADATA\ORCL\CONTROL01.CTL',
                'D:\ORACLE\PRODUCT\10.2.0\ORADATA\ORCL\CONTROL02.CTL'
                'D:\ORACLE\PRODUCT\10.2.0\ORADATA\ORCL\CONTROL03.CTL'
```
在 Oracle 10g 数据库创建后，可以根据需要为数据库建立多个镜像控制文件。
① 编辑初始化参数 CONTROL_FILES。
```
SQL>ALTER SYSTEM SET  CONTROL_FILES=
    'D:\ORACLE\PRODUCT\10.2.0\ORADATA\ORCL\CONTROL01.CTL',
    'D:\ORACLE\PRODUCT\10.2.0\ORADATA\ORCL\CONTROL02.CTL',
    'D:\ORACLE\PRODUCT\10.2.0\ORADATA\ORCL\CONTROL03.CTL',
    'D:\ORACLE\PRODUCT\10.2.0\ORADATA\CONTROL04.CTL'
    SCOPE=SPFILE;
```
注意：前 3 个控制文件是原有的控制文件，最后一个控制文件是将要添加的。

② 关闭数据库。
```
SQL>SHUTDOWN IMMEDIATE
```
③ 复制一个已有控制文件（如 D:\ORACLE\PRODUCT\10.2.0\ORADATA\ORCL\CONTROL01.CTL）到 D:\ORACLE\PRODUCT\10.2.0\ORADATA 目录下，并重命名为 CONTROL04.CTL。
④ 重新启动数据库。
```
SQL>STARTUP
```

3．备份控制文件

为了避免由于控制文件的损坏或丢失而导致数据库系统崩溃，需要经常对控制文件进行备份。特别是对数据库物理存储结构做出修改之后，如数据文件的添加、删除或重命名，表空间的添加、删除，表空间读/写状态的改变，以及添加或删除重做日志文件和重做日志文件组等，都需要重新备份控制文件。

可以使用 ALTER DATABASE BACKUP CONTROLFILE 语句来备份控制文件。根据备份生成的控制文件的类型不同，控制文件备份分为两种方法。

（1）将控制文件备份为二进制文件

```
SQL>ALTER DATABASE BACKUP CONTROLFILE TO 'D:\ORACLE\CONTROL.BKP';
```

（2）将控制文件备份为文本文件

```
SQL>ALTER DATABASE BACKUP CONTROLFILE TO TRACE;
```

此时将控制文件备份到<ORACLE_BASE>\admin\<SID>\udump 目录下的跟踪文件中，在跟踪文件中生成一个 SQL 脚本，可以利用它重建新的控制文件。

在控制文件备份之后，如果控制文件丢失或损坏，则只需修改 CONTROL_FILES 参数指向备份的控制文件，重新启动数据库即可。

4．删除控制文件

如果控制文件的位置不合适，或某个控制文件损坏时，可以删除该控制文件。删除控制文件的过程与创建多路镜像控制文件的过程相似，具体步骤为：

① 编辑 CONTROL_FILES 初始化参数，使其不包含要删除的控制文件；
② 关闭数据库；
③ 在操作系统中删除控制文件；
④ 重新启动数据库。

5．查看控制文件信息

如果要获得控制文件信息，可以查询与控制文件相关的数据字典视图。与控制文件相关的数据字典视图包括：

- V$DATABASE——从控制文件中获取的数据库信息；
- V$CONTROLFILE——包含所有控制文件名称与状态信息；
- V$CONTROLFILE_RECORD_SECTION——包含控制文件中各记录文档段信息；
- V$PARAMETER——可以获取初始化参数 CONTROL_FILES 的值。

例如，查询当前数据库中所有控制文件信息。

```
SQL>SELECT NAME,STATUS FROM V$CONTROLFILE;
NAME                                                    STATUS
--------------------------------------------------------------
D:\ORACLE\PRODUCT\10.2.0\ORADATA\ORCL\CONTROL01.CTL
D:\ORACLE\PRODUCT\10.2.0\ORADATA\ORCL\CONTROL02.CTL
D:\ORACLE\PRODUCT\10.2.0\ORADATA\ORCL\CONTROL03.CTL
D:\ORACLE\PRODUCT\10.2.0\ORADATA\CONTROL04.CTL
```

3.4 重做日志文件

3.4.1 重做日志文件概述

1．重做日志文件的概念

重做日志文件以重做记录的形式记录、保存用户对数据库所进行的变更操作，包括用户执行 DDL、DML 语句的操作。如果用户只对数据库进行查询操作，那么查询信息是不会记录到重做日志文件中的。

重做日志文件是由重做记录构成的，每个重做记录由一组修改向量组成。修改向量记录了对数据库中某个数据块所做的修改，包括修改对象、修改之前对象的值、修改之后对象的值、该修改操作的事务号码以及该事务是否提交等信息。因此，当数据库出现故障时，利用重做日志文件可以恢复数据库。

在 Oracle 中，用户对数据库所做的变更操作产生的重做记录先写入重做日志缓冲区，最终由 LGWR 进程写入重做日志文件。当用户提交一个事务时，与该事务相关的所有重做记录被 LGWR 进程写入日志文件，并同时产生一个"系统变更号"（System Change Number，SCN），以标识该事务的重做记录。只有当某个事务所产生的全部重做记录都写入重做日志文件后，Oracle 才认为这个事务已经成功提交。

利用重做日志文件恢复数据库是通过事务的重做（REDO）或回退（UNDO）实现的。所谓的重做是指，由于某些原因导致事务对数据库的修改在写入数据文件之前丢失了，此时就可以利用重做日志文件重做该事务对数据库的修改操作。所谓的回退是指，如果用户在事务提交之前要撤销事务，Oracle 将通过重做记录中的回退信息撤销事务对数据库所做的修改。

2. 重做日志文件的工作过程

每个数据库至少需要两个重做日志文件，采用循环写的方式进行工作。这样就能保证，当一个重做日志文件在进行归档时，还有另一个重做日志文件可用。当一个重做日志文件被写满后，后台进程 LGWR 开始写入下一个重做日志文件，即日志切换，同时产生一个"日志序列号"，并将这个号码分配给即将开始使用的重做日志文件。当所有的日志文件都写满后，LGWR 进程再重新写入第一个日志文件。重做日志文件的工作过程如图 3-4 所示。

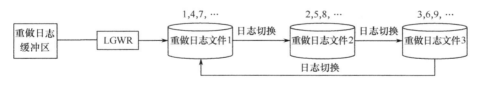

图 3-4　重做日志文件的工作过程

通常，LGWR 进程在开始写入下一个重做日志文件之前，必须先确定这个即将被覆盖的重做日志文件已经完成下列工作：

① 如果数据库处于"非归档模式"，则该重做日志文件中所有重做记录所对应的修改结果必须全部写入数据文件中；

② 如果数据库处于"归档模式"，则该重做日志文件中所有重做记录所对应的修改结果必须全部写入到数据文件中，并且归档进程（ARCH）已经将该重做日志文件进行了归档。

为了保证 LGWR 进程的正常进行，通常采用重做日志文件组（GROUP），每个组中包含若干个完全相同的重做日志文件成员（MEMBER），这些成员文件相互镜像。在数据库运行时，LGWR 进程同时向当前的联机重做日志文件组中的每个成员文件写信息。通常，将一组文件成员分散在不同磁盘上，这样一个磁盘的损坏不会导致日志文件组中所有成员的丢失，从而保证了数据库的正常运行，如图 3-5 所示。

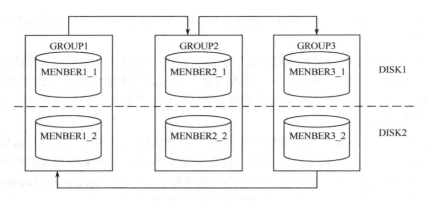

图 3-5 重做日志文件组

3.4.2 重做日志文件的管理

数据库重做日志文件的管理主要包括重做日志文件组的管理和重做日志文件组成员的管理。

1. 添加重做日志文件组

在数据库创建时，会创建几个重做日志文件组。例如：

```
SQL>CREATE DATABASE ORCL
LOGFILE
GROUP 1('D:\ORACLE\PRODUCT\10.2.0\ORADATA\ORCL\REDO01.LOG') SIZE 10M,
GROUP 2('D:\ORACLE\PRODUCT\10.2.0\ORADATA\ORCL\REDO02.LOG') SIZE 10M,
GROUP 3('D:\ORACLE\PRODUCT\10.2.0\ORADATA\ORCL\REDO03.LOG') SIZE 10M
……
```

数据库创建后，可以根据需要为数据库添加重做日志文件组。为数据库添加重做日志文件组使用 ALTER DATABASE ADD LOGFILE 语句。例如：

```
SQL>ALTER DATABASE ADD LOGFILE GROUP 4
    ('D:\ORACLE\PRODUCT\10.2.0\ORADATA\ORCL\REDO04A.LOG',
     'D:\ORACLE\PRODUCT\10.2.0\ORADATA\ORCL\REDO04B.LOG')SIZE 4M;
```

注意：

① 分配给每个重做日志文件的初始空间至少为 4MB。

② 如果没有使用 GROUP 子句指定组号，则系统会自动产生组号，为当前重做日志文件组的个数加 1。

③ 在 Oracle10.2.0 之前的版本中，数据库最多允许的重做日志文件组的数量由控制文件中的 MAXLOGFILES 参数决定。

④ 在 Oracle10.2.0 之前的版本中，每个重做日志文件组中最多成员文件数量由控制文件中的 MAXLOGMEMBERS 参数决定。

2. 添加重做日志文件组成员

向重做日志文件组中添加成员文件时使用 ALTER DATABASE ADD LOGFILE MEMBER…TO GROUP 语句来完成。例如：

```
SQL>ALTER DATABASE ADD LOGFILE MEMBER
    'D:\ORACLE\PRODUCT\10.2.0\ORADATA\ORCL\REDO01C.LOG' TO GROUP 1,
    'D:\ORACLE\PRODUCT\10.2.0\ORADATA\ORCL\REDO04C.LOG' TO GROUP 4;
```

> **注意：**
> ① 同一个重做日志文件组中的成员文件存储位置应尽量分散。
> ② 不需要指定文件大小。新成员文件大小由组中已有成员大小决定。

3. 改变重做日志文件组成员文件的名称或位置

在数据库重做日志文件创建以后，有时需要修改重做日志文件的名称或位置，如重做日志文件所在的磁盘要拆除或要增加新的磁盘等，此时可以使用 ALTER DATABASE RENAME FILE…TO 语句修改重做日志文件名称或位置。

注意： 只能更改处于 INACTIVE 或 UNUSED 状态的重做日志文件组的成员文件的名称或位置。

例如，将重做日志文件 REDO01C.LOG 重命名为 REDO01B.LOG，将 REDO04C.LOG 移到 D:\ORACLE\PRODUCT\10.2.0\ORADATA 目录下。

（1）检查要修改的成员文件所在的重做日志文件组状态

```
SQL>SELECT group#,status FROM v$log;
```

如果要修改的日志文件组不是处于 INACTIVE 或 UNUSED 状态，则需要进行手动日志切换。

（2）在操作系统中重命名重做日志文件或将重做日志文件移到新位置

打开 D:\ORACLE\PRODUCT\10.2.0\ORADATA\ORCL 文件夹，将 REDO01C.LOG 更名为 REDO01B.LOG，同时将 REDO04C.LOG 移到 D:\ORACLE\PRODUCT\10.2.0\ORADATA 文件夹下。

（3）执行 ALTER DATABASE RENAME FILE…TO 语句

```
SQL>ALTER DATABASE RENAME FILE
    'D:\ORACLE\PRODUCT\10.2.0\ORADATA\ORCL\REDO01C.LOG',
    'D:\ORACLE\PRODUCT\10.2.0\ORADATA\ORCL\REDO4C.LOG' TO
    'D:\ORACLE\PRODUCT\10.2.0\ORADATA\ORCL\REDO001B.LOG',
    'D:\ORACLE\PRODUCT\10.2.0\ORADATA\REDO04C.LOG';
```

4. 删除重做日志文件组成员

如果要删除重做日志文件组中的某个成员文件，需要注意以下事项。

① 只能删除状态为 INACTIVE 或 UNUSED 的重做日志文件组中的成员；若要删除状态为 CURRENT 的重做日志文件组中的成员，则需执行一次手动日志切换。

② 如果数据库处于归档模式下，则在删除重做日志文件之前要保证该文件所在的重做日志文件组已归档。

③ 每个重做日志文件组中至少要有一个可用的成员文件，即 VALID 状态的成员文件。如果要删除的重做日志文件是所在组中最后一个可用的成员文件，则无法删除。

使用 ALTER DATABASE DROP LOGFILE MEMBER 语句可以删除重做日志文件组成员。例如：

```
SQL>ALTER DATABASE DROP LOGFILE MEMBER
    'D:\ORACLE\PRODUCT\10.2.0\ORADATA\REDO4C.LOG';
```

删除重做日志文件的操作并没有将重做日志文件从操作系统磁盘上删除，只是更新了数据库控制文件，从数据库结构中删除了该重做日志文件。在删除重做日志文件之后，应该确认删除操作成功完成，然后再删除操作系统中对应的重做日志文件。

5．删除重做日志文件组

在某些情况下，可能需要删除某个重做日志文件组。如果删除某个重做日志文件组，则该组中的所有成员文件将被删除。如果要删除某个重做日志文件组，则需要注意以下事项。

① 无论重做日志文件组中有多少个成员文件，一个数据库至少需要使用两个重做日志文件组。

② 如果数据库处于归档模式下，则在删除重做日志文件组之前，必须确定该组已经被归档。

③ 只能删除处于 INACTIVE 状态或 UNUSED 状态的重做日志文件组，若要删除状态为 CURRENT 的重做日志文件组，则需要执行一次手动日志切换。

删除重做日志文件组应使用 ALTER DATABASE DROP LOGFILE GROUP 语句完成。例如：

```
SQL>ALTER DATABASE DROP LOGFILE GROUP 4;
```

删除重做日志文件组的操作并没有将重做日志文件组中的所有成员文件从操作系统磁盘上删除，只是更新了数据库控制文件，从数据库结构中删除了该重做日志文件组。在删除重做日志文件组之后，应该确认删除操作成功完成，然后再删除操作系统中对应的所有重做日志文件。

6．重做日志文件切换

当 LGWR 进程结束对当前重做日志文件组的使用，开始写入下一个重做日志文件组时，称为发生了一次"日志切换"。通常，只有当前的重做日志文件组写满后才发生日志切换，但是可以通过设置参数 ARCHIVE_LAG_TARGET 控制日志切换的时间间隔，在必要时也可以采用手工强制进行日志切换。例如，如果要删除当前处于 CURRENT 状态的重做日志文件组或该文件组中的成员文件，则需要采用手动日志切换，将该重做日志文件组切换到 INACTIVE 状态。

手动日志切换是通过 ALTER SYSTEM SWITCH LOGFILE 语句实现的。

```
SQL>ALTER SYSTEM SWITCH LOGFILE;
```

当发生日志切换时，系统将为新的重做日志文件产生一个日志序列号，在归档时该日志序列号一同被保存。日志序列号是在线日志文件和归档日志文件的唯一标识。

7．清除重做日志文件组

在数据库运行过程中，联机重做日志文件可能会因为某些原因而损坏，导致数据库最终由于无法将损坏的重做日志文件归档而停止。如果发生这种情况，可以在不关闭数据库的情况下，手工清除损坏的重做日志文件内容，避免出现数据库停止运行的情况。

清除重做日志文件就是将重做日志文件中的内容全部清除，相当于删除该重做日志文件，然后再重新建立它。清除重做日志文件组是将该文件组中的所有成员文件全部清空。

使用 ALTER DATABASE CLEAR LOGFILE 语句可以实现清除重做日志文件组。例如，清除 4 号重做日志文件组：

```
SQL>ALTER DATABASE CLEAR LOGFILE GROUP 4;
```

在下列两种情况下，清除重做日志文件组的操作将无法进行。

① 数据库只有两个重做日志文件组；

② 需要清除的重做日志文件组处于 CURRENT 状态。

如果要清空的重做日志文件组尚未归档，则必须使用 UNARCHIVED 子句，以避免对这个重做日志文件组进行归档。

```
SQL>ALTER DATABASE CLEAR UNARCHIVED LOGFILE GROUP 4;
```

8．查看重做日志文件信息

可以通过数据字典视图查询数据库重做日志文件的相关信息，如重做日志文件组的状态等。在 Oracle 10g 中，包含重做日志文件信息的视图有以下几种。
- V$LOG：包含从控制文件中获取的所有重做日志文件组的基本信息。
- V$LOGFILE：包含重做日志文件组及其成员文件的信息。
- V$LOG_HISTORY：包含关于重做日志文件的历史信息。

（1）查询重做日志文件组的信息

通过查询 V$LOG 视图可以获得数据库所有的日志文件组信息，包括每个组的状态、成员数量、日志序列号和是否已经归档等。例如：

```
SQL> SELECT GROUP#,SEQUENCE#,MEMBERS,STATUS,ARCHIVED  FROM V$LOG;
GROUP#    SEQUENCE#    MEMBERS STATUS            ARC
---------- ---------- ---------- ---------------- ---
    1          41         2 INACTIVE            NO
    2          42         1 CURRENT             NO
......
```

（2）查询重做日志文件的信息

通过查询 V$LOGFILE 数据字典视图可以获得数据库所有重做日志文件的名称、状态及是否处于联机状态等信息。

```
SQL>SELECT GROUP#,TYPE,MEMBER  FROM V$LOGFILE ORDER BY GROUP#;
GROUP# TYPE    MEMBER
------ ------- --------------------------------------------------
1      ONLINE  D:\ORACLE\PRODUCT\10.2.0\ORADATA\ORCL\REDO01C.LOG
1      ONLINE  D:\ORACLE\PRODUCT\10.2.0\ORADATA\ORCL\REDO01.LOG
......
```

3.5　归档重做日志文件

3.5.1　重做日志文件归档概述

Oracle 数据库能够把已经写满了的重做日志文件保存到指定的一个或多个位置，被保存的重做日志文件的集合称为归档重做日志文件，这个过程称为归档。根据是否进行重做日志文件归档，数据库运行可以分为归档模式或非归档模式。如图 3-6 所示为归档模式下的数据库重做日志文件归档过程。

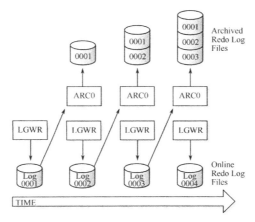

图 3-6　归档模式下的数据库重做日志文件归档过程

数据库只有运行在归档模式下，才会对重做日志文件执行归档操作。归档操作可以由数据库后台进程 ARCH 自动完成，也可以手动完成。

由于在归档模式下，数据库中历史重做日志文件全部被保存，即用户的所有操作都被记录下来，因此在数据库出现故障时，即使是介质故障，利用数据库备份、归档重做日志文件和联机重做日志文件也可以完全恢复数据库。而在非归档模式下，由于没有保存过去的重做日志文件，数据库只能从实例崩溃中恢复，而无法进行介质恢复。同时，在非归档模式下不能执行联机表空间备份操作，不能使用联机归档模式下建立的表空间备份进行恢复，而只能使用非归档模式下建立的完全备份来对数据库进行恢复。

此外，在归档模式和非归档模式下进行日志切换的条件也不同。在非归档模式下，日志切换的前提条件是已写满的重做日志文件在被覆盖之前，其所有重做记录所对应的事务的修改操作结果全部写入到数据文件中。在归档模式下，日志切换的前提条件是已写满的重做日志文件在被覆盖之前，不仅所有重做记录所对应的事务的修改操作结果全部写入到数据文件中，还需要等待归档进程完成对它的归档操作。

3.5.2 数据库归档模式管理

数据库归档模式的管理主要包括数据库归档模式或非归档模式的设置、归档模式下归档方式的选择和归档路径的设置等。

1. 设置数据库归档/非归档模式

在创建数据库时，可以通过在 CREATE DATABASE 语句中指定 ARCHIVELOG 或 NOARCHIVELOG 子句将数据库的初始模式设置为归档模式或非归档模式。

在数据库创建后，可以通过 ALTER DATABASE ARCHIVELOG 或 ALTER DATABASE NOARCHIVELOG 语句来修改数据库的模式。基本步骤如下。

（1）关闭数据库
```
SQL>SHUTDOWN IMMEDIATE
```
（2）启动数据库到 MOUNT 状态
```
SQL>STARTUP MOUNT
```
（3）使用 ALTER DATABASE ARCHIVELOG 语句将数据库设置为归档模式
```
SQL>ALTER DATABASE ARCHIVELOG;
```
或使用 ALTER DATABASE NOARCHIVELOG 语句将数据库设置为非归档模式
```
SQL>ALTER DATABASE NOARCHIVELOG;
```
（4）打开数据库
```
SQL>ALTER DATABASE OPEN;
```

2. 归档模式下归档方式的选择

数据库在归档模式下运行时，可以采用自动或手动两种方式归档重做日志文件。如果选择自动归档方式，那么在重做日志文件被覆盖之前，ARCH 进程自动将重做日志文件内容归档；如果选择了手动归档，那么在重做日志文件被覆盖之前，需要 DBA 手动将重做日志文件归档，否则系统将处于挂起状态。

（1）自动归档方式

在 Oracle 10g 中，只要把数据库设置为归档模式，Oracle 会自动启动归档进程，即进入自动归档方式。

（2）手动归档

如果没有启动归档进程，DBA 必须定时对处于 INACTIVE 状态的已被写满的重做日志文件进行手动归档，否则数据库将处于挂起状态；如果启动了归档进程，那么 DBA 也可以对处于 INACTIVE 状态的已被写满的重做日志文件进行手动归档。

手动归档使用 ALTER SYSTEM ARCHIVE LOG 语句实现。

① 对所有已经写满的重做日志文件（组）进行归档：

```
SQL>ALTER SYSTEM ARCHIVE LOG ALL;
```

② 对当前的联机日志文件（组）进行归档：

```
SQL>ALTER SYSTEM ARCHIVE LOG CURRENT;
```

3．归档路径设置

为了将所有的重做日志文件保存下来，需要指定重做日志文件的存储位置，即归档的路径或归档目标。在 Oracle 10g 中，归档路径的设置是通过相应参数设置来完成的。

（1）使用初始化参数 LOG_ARCHIVE_DEST 和 LOG_ARCHIVE_DUPLEX_DEST 设置归档路径

这种方法最多只能设置两个归档路径，LOG_ARCHIVE_DEST 参数指定主归档路径，LOG_ARCHIVE_DUPLEX_DEST 指定次归档路径，而且只能进行本地归档。例如：

```
SQL>ALTER SYSTEM SET LOG_ARCHIVE_DEST='D:\ORACLE\BACKUP' SCOPE=SPFILE;
SQL>ALTER SYSTEM SET LOG_ARCHIVE_DUPLEX_DEST='E:\ORACLE\BACKUP'
    SCOPE=SPFILE;
```

（2）使用初始化参数 LOG_ARCHIVE_DEST_n 设置归档路径

该方法最多可以指定 10 个归档路径，其归档目标可以是本地系统的目录，也可以是远程的数据库系统。

如果在参数设置中使用了 LOCATION 子句，则归档目标为本地系统目录，例如：

```
SQL>ALTER SYSTEM SET LOG_ARCHIVE_DEST_1='LOCATION=D:\BACKUP\ARCHIVE';
```

如果在参数设置中使用了 SERVICE 子句，则归档目标为网络服务名所对应的远程备用数据库。例如：

```
SQL>ALTER SYSTEM SET LOG_ARCHIVE_DEST_2='SERVICE=STANDBY1';
```

使用参数 LOG_ARCHIVE_DEST_n 设置归档路径的方法、步骤与使用 LOG_ARCHIVE_DEST 和 LOG_ARCHIVE_DUPLEX_DEST 参数值指定归档路径相似。

注意：这两组参数只能使用一组设置归档路径，而不能两组同时使用。

4．设置可选或强制归档目标

DBA 可以设置至少有多少个归档目标应成功完成，也可以指定哪些归档目标是强制归档目标（必须归档成功），哪些归档目标是可选的。

（1）设置最小成功归档目标数

通过设置参数 LOG_ARCHIVE_MIN_SUCCESS_DEST，可以指定最小成功归档数目。

（2）设置启动最大归档进程数

通过设置参数 LOG_ARCHIVE_MAX_PROCESSES，可以指定数据库启动时启动归档进程的最大数目，默认值为 2。通常不需要修改该参数的默认值，因为在系统运行过程中 LGWR 进程会根据需要自动启动归档进程。

可以通过 ALTER SYSTEM 语句修改 LOG_ARCHIVE_MAX_PROCESSES 的值，例如：

```
SQL> ALTER SYSTEM SET LOG_ARCHIVE_MAX_PROCESSES=3;
```

(3) 设置强制归档目标和可选归档目标

使用 LOG_ARCHIVE_DEST_n 参数时通过使用 OPTIONAL 或 MANDATORY 关键字指定可选或强制归档目标。例如：

```
SQL>ALTER SYSTEM SET LOG_ARCHIVE_DEST_1='LOCATION=D:\BACKUP\ARCHIVE'
    MANDATORY;
SQL>ALTER SYSTEM SET LOG_ARCHIVE_DEST_2='SERVICE=STANDBY1' OPTIONAL;
```

注意：如果强制归档目标不可用，将导致数据库停止运行；如果可选归档目标不可用，则不会影响数据库的运行。

5. 归档信息查询

获取数据库归档信息的方法有两种，执行 ARCHIVE LOG LIST 命令或查询数据字典视图与动态性能视图。

(1) 执行 ARCHIVE LOG LIST 命令

通过执行 ARCHIVE LOG LIST 命令可以获取当前数据库的归档信息，例如：

```
SQL> ARCHIVE LOG LIST
数据库日志模式              存档模式
自动存档                    启用
存档终点                    USE_DB_RECOVERY_FILE_DEST
最早的联机日志序列          50
下一个存档日志序列          53
当前日志序列                53
```

(2) 查询数据字典视图或动态性能视图

Oracle 10g 数据库中包含归档信息的数据字典视图和动态性能视图。

● V$DATABASE——用于查询数据库是否处于归档模式。

● V$ARCHIVED_LOG——包含从控制文件中获取的所有已归档日志的信息。

● V$ARCHIVE_DEST——包含所有归档目标信息，如归档目标的位置、状态等。

● V$ARCHIVE_PROCESSES——包含已启动的 ARCH 进程的状态信息。

● V$BACKUP_REDOLOG——包含已备份的归档日志信息。

例如，查询数据库所有归档路径信息。

```
SQL>SELECT DESTINATION ,BINDING FROM V$ARCHIVE_DEST;
DESTINATION                         BINDING
-----------------------------------------------
C:\ORACLE\ADMIN\ORCL                MANDATORY
C:\ORACLE\ORA92\RDBMS               OPTIONAL
```

复 习 题

1. 简答题

(1) 简单描述 Oracle 数据库体系结构的组成及其关系。

(2) 说明 Oracle 数据库物理存储结构的组成。

(3) 说明 Oracle 数据库数据文件的作用。

(4) 说明 Oracle 数据库控制文件的作用。

(5) 说明 Oracle 数据库重做日志文件的作用。

（6）说明 Oracle 数据库归档的必要性以及如何进行归档设置。
（7）说明 Oracle 数据库重做日志文件的工作方法。
（8）简单描述如何合理布置 Oracle 数据库物理存储结构。
（9）说明采用多路复用控制文件的必要性及其工作方式。
（10）说明如何查询数据库物理存储结构信息。

2．实训题

（1）为 USERS 表空间添加一个数据文件，文件名为 USERS03.DBF，大小为 50MB。
（2）为 EXAMPLE 表空间添加一个数据文件，文件名为 example02.dbf，大小为 20MB。
（3）修改 USERS 表空间中的 userdata03.dbf 为自动扩展方式，每次扩展 5MB，最大为 100MB。
（4）修改 EXAMPLE 表空间中 example02.dbf 文件的大小为 40MB。
（5）将表空间 USERS 中的数据文件 USERS03.DBF 更名为 userdata04.dbf，将表空间 EXAMPLE 中的数据文件 example03.dbf 更名为 example04.dbf。
（6）将数据库的控制文件以二进制文件的形式备份。
（7）为数据库添加一个重做日志文件组，组内包含两个成员文件，分别为 redo4a.log 和 redo4b.log，大小分别为 5MB。
（8）为新建的重做日志文件组添加一个成员文件，名称为 redo4c.log。
（9）将数据库设置为归档模式，并采用自动归档方式。
（10）设置数据库归档路径为 D:\ORACLE\BACKUP。

3．选择题

（1）Which two statements about online redo log members in a group is true?
　　A．All files in all groups are the same size.
　　B．All members in a group are the same size.
　　C．The members should be on different disk drivers.
　　D．The rollback segment size determines the member size.

（2）Which command does a DBA user to list the current status of archiving?
　　A．ARCHIVE LOG LIST　　　　　B．FROM ARCHIVE LOGS
　　C．SELECT * FROM V$THREAD　　D．SELECT * FROM ARCHIVE_LOG_LIST

（3）How many control files are required to create a database?
　　A．One　　B．Two　　C．Three　　D．None

（4）Complete the following sentence:The recommended configuration for control files is?
　　A．One control file per database　　B．One control file per disk
　　C．Two control files on two disks　　D．Two control files on one disk

（5）When you create a control file, the database has to be:
　　A．Mounted　　B．Not mounted　　C．Open　　D．Restricted

（6）Which data dictionary view shows that the database is in ARCHIVELOG mode?
　　A．V$INSTANCE　　B．V$LOG　　C．V$DATABASE　　D．V$THREAD

（7）What is the biggest advantage of having the control files on different disks?
　　A．Database performance
　　B．Guards against failure
　　C．Faster archiving

D. Writes are concurrent,so having control file on different disks speeds up control files writes.

(8) Which file is used to record all changes made to the database and is used only when performing an instance recovery?

  A. Archive log file B. Redo log file C. Control file D. Alert log file

(9) How many ARCn processes can be associated with an instance?

  A. Five   B. Four

  C. Ten   D. Operating system dependent

(10) Which two parameters cannot be used together to specify the archive destination?

  A. LOG_ARCHIVE_DEST and LOG_ARCHIVE_DUPLEX_DEST

  B. LOG_ARCHIVE_DEST and LOG_ARCHIVE_DEST_1

  C. LOG_ARCHIVE_DEST and LOG_ARCHIVE_DEST_2

  D. None of the above;you can specify all the archive destination parameters

第4章 逻辑存储结构

Oracle 数据库的逻辑存储结构描述了数据库内部数据的组织和管理方式。本章将主要介绍 Oracle 10g 数据库的逻辑存储结构,包括表空间、段、区和数据块的概念、组成及其管理。

4.1 逻辑存储结构概述

Oracle 数据库的逻辑存储结构是从逻辑的角度来分析数据库的构成的,也就是说,数据库创建后利用逻辑概念来描述 Oracle 数据库内部数据的组织和管理形式。在操作系统中,没有数据库逻辑存储结构信息,而只有物理存储结构信息。数据库的逻辑存储结构概念存储在数据库的数据字典中,可以通过数据字典查询逻辑存储结构信息。

Oracle 10g 数据库的逻辑存储结构分为数据块、区、段和表空间 4 种。其中,数据块是数据库中的最小 I/O 单元,由若干个连续的数据块组成的区是数据库中最小的存储分配单元,由若干个区形成的段是相同类型数据的存储分配区域,由若干个段形成的表空间是最大的逻辑存储单元,所有的表空间构成一个数据库。

Oracle 10g 数据库逻辑存储结构之间的关系如图 4-1 所示。

图 4-1　Oracle 10g 数据库逻辑存储结构之间的关系

4.2 表 空 间

4.2.1 表空间概述

1. 表空间的概念

Oracle 数据库在逻辑上可以划分为一系列的逻辑区域,每一个逻辑区域称为一个表空间。表空间是 Oracle 数据库最大的逻辑存储结构,由一系列的段构成。

一个数据库由一个或多个表空间构成,不同表空间用于存放不同应用的数据,表空间的大小决定了数据库的大小。一个表空间对应一个或多个数据文件,数据文件的大小决定了表空间的大小。一个数据文件只能从属于一个表空间。

表空间是存储模式对象的容器,一个数据库对象只能存储在一个表空间中(分区表和分区索引除外),但可以存储在该表空间所对应的一个或多个数据文件中。若表空间只有一个数据文件,则该表空间中所有对象都保存在该文件中;若表空间对应多个数据文件,则表空间中的对象可以分布于不同的数据文件中。

数据库、表空间、数据文件、数据库对象之间的关系如图 4-2 所示。

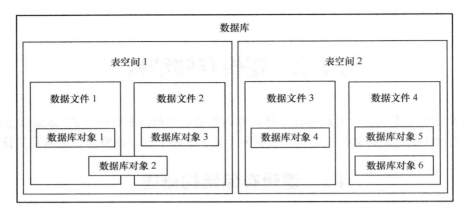

图 4-2　数据库、表空间、数据文件、数据库对象之间的关系

2．表空间的分类

数据库表空间分为系统表空间和非系统表空间两类，其中非系统表空间包括撤销表空间、临时表空间和用户表空间。在 Oracle 10g 中还引入了大文件表空间的概念。

（1）系统表空间

在 Oracle 10g 中，系统表空间包括 SYSTEM 表空间和辅助系统表空间 SYSAUX，它们是在数据库创建时自动创建的。其中，SYSTEM 表空间是系统默认的表空间。

① SYSTEM。SYSTEM 表空间主要用于存储下列信息：
- 数据库的数据字典；
- PL/SQL 程序的源代码和解释代码，包括存储过程、函数、包、触发器等；
- 数据库对象的定义，如表、视图、序列、同义词等。

一般在 SYSTEM 表空间中只应该保存属于 SYS 模式的对象，而不应把用户对象存放在 SYSTEM 表空间中，以免影响数据库的稳定性与执行效率。

② SYSAUX。SYSAUX 表空间是 Oracle 10g 新增的辅助系统表空间，主要用于存储数据库组件等信息，以减小 SYSTEM 表空间的负荷。

在通常情况下，不允许删除、重命名及传输 SYSAUX 表空间。

（2）非系统表空间

在 Oracle 10g 数据库中可以包含多个非系统表空间，其中有两类特殊的非系统表空间，称为撤销表空间和临时表空间，分别由回滚段和临时段构成，用于存放数据库的回滚信息和临时信息。

① 撤销表空间。Oracle 10g 利用撤销表空间专门进行回滚信息的自动管理。撤销表空间由回滚段构成，不能包含其他段信息。每个数据库可以有多个撤销表空间，但每个数据库实例只能使用一个由参数 UNDO_TABLESPACE 设置的撤销表空间。

② 临时表空间。临时表空间是指专门进行临时数据管理的表空间，这些临时数据在会话结束时会自动释放。在数据库实例运行过程中，执行排序等 SQL 语句时会产生大量的临时数据，这些临时数据将保存在数据库临时表空间中。临时表空间中不能创建永久性的数据库对象。

③ 用户表空间。Oracle 10g 建议为每个应用创建独立表空间，这样不仅能够分离不同应用的数据，而且能够减少读取数据文件时产生的 I/O 冲突。

（3）大文件表空间与小文件表空间

在 Oracle 10g 中引入了大文件表空间的概念。所谓大文件表空间（Bigfile Tablespace）是指一个表空间只包含一个大数据文件，该文件的最大尺寸为 128TB（数据块大小为 32KB）或只 32TB（数据块大小为 8KB）。

大文件表空间是为超大型数据库设计的，可以简化数据文件的管理，减少 SGA 的需求，减小控制文件。

与大文件表空间相对应，系统默认创建的表空间称为小文件表空间（Smallfile Tablespace），如 SYSTEM 表空间、SYSAUX 表空间等。小文件表空间可以包含多达 1024 个数据文件。小文件表空间的总容量与大文件表空间的容量基本相似。

采用数据库配置助手 DBCA 创建数据库时，会自动创建系统表空间 SYSTEM、辅助系统表空间 SYSAUX、临时表空间 TEMP、撤销表空间 UNDOTBS1、用户表空间 USERS、实例表空间 EXAMPLE 等。

3．表空间的管理方式

根据表空间中区的管理方式的不同，表空间分为两种管理方式：字典管理方式和本地管理方式。

（1）字典管理方式

在字典管理方式下，表空间使用数据字典来管理存储空间的分配，当进行区的分配与回收时，Oracle 将对数据字典中的相关基础表进行更新，同时会产生回滚信息和重做信息。表空间的字典管理方式将渐渐被淘汰。

（2）本地管理方式

在本地管理方式中，区的分配和管理信息都存储在表空间的数据文件中，而与数据字典无关。表空间在每个数据文件中维护一个"位图"结构，用于记录表空间中所有区的分配情况，因此区在分配与回收时，Oracle 将对数据文件中的位图进行更新，不会产生回滚信息或重做信息。

4．表空间的管理策略

在 Oracle 10g 数据库中，系统表空间主要用于存储数据字典等 Oracle 自身对象和数据，并建议将所有的用户对象和数据都保存在其他表空间中，需要为数据库创建非系统表空间。使用多个表空间可以使用户操作更具灵活性，但是应遵循以下原则：

- 将数据字典与用户数据分离，避免由于数据字典对象和用户对象保存在一个数据文件中而产生 I/O 冲突；
- 将回滚数据与用户数据分离，避免由于硬盘损坏而导致永久性的数据丢失；
- 将表空间的数据文件分散保存到不同的硬盘上，平均分布物理 I/O 操作；
- 为不同的应用创建独立的表空间，避免多个应用之间的相互干扰；
- 能够将表空间设置为脱机状态或联机状态，以便对数据库的一部分进行备份或恢复；
- 能够将表空间设置为只读状态，从而将数据库的一部分设置为只读状态；
- 能够为某种特殊用途专门设置一个表空间，如临时表空间，优化表空间的使用效率；
- 能够更加灵活地为用户设置表空间配额。

4.2.2 表空间的管理

表空间管理主要包括表空间的创建、修改、删除，以及表空间内部区的分配、段的管理。下面主要介绍在 Oracle 10g 数据库的本地管理方式中表空间的管理。

1. 创建表空间

在创建本地管理方式下的表空间时,首先应该确定表空间的名称、类型,对应数据文件的名称和位置,以及区的分配方式、段的管理方式等。

表空间名称不能超过 30 个字符,必须以字母开头,可以包含字母、数字和一些特殊字符(如#、_、$)等;表空间的类型包括普通表空间、临时表空间和撤销表空间;表空间中区的分配方式包括自动扩展(AUTOALLOCATE)和定制(UNIFORM)两种;段的管理包括自动管理(AUTO)和手动管理(MANUAL)两种。

(1)创建永久表空间

创建表空间使用 CREATE TABLESPACE 语句来实现,该语句包含以下几个子句。

- DATAFILE:设定表空间对应的一个或多个数据文件。
- EXTENT MANAGEMENT:指定表空间的管理方式,取值为 LOCAL(默认)或 DICTIONARY。
- AUTOALLOCATE(默认)或 UNIFORM:设定区的分配方式。
- SEGMENT SPACE MANAGEMENT:设定段的管理方式,取值为 AUTO(默认)或 MANUAL。

【例 4-1】为 ORCL 数据库创建一个永久性的表空间,区自动扩展,段采用自动管理方式。

```
SQL>CREATE TABLESPACE ORCLTBS1 DATAFILE
    'D:\ORACLE\PRODUCT\10.2.0\ORADATA\ORCL\ORCLTBS1_1.DBF' SIZE 50M;
```

【例 4-2】为 ORCL 数据库创建一个永久性的表空间,区定制分配,段采用自动管理方式。

```
SQL>CREATE TABLESPACE ORCLTBS2 DATAFILE
    'D:\ORACLE\PRODUCT\10.2.0\ORADATA\ORCL\ORCLTBS2_1.DBF' SIZE 50M
    EXTENT MANAGEMENT LOCAL UNIFORM SIZE 512K;
```

【例 4-3】为 ORCL 数据库创建一个永久性的表空间,区自动扩展,段采用手动管理方式。

```
SQL>CREATE TABLESPACE ORCLTBS3 DATAFILE
    'D:\ORACLE\PRODUCT\10.2.0\ORADATA\ORCL\ORCLTBS3_1.DBF' SIZE 50M
    SEGMENT SPACE MANAGEMENT MANUAL;
```

【例 4-4】为 ORCL 数据库创建一个永久性的表空间,区定制分配,段采用手动管理方式。

```
SQL>CREATE TABLESPACE ORCLTBS4 DATAFILE
    'D:\ORACLE\PRODUCT\10.2.0\ORADATA\ORCL\ORCLTBS4_1.DBF' SIZE 50M
    EXTENT MANAGEMENT LOCAL UNIFORM SIZE 512K SEGMENT SPACE MANAGEMENT
    MANUAL;
```

(2)创建临时表空间

如果在数据库运行过程中存在大量排序、汇总等工作,就应该为数据库创建多个临时表空间。在 Oracle 10g 中,数据库默认临时表空间为 TEMP 表空间。临时表空间所对应的数据文件称为临时数据文件。

使用 CREATE TEMPORARY TABLESPACE 语句创建临时表空间,用 TEMPFILE 子句设置临时数据文件。需要注意的是,本地管理的临时表空间中区的分配方式只能是 UNIFORM,而不能是 AUTOALLOCATE,因为这样才能保证不会在临时段中产生过多的存储碎片。

【例 4-5】为 ORCL 数据库创建一个临时表空间 ORCLTEMP1。

```
SQL>CREATE TEMPORARY TABLESPACE ORCLTEMP1 TEMPFILE
    'D:\ORACLE\PRODUCT\10.2.0\ORADATA\ORCL\ORCLTEMP1_1.DBF' SIZE 20M
    EXTENT MANAGEMENT LOCAL UNIFORM SIZE 16M;
```

在 Oracle 10g 中引入了临时表空间组的概念。所谓的临时表空间组是指，将一个或多个临时表空间构成一个表空间组。当将临时表空间组作为数据库或用户的默认临时表空间时，用户就可以同时使用该表空间组中所有的临时表空间，避免了由于单个临时表空间的空间不足而导致数据库运行故障。同时，使用临时表空间组，可以保证在一个简单并行操作中多个并行服务的执行。

临时表空间组不需要显式创建，为临时表空间组指定第一个临时表空间时隐式创建，当临时表空间组中最后一个临时表空间删除时而隐式地删除。通过在 CREATE TEMPORARY TABLSPACE 或 ALTER TABLESPACE 语句中使用 TABLESPACE GROUP 短语创建临时表空间组。

【例 4-6】为 ORCL 数据库创建一个临时表空间 ORCLTEMP2，并放入临时表空间组 temp_group1。同时，将临时表空间 ORCLTEMP1 也放入该 temp_group1 中。

```
SQL>CREATE TEMPORARY TABLESPACE ORCLTEMP2 TEMPFILE
    'D:\ORACLE\PRODUCT\10.2.0\ORADATA\ORCL\ORCLTEMP2_1.DBF' SIZE 20M
    EXTENT MANAGEMENT LOCAL UNIFORM SIZE 16M
    TABLESPACE GROUP temp_group1;
SQL>ALTER TABLESPACE ORCLTEMP1 TABLESPACE GROUP temp_group1;
```

（3）创建撤销表空间

数据库在运行过程中，会产生很多的回滚信息，这些回滚信息保存在回滚段中，由用户手动管理或系统自动管理。

在 Oracle 10g 中引入了撤销表空间的概念，专门用于回滚段的自动管理。如果数据库中没有创建撤销表空间，那么将使用 SYSTEM 表空间来管理回滚段。在使用 DBCA 创建数据库的同时会创建一个 UNDOTBS1 的撤销表空间。

如果数据库中包含多个撤销表空间，那么一个实例只能使用一个处于活动状态的撤销表空间，可以通过参数 UNDO_TABLESPACE 来指定；如果数据库中只包含一个撤销表空间，那么数据库实例启动后会自动使用该撤销表空间。

如果要使用撤销表空间对数据库回滚信息进行自动管理，则必须将初始化参数 UNDO_MANAGEMENT 的值设置为 AUTO。

可以使用 CREATE UNDO TABLESPACE 语句创建撤销表空间，但是在该语句中只能指定 DATAFILE 和 EXTENT MANAGEMENT LOCAL 两个子句，而不能指定其他子句。

【例 4-7】为 ORCL 数据库创建一个撤销表空间。

```
SQL>CREATE UNDO TABLESPACE ORCLUNDO1 DATAFILE
    'D:\ORACLE\ORADATA\ORCL\ORCLUNDO1_1.DBF' SIZE 20M;
```

2．修改表空间

无论是数据字典管理的表空间，还是本地管理的表空间，在表空间创建之后，都可以对表空间进行一些修改操作，包括表空间的扩展、可用性的修改、读/写状态的转换、重命名表空间等。

注意：不能将本地管理的永久性表空间转换为本地管理的临时表空间，也不能修改本地管理表空间中段的管理方式。

（1）扩展表空间

表空间的大小是由其所对应的数据文件的大小决定的，因此扩展表空间可以通过为表空间添加数据文件、改变数据文件的大小和允许数据文件自动扩展来实现。

① 为表空间添加数据文件。可以使用 ALTER TABLESPACE…ADD DATAFILE 语句为永久表空间添加数据文件，使用 ALTER TABLESPACE…ADD TEMPFILE 语句为临时表空间添加临时数据文件。

【例 4-8】 为 ORCL 数据库的 ORCLTBS1 表空间添加一个大小为 10MB 的新数据文件。

```
SQL>ALTER TABLESPACE ORCLTBS1 ADD DATAFILE
    'D:\ORACLE\PRODUCT\10.2.0\ORADATA\ORCL\ORCLTBS1_2.DBF' SIZE 10M;
```

【例 4-9】 为 ORCL 数据库的 ORCLTEMP1 表空间添加一个大小为 10MB 的临时数据文件。

```
SQL>ALTER TABLESPACE ORCLTEMP1 ADD TEMPFILE
    'D:\ORACLE\PRODUCT\10.2.0\ORADATA\ORCL\ORCLTEMP1_2.DBF' SIZE 20M;
```

② 改变数据文件的大小。可以通过改变表空间已有数据文件的大小，达到扩展表空间的目的。

【例 4-10】 将 ORCL 数据库的 ORCLTBS1 表空间的数据文件 ORCLTBS1_2.DBF 大小增加到 20MB。

```
SQL>ALTER DATABASE DATAFILE
    'D:\ORACLE\PRODUCT\10.2.0\ORADATA\ORCL\ORCLTBS1_2.DBF' RESIZE 20M;
```

③ 允许数据文件自动扩展。如果在创建表空间或为表空间增加数据文件时没有指定 AUTOEXTEND ON 选项，则该文件的大小是固定的。如果为数据文件指定了 AUTOEXTEND ON 选项，则当数据文件被填满时，数据文件会自动扩展，即表空间被扩展了。

【例 4-11】 将 ORCL 数据库的 ORCLTBS1 表空间的数据文件 ORCLTBS1_2.DBF 设置为自动扩展，每次扩展 5MB 空间，文件最大为 100MB。

```
SQL>ALTER DATABASE DATAFILE
    'D:\ORACLE\PRODUCT\10.2.0\ORADATA\ORCL\ORCLTBS1_2.DBF'
    AUTOEXTEND ON NEXT 5M MAXSIZE 100M;
```

（2）修改表空间可用性

新建的表空间都处于联机状态（ONLINE），用户可以对其进行访问。但是在某些情况下，如表空间备份、数据文件重命名或移植等需要限制用户对表空间的访问，此时就可以将表空间设置为脱机状态（OFFLINE）。除了 SYSTEM 表空间、存放在线回滚信息的撤销表空间和临时表空间不可以脱机外，其他的表空间都可以实现脱机操作。当表空间处于脱机状态时，所对应的所有数据文件也都处于脱机状态。

可以使用 ALTER TABLESPACE…OFFLINE|ONLINE 将表空间设置为脱机或联机状态。

【例 4-12】 将 ORCL 数据库的 ORCLTBS1 表空间设置为 OFFLINE 状态。

```
SQL>ALTER TABLESPACE ORCLTBS1 OFFLINE;
```

【例 4-13】 将 ORCL 数据库的 ORCLTBS1 表空间设置为 ONLINE 状态。

```
SQL>ALTER TABLESPACE ORCLTBS1 ONLINE;
```

（3）修改表空间读/写性

表空间可以是读/写方式，也可以是只读方式。在默认情况下，表空间处于读/写方式，任何具有配额和权限的用户都可以读/写该表空间；如果表空间处于只读方式，那么任何用户都不能对该表空间进行写操作。

将表空间设置为只读方式的主要目的是，为了避免对数据库中大量的静态数据进行备份和恢复操作，此外，还可以避免用户对历史数据进行修改。

使用 ALTER TABLESPACE…READ ONLY|READ WRITE 来设置表空间的读/写状态。

【例 4-14】将 ORCL 数据库的 ORCLTBS1 表空间设置为只读状态。
```
SQL>ALTER TABLESPACE ORCLTBS1 READ ONLY;
```

该语句执行后，不必等待表空间中的所有事务结束即可立即生效，以后任何用户都不能再创建针对该表空间的读/写事务，而当前正在活动的事务则可以继续向表空间中写入数据，直到它们结束。此时表空间才真正进入只读状态。

【例 4-15】将 ORCL 数据库的 ORCLTBS1 表空间设置为读/写状态。
```
SQL>ALTER TABLESPACE ORCLTBS1 READ WRITE;
```

（4）设置默认表空间

在创建数据库用户时，如果没有使用 DEFAULT TABLESPACE 选项指定默认（永久）表空间，则该用户使用数据库的默认表空间；如果没有使用 DEFAULT TEMPORARY TABLESPACE 选项指定默认临时表空间，则该用户使用数据库的默认临时表空间。

在 Oracle 10g 数据库中，数据库的默认表空间为 USERS 表空间，默认的临时表空间为 TEMP 表空间。可以根据需要设置数据库的默认表空间和默认临时表空间。

① 用 ALTER DATABASE DEFAULT TABLESPACE 语句设置数据库默认表空间。

【例 4-16】将 ORCLTBS1 表空间设置为 ORCL 数据库的默认表空间。
```
SQL>ALTER DATABASE DEFAULT TABLESPACE ORCLTBS1;
```

② 使用 ALTER DATABASE DEFAULT TEMPORARY TABLESPACE 语句设置数据库的默认临时表空间。

【例 4-17】将 TEMP 表空间设置为 ORCL 数据库的默认临时表空间。
```
SQL>ALTER DATABASE DEFAULT TEMPORARY TABLESPACE TEMP;
```

可以将临时表空间组作为数据库的默认临时表空间。

【例 4-18】将 temp_group1 临时表空间组设置为 ORCL 数据库的默认临时表空间。
```
SQL>ALTER DATABASE DEFAULT TEMPORARY TABLESPACE temp_group1;
```

（5）表空间重命名

在 Oracle 10g 中可以使用 ALTER TABLESPACE…RENAME TO 语句重命名表空间，但是不能重命名 SYSTEM 表空间和 SYSAUX 表空间，不能重命名处于脱机状态或部分数据文件处于脱机状态的表空间。

【例 4-19】将表空间 ORCLTBS1 重命名为 NEW_ORCLTBS1。
```
SQL>ALTER TABLESPACE ORCLTBS1 RENAME TO NEW_ORCLTBS1;
```

当重命名一个表空间时数据库会自动更新数据字典、控制文件以及数据文件头部中对该表空间的引用。在重命名表空间时，该表空间 ID 号并没有修改，如果该表空间是数据库默认表空间，那么重命名后仍然是数据库的默认表空间。

3．表空间的备份

在数据库进行热备份（联机备份）时，需要分别对表空间进行备份。对表空间进行备份的基本步骤为：

① 使用 ALTER TABLESPACE…BEGIN BACKUP 语句将表空间设置为备份模式；
② 在操作系统中备份表空间所对应的数据文件；
③ 使用 ALTER TABLESPACE…END BACKUP 语句结束表空间的备份模式。

【例 4-20】备份 ORCL 数据库的 ORCLTBS1 表空间。

```
SQL>ALTER TABLESPACE ORCLTBS1 BEGIN BACKUP;
```
复制 ORCLTBS1 表空间的数据文件 ORCLTBS1_1.DBF 和 ORCLTBS1_2.DBF 到目标位置。
```
SQL>ALTER TABLESPACE ORCLTBS1 END BACKUP;
```

4. 删除表空间

如果不再需要一个表空间及其内容，就可以将该表空间从数据库中删除。除了 SYSTEM 表空间和 SYSAUX 表空间外，其他表空间都可以删除。一旦表空间被删除，该表空间中的所有数据将永久性丢失。

如果表空间中的数据正在被使用，或者表空间中包含未提交事务的回滚信息，则该表空间不能删除。

使用 DROP TABLESPACE…INCLUDING CONTENTS 语句可以删除表空间及其内容。

【例 4-21】 删除 ORCL 数据库的 ORCLTBS1 表空间及其所有内容。
```
SQL>DROP TABLESPACE ORCLTBS1 INCLUDING CONTENTS;
```

通常，删除表空间时，Oracle 系统仅仅在控制文件和数据字典中删除与表空间和数据文件相关的信息，而不会删除操作系统中相应的数据文件。如果要在删除表空间的同时，删除操作系统中对应的数据文件，则需要使用 INCLUDING CONTENTS AND DATAFILES 子句。

【例 4-22】 删除 ORCL 数据库的 ORCLUNDO1 表空间及其所有内容，同时删除其所对应的数据文件。
```
SQL>DROP TABLESPACE ORCLUNDO1 INCLUDING CONTENTS AND DATAFILES;
```

如果其他表空间中的约束（外键）引用了要删除表空间中的主键或唯一性约束，则还需要使用 CASCADE CONSTRAINTS 子句删除参照完整性约束，否则删除表空间时会报告错误。

【例 4-23】 删除 ORCL 数据库的 ORCLUNDO1 表空间及其所有内容，同时删除其所对应的数据文件，以及其他表空间中与 ORCLUNDO1 表空间相关的参照完整性约束。
```
SQL>DROP TABLESPACE ORCLUNDO1 INCLUDING CONTENTS AND DATAFILES
    CASCADE CONSTRAINTS;
```

5. 大文件表空间的管理

由于大文件表空间只包含一个数据文件，因此可以减少数据库中数据文件的数量，减少 SGA 中用于存放数据文件信息的内存需求，同时减小控制文件。此外，通过对大文件表空间的操作可以实现对数据文件的透明操作，简化了对数据文件的管理。

大文件表空间只能采用本地管理方式，其段采用自动管理方式。

（1）大文件表空间的创建

使用 CREATE BIGFILE TABLESPACE 语句创建一个大文件表空间。

【例 4-24】 创建一个大文件表空间 ORCLTBS5。
```
SQL>CREATE BIGFILE TABLESPACE ORCLTBS5 DATAFILE
    'D:\ORACLE\PRODUCT\10.2.0\ORADATA\ORCL\ORCLTBS5_1.DBF' SIZE 20M;
```

系统自动创建一个 EXTENT MANAGEMENT LOCAL、SEGMENT SPACE MANAGEMENT AUTO、只包含一个数据文件的大文件表空间。

如果在数据库创建时设置系统默认的表空间类型为 BIGFILE，则使用 CREATE TABLESPACE 语句默认创建的就是大文件表空间。如果要创建传统的小文件表空间，则需要使用 CREATE SMALLFILE TABLESPACE 语句。

> 注意：可以通过查询系统表 DATABASE_PROPERTIES 获取数据库一些默认属性的设置，如默认表空间类型。

（2）大文件表空间的操作

由于大文件表空间中只包含一个数据文件，因此，可以通过对表空间的操作，实现对数据文件的透明操作。例如，改变大文件表空间的大小或扩展性，可以达到改变数据文件大小及扩展性的目的。

【例4-25】将大文件表空间 ORCLTBS5 的数据文件 D:\ORACLE\PRODUCT\10.2.0\ORADATA\ORCL\ORCLTBS5_1.DBF 大小修改为 30MB。

```
SQL>ALTER TABLESPACE ORCLTBS5 RESIZE 30M;
```

【例4-26】将大文件表空间 ORCLTBS5 的数据文件 D:\ORACLE\PRODUCT\10.2.0\ORADATA\ORCL\ORCLTBS5_1.DBF 修改为可以自动扩展。

```
SQL> ALTER TABLESPACE ORCLTBS5 AUTOEXTEND ON NEXT 10M MAXSIZE UNLIMITED;
```

6．表空间信息查询

在 Oracle 10g 中，包含表空间信息的数据字典视图和动态性能视图有以下几种。

- V$TABLESPACE：从控制文件中获取的表空间名称和编号信息。
- DBA_TABLESPACES：数据库中所有表空间的信息。
- DBA_TABLESPACE_GROUPS：表空间组及其包含的表空间信息。
- DBA_SEGMENTS：所有表空间中段的信息。
- DBA_EXTENTS：所有表空间中区的信息。
- DBA_FREE_SPACE：所有表空间中空闲区的信息。
- V$DATAFILE：所有数据文件信息，包括所属表空间的名称和编号。
- V$TEMPFILE：所有临时文件信息，包括所属表空间的名称和编号。
- DBA_DATA_FILES：数据文件及其所属表空间信息。
- DBA_TEMP_FILES：临时文件及其所属表空间信息。
- DBA_USERS：所有用户的默认表空间和临时表空间信息。
- DBA_TS_QUOTAS：所有用户的表空间配额信息。
- V$SORT_SEGMENT：数据库实例的每个排序段信息。
- V$SORT_USER：用户使用临时排序段信息。

（1）查询表空间基本信息

要获取数据库中各个表空间的名称、区的管理方式、段的管理方式、表空间类型等基本信息，可以查询 DBA_TABLESPACES 视图。例如：

```
SQL>SELECT TABLESPACE_NAME,EXTENT_MANAGEMENT,ALLOCATION_TYPE, CONTENTS
    FROM DBA_TABLESPACES;
```

查询结果为：

```
TABLESPACE_NAME              EXTENT_MAN   ALLOCATIO  CONTENTS
---------------------------- ----------   ---------  ---------
SYSTEM                       LOCAL        SYSTEM     PERMANENT
UNDOTBS1                     LOCAL        SYSTEM     UNDO
SYSAUX                       LOCAL        SYSTEM     PERMANENT
TEMP                         LOCAL        UNIFORM    TEMPORARY
......
```

(2) 查询表空间数据文件信息

要查询数据库中的数据文件名称、位置、大小及所属表空间,可以查询 DBA_DATA_FILES 视图。例如:

```
SQL>SELECT FILE_NAME,BLOCKS,TABLESPACE_NAME FROM DBA_DATA_FILES;
```

查询结果为:

```
FILE_NAME                                           BLOCKS TABLESPACE_NAME
--------------------------------------------------------------------------
D:\ORACLE\PRODUCT\10.2.0\ORADATA\ORCL\USERS01.DBF      640 USERS
D:\ORACLE\PRODUCT\10.2.0\ORADATA\ORCL\SYSAUX01.DBF   43520 SYSAUX
D:\ORACLE\PRODUCT\10.2.0\ORADATA\ORCL\UNDOTBS01.DBF   4480 UNDOTBS1
D:\ORACLE\PRODUCT\10.2.0\ORADATA\ORCL\SYSTEM01.DBF   62720 SYSTEM
......
```

(3) 统计表空间空闲空间信息

要生成数据库中各个表空间空闲区的统计信息,可以查询 DBA_FREE_SPACE 视图。例如:

```
SQL>SELECT TABLESPACE_NAME "TABLESPACE", FILE_ID,COUNT(*)"PIECES", MAX
    (blocks)"MAXIMUM",MIN(blocks)"MINIMUM",AVG(blocks)"AVERAGE",SUM(blocks)
    "TOTAL"FROM DBA_FREE_SPACE  GROUP BY TABLESPACE_NAME, FILE_ID;
```

查询结果为:

```
TABLESPACE  FILE_ID  PIECES  MAXIMUM  MINIMUM  AVERAGE  TOTAL
--------------------------------------------------------------
USERS           7       1     1272     1272     1272    1272
ORCLTBS1       16       1     2552     2552     2552    2552
USERS           9       1     1272     1272     1272    1272
ORCLTBS2       11       1     6336     6336     6336    6336
......
```

(4) 查询表空间空闲空间大小

要查询各个表空间的空闲区字节数,可以通过另一种方法来查询 DBA_FREE_SPACE 视图。例如:

```
SQL>SELECT TABLESPACE_NAME,SUM(BYTES) FREE_SPACES
    FROM DBA_FREE_SPACE GROUP BY TABLESPACE_NAME;
```

查询结果为:

```
TABLESPACE_NAME                FREE_SPACES
------------------------------ -----------
ORCLTBS5                          31326208
UNDOTBS1                          25755648
SYSAUX                            25296896
USERS                             51707904
......
```

4.3 数 据 块

1. 数据块的概念

Oracle 数据块是数据库中最小的逻辑存储单元,也是数据库执行输入/输出操作的最小单位,由一个或者多个操作系统块构成。

在 Oracle 10g 中，数据块包括标准块和非标准块两种，其中标准块在数据库创建时由 DB_BLOCK_SIZE 参数设置，其大小不可更改。

2．数据块的结构

数据块的结构如图 4-3 所示，由块头部和存储区两部分构成。块头部包括标题、表目录、行目录三部分，其中标题包含块的一般属性信息，如块的物理地址、块所属段的类型等；表目录包含数据块中保存的表的信息；行目录包含数据块中的行地址等信息。存储区包括行数据区和空闲区，其中行数据区是已经使用的空间，保存数据库的对象数据；空闲区是尚未使用的存储空间，用于存放新的行或用来更新已存在的行。

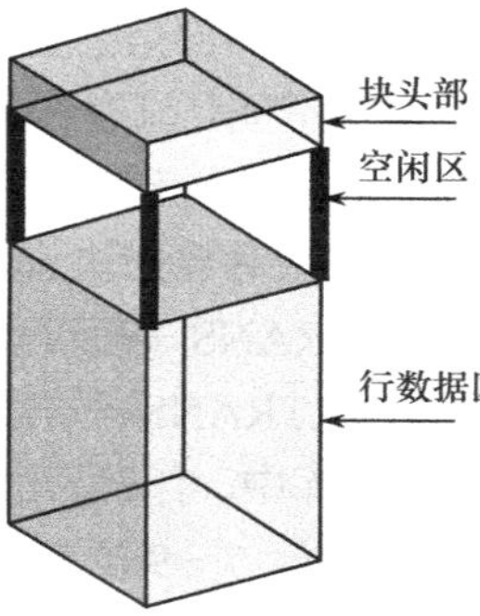

3．数据块的管理

对块的管理主要是对块中可用存储空间的管理，确定保留多少空闲空间，避免产生行链接、行迁移而影响数据的查询效率。

图 4-3 数据块的结构

当向表格中插入数据时，如果行的长度大于块的大小，行的信息无法存放在一个块中，就需要使用多个块存放行信息，这称为行链接。

当表格数据被更新时，如果更新后的数据长度大于块长度，Oracle 会将整行的数据从原数据块迁移到新的数据块中，只在原数据块中留下一个指针指向新数据块，这称为行迁移。

对块的管理分为自动和手动两种。如果建立表空间时使用本地管理方式，并且将段的管理方式设置为 AUTO，则采用自动方式管理块。否则，DBA 可以采用手动管理方式，通过为段设置 PCTFREE 和 PCTUSED 两个参数来控制数据块中空闲空间的使用。

（1）PCTFREE 参数

PCTFREE 参数指定块中必须保留的最小空闲空间比例。当数据块的空闲空间百分率低于 PCTFREE 时，此数据块被标志为 USED，此时在数据块中只可以进行更新操作，而不可以进行插入操作。该参数默认值为 10。

例如，假定在 CREATE TABLE 语句中指定了 PCTFREE 为 20，则说明在该表的数据段内每个数据块存储空间的 20%作为可利用的空闲空间，用于更新数据块内已存在的数据行，而其余 80%用于插入新的数据行，直到达到 80%为止。显然，PCTFREE 值越小，为现存行更新所预留的空间越小。因此，如果 PCTFREE 设置得太高，则在全表扫描期间增加 I/O，浪费磁盘空间；如果 PCTFREE 设置得太低，则会导致行迁移。

（2）PCTUSED 参数

PCTUSED 参数指定可以向块中插入数据时块已使用的最大空间比例。当数据块使用空间低于 PCTUSED 时，此块标志为 FREE，可以对数据块中的数据进行插入操作；反之，如果使用空间高于 PCTUSED，则不可以进行插入操作。该参数默认值为 10。

例如，假定在 CREATE TABLE 语句中指定 PCTUSED 为 40，则只有当数据块的使用空间小于或等于 40%时，该数据块中才可以插入数据。如果 PCTUSED 设置过高，虽然提高了磁盘利用率，但更新操作容易导致行迁移；若 PCTUSED 设置过低，则浪费磁盘空间，增加全表扫描时的 I/O 输出。

同时设置 PCTFREE 和 PCTUSED 就能够控制块存储空间的使用方式。对于表空间中的每一个数据段和索引段，Oracle 都负责为它们维护一个"可用块列表（FREE LIST）"，在该列表中列出了所有未分配使用的块和可以继续插入数据的块。那些已经达到 PCTFREE 参数限制，但还没有降低到 PCTUSED 参数限制之下的块不会被列在可用块列表中。插入操作只能向位于可用块列表中的块写入数据。当向一个块中插入数据时，块的可用存储空间大小实际上等于块的大小减去块头部信息区的大小和保留空闲空间（PCTFREE 指定的空间）。插入数据不能占用保留空闲空间，只有在对块中的已有数据进行更新时，才能够使用保留空闲空间。因此保留空闲空间对插入操作来说是不可用的。

此外，在对数据块进行管理时，通常还会涉及下列两个参数的设置：
- INITRANS——可以同时对此数据块进行 DML 操作的事务的个数；
- MAXTRANS——可以同时对此数据块进行 DML 操作的最多事务的个数。

在数据库中，任何一个行都有物理地址 ROWID，由 18 位十六进制数组成。其中前 1～6 位为数据对象编号，7～9 位为数据文件编号，10～15 位为数据块编号，最后 3 位为块中行编号。例如：

```
SQL>SELECT ROWID,EMPNO FROM SCOTT.EMP WHERE EMPNO=7369;
```

查询结果为：

```
ROWID                EMPNO
------------------   --------
AAAHW7AABAAAMUiAAA    7369
……
```

4.4 区

1．区的概念

区是由一系列连续的数据块构成的逻辑存储单元，是存储空间分配与回收的最小单位。当创建一个数据库对象时，Oracle 为对象分配若干个区，以构成一个段来为对象提供初始的存储空间。当段中已分配的区都写满后，Oracle 会为段分配一个新区，以容纳更多的数据。

2．区的管理

区的管理主要是指区的分配与回收。

（1）区的分配

在表空间的本地管理方式和字典管理方式下，区的分配方式是不同的。

在本地管理方式的表空间中，系统可以根据需要，自动进行区的分配。可以通过使用 UNIFORM 选项，指定所有段的初始区和后续区具有统一大小，也可以使用 AUTOALLOCATE 选项指定由 Oracle 自动决定后续区大小。用户不能通过其他参数来干预区的分配。

【例 4-27】创建一个本地管理方式的表空间，区分配采用自动扩展方式进行。

```
SQL>CREATE TABLESPACE ORCLTBS6 DATAFILE
    'D:\ORACLE\PRODUCT\10.2.0\ORADATA\ORCL\ORCLTBS6_1.DBF' SIZE 20M
    EXTENT MANAGEMENT LOCAL  AUTOALLOCATE;
```

【例 4-28】创建一个本地管理方式的表空间，区分配采用固定大小，每个区 5MB。

```
SQL>CREATE TABLESPACE ORCLTBS7 DATAFILE
    'D:\ORACLE\PRODUCT\10.2.0\ORADATA\ORCL\ORCLTBS7_1.DBF' SIZE 10M
    EXTENT MANAGEMENT LOCAL  UNIFORM SIZE 5M;
```

（2）区的回收

通常分配给段的区将一直保留在段中，不论区中的数据块是否被使用。只有当段所属的对象被删除时，段中所有的区才会被回收。此外，在一些特殊情况下，也能够回收未使用的区。例如，如果在创建回滚段时指定了 OPTIMAL 关键字，Oracle 会定期回收回滚段中未使用的区。

4.5 段

4.5.1 段概述

段是由一个或多个连续或不连续的区组成的逻辑存储单元。段是表空间的组成单位，代表特定数据类型的数据存储结构。通常一个对象只拥有一个段，一个段中至少包含一个区。

根据存储对象类型的不同，分为数据段、索引段、临时段和回滚段4类。

（1）数据段

数据段用来存储表或簇的数据，可以细分为普通表数据段、分区表数据段和簇数据段。Oracle 中所有未分区的表都使用一个段来保存数据,而分区的表将为每一个分区建立一个独立的数据段。

（2）索引段

索引段用来存放索引数据，包括 ROWID 和索引键值。Oracle 中所有未分区的索引都使用一个索引段来保存数据，而分区的索引将为每一个分区建立一个独立的索引段。

索引段与其相应的数据段经常会被同时访问，为了减少硬盘访问的冲突，索引段与数据段可以放到处于不同物理位置的表空间中。在创建表或索引时使用不同的表空间，对应不同的物理磁盘。

（3）临时段

当用户进行查询、排序、创建索引等操作时，若内存空间不足，则 Oracle 将使用临时段保存 SQL 语句在解释和执行过程中所产生的临时数据。会话结束时，为该操作分配的临时段将被释放。

通常，在创建用户时会通过 TEMPORARY TABLESPACE 语句为用户指定临时表空间，若不指定临时表空间，在 Oracle 10g 中，将采用数据默认临时表空间（TEMP 表空间）作为用户临时表空间。所有分配的临时段都属于 SYS 模式，而不属于执行操作的用户模式，因此用户不需要在临时表空间中具有配额。

如果频繁地使用 ORDER BY，GROUP BY，UNION，INTERSECT，MINUS，DISTINCT 等操作，建议调整 SORT_AREA_SIZE 初始参数的设置来增大排序区，使操作尽量在内存中完成，提高系统性能。

（4）回滚段

回滚段用于保存数据库的回滚信息,包含当前未提交事务所修改的数据的原始版本。通常，一个事务只能使用一个回滚段存放它的回滚信息，但是一个回滚段可以存放多个事务的回滚信息。回滚段可以动态创建和撤销。

4.5.2 回滚段

1. 回滚段的作用

利用回滚段中保存的回滚信息，可以实现下列操作：
- 事务回滚；
- 数据库恢复；
- 数据的读一致性；
- 闪回查询。

（1）事务回滚

当启动一个事务时，Oracle 把一个回滚段指定给该事务。当事务修改数据时，该数据修改前的信息会保存在该回滚段中,当用户执行事务回滚操作时(ROLLBACK),Oracle 会利用保存在回滚段中的数据将修改的数据恢复到原来的值。

(2)数据库恢复

当数据库实例运行失败时,在数据库恢复时,Oracle 先利用重做日志文件中的信息对数据文件进行恢复(包括提交事务和未提交事务的恢复),然后利用回滚段中的信息回滚未提交事务对数据的修改。

(3)数据的读一致性

当一个用户对数据库进行修改,但还没有提交时,系统将用户修改的数据的原始信息保存在回滚段中,这样就可以为正在访问相同数据的其他用户提供一份该数据的原始视图,从而保证当前用户未提交的修改其他用户无法看到,保证了数据的读一致性。

(4)闪回查询

闪回查询技术是 Oracle 10g 引入的新特性,利用该技术可以查询某个表过去某个时间点的状态。闪回查询技术是利用回滚段中的数据原始信息实现的。关于闪回查询可参考 14.2 节闪回查询中的介绍。

2. 回滚段的种类

根据回滚段使用者的不同,回滚段可以分为两类。

(1)系统回滚段

创建数据库时,Oracle 系统会自动在 SYSTEM 表空间中创建一个名为"SYSTEM"的系统回滚段。该回滚段只用于系统事务的回滚处理,保存系统表空间中对象的前影像。

(2)非系统回滚段

用户可以创建非 SYSTEM 回滚段,用于用户事务的回滚处理,保存非系统表空间中对象的前影像。非系统回滚段又分为私有回滚段和公有回滚段,其中私有回滚段只能被一个实例使用,其数目和名称由 ROLLBACK_SEGMENTS 参数决定;公有回滚段可以被多个实例共享使用,其数目由 TRANSACTIONS 和 TRANSACTION_PER_ROLLBACK_SEGMENT 决定。

3. 回滚段的管理

在 Oracle 10g 中,回滚管理也称为撤销管理。撤销管理有两种方式,即自动撤销管理和手动撤销管理。

(1)自动撤销管理

如果将初始化参数 UNDO_MANAGEMENT 设置为 AUTO,则启动自动撤销管理方式。DBA 不需要为数据库创建多个回滚段,也不需要管理回滚段的使用,只需要为数据库创建撤销表空间,并将 UNDO_TABLESPACE 参数设置为创建的撤销表空间。这样,数据库运行时的回滚信息就由撤销表空间自动管理。

(2)手动撤销管理

如果将数据库初始化参数 UNDO_MANAGEMENT 设置为 MANUAL,则需要手动进行撤销管理,即需要 DBA 以手动方式对回滚段进行管理。手动撤销管理增加了 DBA 的管理负担,正逐渐被 Oracle 淘汰。

4. 回滚段的查询

在数据库中,包含回滚段信息的数据字典和动态性能视图有以下几种。

- DBA_ROLLBACK_SEGS:包含所有回滚段信息,包括回滚段的名称、所属表空间;
- DBA_SEGMENTS:包含数据库中所有段的信息;

- V$ROLLNAME：包含所有联机回滚段的名称；
- V$ROLLSTAT：包含回滚段的性能统计信息；
- V$UNDOSTAT：包含撤销表空间的性能统计信息；
- V$TRANSACTION：包含事务所使用的回滚段的信息。

【例 4-29】查询当前数据库中的所有回滚段信息。

```
SQL>SELECT SEGMENT_NAME,TABLESPACE_NAME,STATUS FROM DBA_ROLLBACK_SEGS;
```

查询结果为：

```
SEGMENT_NAME              TABLESPACE_NAME           STATUS
-------------------------------------------------------
SYSTEM                    SYSTEM                    ONLINE
_SYSSMU1$                 UNDOTBS1                  ONLINE
_SYSSMU2$                 UNDOTBS1                  ONLINE
_SYSSMU3$                 UNDOTBS1                  ONLINE
……
```

复 习 题

1．简答题

（1）说明数据库逻辑存储结构的组成和相互关系。
（2）说明数据库表空间的种类及不同类型表空间的作用。
（3）说明数据库、表空间、数据文件及数据库对象之间的关系。
（4）数据库表空间的管理方式有几种？各有什么特点？
（5）表空间管理时应考虑哪些问题？
（6）利用手动管理方式，如何有效管理数据块的使用？
（7）数据库中常用的段有哪几种？分别起什么作用？
（8）说明回滚段的作用及回滚段的管理方式。
（9）说明数据库存储空间中碎片产生的原因以及如何回收碎片。
（10）说明在创建数据库时如何合理规划数据库的物理存储结构和逻辑存储结构。

2．实训题

（1）使用 SQL 命令创建一个本地管理方式下自动分区管理的表空间 USERTBS1，其对应的数据文件大小为 20MB。
（2）使用 SQL 命令创建一个本地管理方式下的表空间 USERTBS2，要求每个分区大小为 512KB。
（3）修改 USERTBS1 表空间的大小，将该表空间的数据文件改为自动扩展方式，最大值为 100MB。
（4）为 USERTBS2 表空间添加一个数据文件，以改变该表空间的大小。
（5）使用 SQL 命令创建一个本地管理方式下的临时表空间 TEMPTBS，并将该表空间作为当前数据库实例的默认临时表空间。
（6）使用 SQL 命令对 USERTBS1 表空间进行联机和脱机状态转换。
（7）创建一个回滚表空间 UNDOTBS，并作为数据库的撤销表空间。
（8）删除表空间 USERTBS2，同时删除该表空间的内容以及对应的操作系统文件。

（9）查询当前数据库中所有的表空间及其对应的数据文件信息。

3．选择题

（1）A collection of segments is a (an)：

    A．EXTENT   B．SEGMENT   C．TABLESPACE   D．DATABASE

（2）When will the rollback information applied in the event of a database crash?

    A．before the crash occurs

    B．after the recovery is complete

    C．immediately after re-opening the database before the recovery

    D．rollback information is never applied if the database crashes

（3）The data dictionary tables and views are stored in：

    A．USERS tablespace   B．SYSTEM tablespace

    C．TEMPORARY tablespace   D．any of the three

（4）PCTFREE and PCTUSED together should not exceed：

    A．100   B．50   C．25   D．10

（5）Which of the following three portions of a data block are collectively called as Overhead?

    A．table directory, row directory and row data

    B．data block header, table directory and free space

    C．table directory, row directory and data block header

    D．data block header, row data and row header

（6）When the database is open, which of the following tablespace must be online?

    A．SYSTEM   B．TEMPORARY   C．ROLLBACK   D．USERS

（7）Sorts can be managed efficiently by assigning ____ tablespace to sort operations.

    A．SYSEM   B．TEMPORARY   C．ROLLBACK   D．USERS

（8）The sort segment of a temporary tablespace is created：

    A．at the time of the first sort operation

    B．when the TEMPORARY tablespace is created

    C．when the memory required for sorting is 1kb

    D．all of the above

（9）Which of the following segments is self administered?

    A．TEMPORARY   B．ROLLBACK   C．CACHE   D．INDEX

（10）What is the default temporary tablespace, if no temporary tablespace is defined?

    A．ROLLBACK   B．USERS   C．INDEX   D．SYSTEM

（11）Rollback segments are used for：

    A．read consistency   B．rolling back transactions

    C．recovering the database   D．all of the above

（12）Rollback segment stores：

    A．old values of the data changed by each transaction

    B．new values of the data changed by each transaction

    C．both old and new values of the data changed by each transaction

    D．none

第 5 章　数据库实例

数据库实例是用户与数据库进行交互的中间层。本章将介绍 Oracle 数据库实例的构成及其工作方式。Oracle 实例由内存结构和后台进程组成，其中内存结构分为共享全局区和程序全局区，后台进程包括 DBWR，LGWR，CKPT，SMON，PMON，ARCH 进程等。

5.1　实 例 概 述

1．Oracle 实例的概念

Oracle 数据库主要由两部分构成：放在磁盘中的物理数据库和对物理数据库进行管理的数据库管理系统。其中数据库管理系统是处于用户与物理数据库之间的一个中间层软件，又称为实例，由一系列内存结构和后台进程组成。

在启动数据库时，Oracle 首先在内存中获取一定的空间，启动各种用途的后台进程，即创建一个数据库实例，然后由实例装载数据文件和重做日志文件，最后打开数据库。用户操作数据库的过程实质上是与数据库实例建立连接，然后通过实例来连接、操作数据库的过程。

2．数据库与实例的关系

通常，数据库与实例是一一对应的，即一个数据库对应一个实例，如图 5-1 所示。在并行 Oracle 数据库服务器结构中，数据库与实例是一对多的关系，即一个数据库对应多个实例，如图 5-2 所示。多个"实例"同时驱动一个数据库的架构称作"集群"。同一时间一个用户只能与一个实例联系，当某一个实例出现故障时，其他实例照常运行，从而保证了数据库的安全运行。

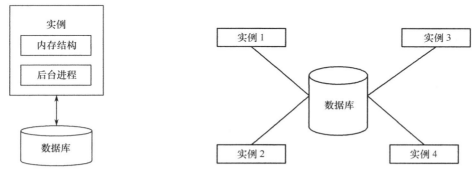

图 5-1　单实例数据库系统　　　　　图 5-2　多实例数据库系统

3．实例组成

Oracle 实例由内存结构和后台进程组成，如图 5-3 所示，其中，内存结构又分为系统全局区（SGA）和程序全局区（PGA）。

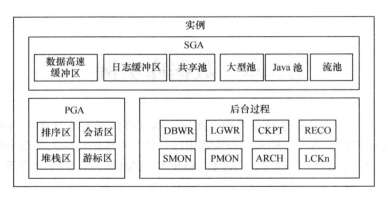

图 5-3　数据库实例组成

5.2　Oracle 内存结构

内存是 Oracle 数据库重要的信息缓存和共享区域，主要存储执行的程序代码、连接会话信息以及程序执行期间所需要的数据和共享信息等。根据内存区域信息使用范围的不同，分为系统全局区（System Global Area，SGA）和程序全局区（Program Global Area，PGA）。

1. SGA

SGA 是由 Oracle 分配的共享内存结构，包含一个数据库实例共享的数据和控制信息。当多个用户同时连接同一个实例时，SGA 数据可供多个用户共享，所以 SGA 又称为共享全局区（Shared Global Area）。用户对数据库的各种操作主要在 SGA 中进行。该内存区随数据库实例的创建而分配，随实例的终止而释放。

2. PGA

PGA 是在用户进程连接数据库、创建一个会话时，由 Oracle 为用户分配的内存区域，保存当前用户私有的数据和控制信息，因此该区又称为私有全局区（Private Global Area）。每个服务器进程只能访问自己的 PGA，所有服务器进程的 PGA 总和即为实例的 PGA 的大小。

5.2.1　SGA

SGA 主要由数据高速缓冲区（Database Buffer Cache）、共享池（Shared Pool）、重做日志缓冲区（Redo Log Cache）、大型池（Large Pool）、Java 池（Java Pool）、流池（Streams Pool）和其他结构（如固定 SGA、锁管理等）组成。

1. 数据高速缓冲区

（1）功能

数据高速缓冲区存储的是最近从数据文件中检索出来的数据，供所有用户共享。当用户要操作数据库中的数据时，先由服务器进程将数据从磁盘的数据文件中读取到数据高速缓冲区中，然后在缓冲区中进行处理。用户处理后的结果被存储在数据高速缓冲区中，最后由数据库写入进程（DBWR）写到硬盘的数据文件中永久保存，如图 5-4 所示。

（2）缓存块的类型

数据高速缓冲区由许多大小相等的缓存块组成，这些块根据使用情况不同，分为下列 3 类。

① "脏"缓存块（Dirty Buffers）：脏缓存块中保存的是已经被修改过的数据。当一条 SQL 语句对某个缓存块中的数据进行修改后，这个缓存块就被标记为脏缓存块。它们最终将由

DBWR 进程写入数据文件，以永久性地保存修改结果。

② 空闲缓存块（Free Buffers）：空闲缓存块中不包含任何数据，它们等待后台进程或服务器进程向其中写入数据。当 Oracle 从数据文件中读取数据时，将会寻找空闲缓存块，以便将数据写入其中。

③ 命中缓存块（Pinned Buffers）：是那些正被使用，或者被显式地声明为保留的缓存块。这些缓存块始终保留在数据高速缓冲区中，不会被换出内存。

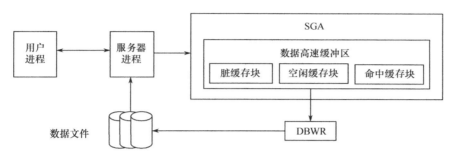

图 5-4　数据高速缓冲区的工作过程

（3）缓存块的管理

在 Oracle 数据库中，采用脏缓存块列表和 LRU 列表来管理数据高速缓冲区中的缓存块。

① 脏缓存块列表：包含那些已经被修改但还没有写入数据文件的脏缓存块。

② LRU 列表（Least Recently Used）：包含所有的空闲缓存块、命中缓存块和那些还没有来得及移入到脏缓存块列表中的脏缓存块。在该列表中，最近被访问的缓存块被移动到列表的头部，而其他缓存块向列表尾部移动，最近最少被访问的缓存块最先被移出 LRU 列表，从而保证最频繁使用的缓存块始终保存在内存中。

当用户进程需要访问某些数据时，Oracle 首先在数据高速缓冲区中寻找，若存在，则直接从内存中读取数据并返回给用户，此种情况称为"缓存命中"；否则，Oracle 就需要先从数据文件中将所需要的数据复制到数据高速缓冲区中，然后再从缓冲区中读取它并返回给用户，这种情况称为"缓存失败"。

当"缓存失败"时，Oracle 将从 LRU 列表的尾部开始搜索所需要的空闲缓存，直到找到所需的空闲缓存块或已经搜索过的缓存块数量达到一个限定值为止。在搜索过程中，如果搜索到的是一个脏缓存块，则移入脏缓存块列表，然后继续搜索；如果搜索到合适的空闲缓存块，则将数据写入该空闲缓存块，并把该缓存块移动到 LRU 列表的头部；如果搜索一定数目的缓存块后仍然没有所需的空闲缓存块，将停止对 LRU 列表搜索，然后激活 DBWR 进程，开始将脏缓存块列表中的脏缓存块写入数据文件，同时脏缓存块将恢复为空闲缓存块，并被移到 LRU 列表中。执行完该工作后重新开始搜索，这时应该能够找到足够大小的空闲缓存块。

（4）数据高速缓冲区大小

数据高速缓冲区越大，用户需要的数据在内存中的可能性就越大，即缓存命中率越高，从而减少了 Oracle 访问硬盘数据的次数，提高了数据库系统执行的效率。然而，如果数据高速缓冲区的值太大，Oracle 就不得不在内存中寻找更多的块来定位所需要的数据，反而降低了系统性能。显然需要确定一个合理的数据高速缓冲区大小。

可以通过查询动态性能视图 V$SGA_DYNAMIC_COMPONENTS 查看数据高速缓冲区的构成情况。例如：

```
SQL>SELECT COMPONENT,CURRENT_SIZE FROM V$SGA_DYNAMIC_COMPONENTS;
COMPONENT                       CURRENT_SIZE
------------------------------  ------------
DEFAULT buffer cache                343932928
KEEP buffer cache                    12582912
RECYCLE buffer cache                        0
DEFAULT 2K buffer cache                     0
DEFAULT 4K buffer cache                     0
......
```

在 Oracle 10g 中,可以使用 ALTER SYSTEM 语句动态调整数据高速缓冲区的大小。例如:

```
SQL>ALTER SYSTEM SET DB_CACHE_SIZE=80M;
```

2. 重做日志缓冲区

（1）功能

重做日志缓冲区用于缓存用户对数据库进行修改操作时生成的重做记录。例如,当用户执行 INSERT，UPDATE，DELETE 语句对表进行修改,或者执行 CREATE，ALTER，DROP 等语句创建、修改数据库对象时,Oracle 都会自动为这些操作生成重做记录,并最终将重做记录写入到重做日志文件中。

为了提高工作效率,重做记录并不是直接写入重做日志文件中,而是首先被服务器进程写入重做日志缓冲区中,在一定条件下,再由日志写入进程（LGWR）把重做日志缓冲区的内容写入重做日志文件中做永久性保存。在归档模式下,当重做日志切换时,由归档进程（ARCH）将重做日志文件的内容写入归档文件中,如图 5-5 所示。

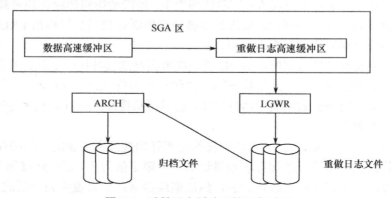

图 5-5 重做日志缓冲区的工作过程

重做日志缓冲区是一个循环缓冲区,在使用时从顶端向底端写入数据,然后再返回到缓冲区的起始点（顶端）循环写入。

（2）重做日志缓冲区的大小

重做日志缓存区的大小由参数文件中的 LOG_BUFFER 参数指定,可以在数据库运行期间进行调整,例如:

```
SQL>ALTER SYSTEM SET LOG_BUFFER=30M;
```

重做日志缓冲区的大小对数据库性能有较大的影响。较大的重做日志缓冲区,可以减少对重做日志文件写的次数,适合长时间运行的、产生大量重做记录的事务。

3．共享池

共享池用于缓存最近执行过的 SQL 语句、PL/SQL 程序和数据字典信息，是对 SQL 语句、PL/SQL 程序进行语法分析、编译、执行的区域。

共享池由库缓存（Library Cache）和数据字典缓存（Dictionary Cache）组成。

（1）库缓存

Oracle 执行用户提交的 SQL 语句或 PL/SQL 程序之前，先要对其进行语法分析、对象确认、权限检查、执行优化等一系列操作，并生成执行计划。这一系列操作会占用一定的系统资源。如果多次执行相同的 SQL 语句、PL/SQL 程序，都要进行如此操作，将浪费很多系统资源。库缓存的作用就是缓存最近被解释并执行过的 SQL 语句和 PL/SQL 程序代码，以提高 SQL 和 PL/SQL 程序的执行效率。当执行 SQL 语句或 PL/SQL 程序时，Oracle 首先在共享池的库缓存中搜索，查看相同的 SQL 语句或 PL/SQL 程序是否已经被分析、解析、执行并缓存过。如果有，Oracle 将利用缓存中的分析结果和执行计划来执行该语句，而不必重新对它进行解析，从而大大提高了系统的执行速度。

库缓存主要包括 SQL 工作区和 PL/SQL 工作区两个部分。

① SQL 工作区。每条被缓存的 SQL 语句都被分成两个部分，分别存在共享 SQL 工作区和私有 SQL 工作区。共享 SQL 工作区中存放有 SQL 语句分析结果和执行计划。如果以后其他用户执行类似的 SQL 语句，则可以直接利用该工作区中已缓存的信息，提高语句执行效率。当 Oracle 执行一条新的 SQL 语句时，将为它在共享 SQL 工作区中分配空间。私有 SQL 工作区主要包括 SQL 语句中的绑定变量、环境和会话参数等信息，这些信息是属于执行该语句的用户所私有的，其他用户即使执行相同的 SQL 语句也不能使用这些信息。只有在共享服务器模式下，私有 SQL 工作区才会在 SGA 中创建，一般情况下，私有 SQL 工作区位于 PGA 中。

② PL/SQL 工作区。当一个 PL/SQL 程序被执行时，解析后的执行代码保存在共享 PL/SQL 工作区中，PL/SQL 程序中嵌入的 SQL 语句的解析代码保存在共享 SQL 工作区中。当再次执行相同的 PL/SQL 程序时可以直接利用 PL/SQL 工作区的分析结果和执行计划来进行。

（2）数据字典缓存区

数据字典缓存区中保存最常使用的数据字典信息，如数据库对象信息、账户信息、数据库结构信息等。当用户访问数据库时，可以从数据字典缓存中获得对象是否存在、用户是否有操作权限等信息，大大提高了执行效率。

（3）共享池的大小

共享池的大小由初始化参数文件中的 SHARED_POOL_SIZE 参数指定，在数据库运行过程中可以使用 ALTER SYSTEM 语句修改共享池大小，例如：

```
SQL>ALTER SYSTEM SET SHARED_POOL_SIZE=50M;
```

合适的共享池大小，可使编译过的程序代码长驻内存，大大降低重复执行相同的 SQL 语句、PL/SQL 程序的系统开销，从而提高数据库的性能。

4．大型池

大型池是一个可选的内存配置项，主要为 Oracle 共享服务器、服务器 I/O 进程、数据库备份与恢复操作、执行具有大量排序操作的 SQL 语句、执行并行化的数据库操作等需要大量缓存的操作提供内存空间。如果没有在 SGA 中创建大型池，那么上述操作所需要的缓存空间将在共享池或 PGA 中分配，因而会影响共享池或 PGA 的使用效率。

大型池的大小由参数 LARGE_POOL_SIZE 指定，在数据库运行期间，可以使用 ALTER

SYSTEM 语句修改大型池的大小，例如：

```
SQL>ALTER SYSTEM SET LARGE_POOL_SIZE=10M;
```

5. Java 池

Java 池是一个可选的内存配置项，提供对 Java 程序设计的支持，用于存储 Java 代码、Java 语句的语法分析表、Java 语句的执行方案和进行 Java 程序开发等。

Java 池大小由参数 Java_POOL_SIZE 指定，在数据库运行期间，可以使用 ALTER SYSTEM 语句进行修改，例如：

```
SQL>ALTER SYSTEM SET Java_POOL_SIZE=40M;
```

6. 流池

流池是一个可选的内存配置项，用于对流的支持。

流池大小由参数 STREAMS_POOL_SIZE 指定，在数据库运行期间，可以使用 ALTER SYSTEM 语句进行修改，例如：

```
SQL>ALTER SYSTEM SET STREAMS_POOL_SIZE=100M;
```

5.2.2 SGA 的管理

1. SGA 组件大小调整

SGA 大小由初始化参数 DB_CACHE_SIZE，LOG_BUFFER，SHARED_POOL_SIZE，LARGE_POOL_SIZE，Java_POOL_SIZE 和 STRAMS_POOL_SIZE 控制，其最大尺寸由 SGA_MAX_SIZE 控制。其中，除了 SGA_MAX_SIZE 不能修改外，其他几个参数可以使用 ALTER SYSTEM 语句进行动态调整。

SGA 中内存的分配与回收是以特定单位（Granule）进行的。该单位大小与 Oracle 数据库运行的平台有关。通常，SGA 总量小于 1GB 时，该单位为 4MB；SGA 总量大于 1GB 时，该单位为 16MB。可以通过查询动态性能视图 V$SGAINFO 来查看该单位大小及 SGA 各组件的大小。例如：

```
SQL>select * from v$sgainfo;
NAME                                 BYTES      RES
-------------------------------- ---------- ---
Fixed SGA Size                      1250428  No
Redo Buffers                        7135232  No
Buffer Cache Size                 356515840  Yes
Shared Pool Size                  234881024  Yes
Large Pool Size                     8388608  Yes
Java Pool Size                      4194304  Yes
Streams Pool Size                         0  Yes
Granule Size                        4194304  No
Maximum SGA Size                  612368384  No
Startup overhead in Shared Pool    37748736  No
Free SGA Memory Available                 0
```

如果用户为 SGA 组件指定的大小不是单位（Granule）的整数倍，那么系统将按最接近单位整数倍的内存大小进行分配。例如，如果 SGA 组件分配的单位为 4MB，设置某个组件大小为 11MB，此时，系统会自动调整该组件大小为 12MB。

2. SGA 自动管理

在 Oracle 10g 中，通过设置初始化参数 SGA_TARGET，可以实现对 SGA 中的数据高速缓冲区、共享池、大型池、Java 池和流池的自动管理，即这几个组件的内存调整不需要 DBA 来干预，系统自动进行调整。但是对于日志缓冲区、非标准块的数据高速缓冲区、保留池、回收池等其他区域的调整还需要 DBA 使用 ALTER SYSTEM 语句手动进行调整。

设置 SGA 自动管理的方法如下。

（1）计算参数 SGA_TARGET 的大小

```
SQL>SELECT (
    (SELECT SUM(value) FROM V$SGA) -
    (SELECT CURRENT_SIZE FROM V$SGA_DYNAMIC_FREE_MEMORY)
    ) /1024/1024 ||'MB' "SGA_TARGET"
    FROM DUAL
```

（2）设置参数 SGA_TARGET

通过 ALTER SYSTEM 语句设置参数 SGA_TARGET 的值，该值可以是（1）中计算出来的结果，也可以是当前 SGA 大小与 SGA_MAX_SIZE 之间的某个值。例如：

```
SQL>ALTER SYSTEM SET SGA_TARGET=584M;
```

（3）将 SGA 中与自动管理相关的组件大小设置为 0

```
SQL>ALTER SYSTEM SET SHARED_POOL_SIZE=0;
SQL>ALTER SYSTEM SET LARGE_POOL_SIZE=0;
SQL>ALTER SYSTEM SET Java_POOL_SIZE=0;
SQL>ALTER SYSTEM SET LARGE_POOL_SIZE=0;
SQL>ALTER SYSTEM SET STREAMS_POOL_SIZE=0;
```

此时，SGA 采用了自动管理。如果要取消自动管理，只需将参数 SGA_TARGET 设置为 0 即可。

5.2.3 PGA

PGA 由排序区、会话区、游标区和堆栈区组成。

排序区主要用于存放排序操作所产生的临时数据，其大小由初始化参数 SORT_AREA_SIZE 定义；会话区用于保存用户会话所具有的权限、角色、性能统计信息；游标区用于存放执行游标操作时所产生的数据；堆栈区用于保存会话过程中的绑定变量、会话变量等信息。

5.3 Oracle 后台进程

5.3.1 Oracle 进程概述

1. 进程概念

进程是操作系统中一个独立的可以调度的活动，用于完成指定的任务。进程与程序的区别在于：

① 进程是动态的概念，即动态创建，完成任务后立即消亡；而程序是一个静态实体。
② 进程强调执行过程，而程序仅仅是指令的有序集合。

2. 进程类型

在 Oracle 数据库服务器中，进程分为用户进程（User Process）、服务器进程（Server Process）和后台进程（Background Process）3 种。

(1) 用户进程

当用户连接数据库执行一个应用程序时，会创建一个用户进程，来完成用户所指定的任务。在 Oracle 数据库中有两个与用户进程相关的概念：连接和会话。

① 连接：指用户进程与数据库实例之间的一条通信路径。该路径由硬件线路、网络协议和操作系统进程通信机制构成。

② 会话：指用户到数据库的指定连接。在用户连接数据库的过程中，会话始终存在，直到用户断开连接或终止应用程序为止。

会话是通过连接实现的，同一个用户可以创建多个连接来产生多个会话。

(2) 服务器进程

服务器进程由 Oracle 自身创建，用于处理连接到数据库实例的用户进程所提出的请求。用户进程只有通过服务器进程才能实现对数据库的访问和操作。

服务器进程分为专用服务器进程和共享服务器进程两种。一个专用服务器进程只能为一个用户进程提供服务；一个共享服务器进程可以为多个用户进程提供服务。

服务器进程主要完成以下任务：
- 解析并执行用户提交的 SQL 语句和 PL/SQL 程序；
- 在 SGA 的数据高速缓冲区中搜索用户进程所要访问的数据，如果数据不在缓冲区中，则需要从硬盘数据文件中读取所需的数据，再将它们复制到缓冲区中；
- 将用户改变数据库的操作信息写入日志缓冲区中。
- 将查询或执行后的结果数据返回给用户进程。

(3) 后台进程

为了保证 Oracle 数据库在任意一个时刻都可以处理多用户的并发请求，进行复杂的数据操作，而且还要优化系统性能，Oracle 数据库启用了一些相互独立的附加进程，称为后台进程。服务器进程在执行用户进程请求时，会调用后台进程来实现对数据库的操作。

后台进程主要完成以下任务：
- 在内存与磁盘之间进行 I/O 操作；
- 监视各个服务器的进程状态；
- 协调各个服务器进程的任务；
- 维护系统性能和可靠性等。

Oracle 实例的主要后台进程包括数据库写入进程（DBWR）、日志写入进程（LGWR）、检查点进程（CKPT）、系统监控进程（SMON）、进程监控进程（PMON）、归档进程（ARCH）、恢复进程（RECO）、锁进程（LCKn）、调度进程（Dnnn）等，其中前 5 个后台进程是必需的。

5.3.2 Oracle 后台进程

数据库的后台进程随数据库实例的启动而自动启动，它们协调服务器进程的工作，优化系统的性能。可以通过初始化参数文件中参数的设置来确定启动后台进程的数量。

1. DBWR

数据库写入进程负责把数据高速缓冲区中已经被修改过的数据（"脏"缓存块）成批写入数据文件中永久保存，同时使数据高速缓冲区有更多的空闲缓存块，保证服务器进程将所需要的数据从数据文件中读取到数据高速缓冲区中，提高缓存命中率。

当下列某个条件满足时，DBWR 进程将启动，将数据高速缓冲区中的脏数据写入数据文件：

- 服务器进程在数据高速缓存区中搜索一定数量的缓存块后,仍然没有找到可用的空闲缓存块,此时 DBWR 进程将被启动;
- 检查点发生时,将启动 DBWR 进程;
- 当数据高速缓冲区中 LRU 列表长度达到初始化参数 DB_BLOCK_WRITE_BATCH 指定值的一半时,DBWR 进程将被启动;
- DBWR 进程发生超时(约 3s),DBWR 进程将被启动。

注意:DBWR 进程启动的时间与用户提交事务的时间完全无关。

在 Oracle 10g 中,启动 DBWR 进程的数目由初始化参数 DB_WRITE_PROCESSES 决定。但是 DBWR 进程的数目不应超过 CPU 数目,超过 CPU 个数的 DBWR 进程并不能提高性能。

2. LGWR

(1) 功能

日志写入进程负责把重做日志缓冲区的重做记录写入重做日志文件中永久保存。

DBWR 进程在工作之前,需要了解 LGWR 进程是否已经把相关的日志缓冲区中的重做记录写入重做日志文件中。如果还没有写入重做日志文件,DBWR 进程将通知 LGWR 进程完成相应的工作,然后 DBWR 进程才开始写入。这样可以保证先将与脏缓存块相关的重做记录信息写入重做日志文件,然后将脏缓存块写入数据文件,即先写重做日志文件,后写数据文件。

当下列事件发生时,LGWR 进程会将重做日志缓冲区中的重做记录写入重做日志文件。

- 用户通过 COMMIT 语句提交当前事务;
- 重做日志缓冲区被写满 1/3;
- DBWR 进程开始将脏缓存块写入数据文件;
- LGWR 进程超时(约 3s),LGWR 进程将启动。

(2) 事务提交机制

Oracle 数据库对事务的提交采用快速提交和组提交两种机制。当用户提交一条 COMMIT 语句时,LGWR 进程会立即将一条提交记录写入到重做日志文件中,然后开始写入与该事务相关的重做信息。而此时,这个事务所产生的脏缓存块并不会立刻被 DBWR 进程写入数据文件,这称为"快速提交"机制。当事务的提交记录和重做信息都被写入重做日志文件后,Oracle 才认为一个事务提交成功。此时,即使发生数据库崩溃,也可以恢复。所谓组提交是指,如果数据库中同时存在多个事务,则 LGWR 进程一次性将重做日志缓冲区的重做记录写入重做日志文件,而不管事务是否已经提交。因为提交的事务有一个提交记录,而没提交的事务没有提交记录,所以 Oracle 可以识别事务是否已提交。

3. CKPT

(1) 检查点的概念

检查点是一个事件,当该事件发生时(每隔一段时间发生),DBWR 进程把数据高速缓冲区中的脏缓存块写入数据文件中,同时 Oracle 将对数据库控制文件和数据文件头部的同步序号进行更新,以记录下当前的数据库结构和状态,保证数据的同步。

在执行了一个检查点事件后,Oracle 知道所有已提交的事务对数据库所做的更改已经全部被写入数据文件中,此时数据库处于一个完整状态。在发生数据库崩溃后,只需要将数据库恢复到上一个检查点执行时刻即可。因此,缩短检查点执行的间隔,可以缩短数据库恢复所需的时间。

CKPT 进程的作用就是执行检查点,完成下列操作:
① 更新控制文件与数据文件的头部,使其同步;
② 触发 DBWR 进程,将脏缓存块写入数据文件。

(2)检查点的级别

在 Oracle 数据库内部定义了许多基于特定操作的检查点,在不同时刻执行不同级别的检查点。

① 数据库检查点:每一次日志切换时,执行一个数据库检查点,DBWR 进程将数据高速缓冲区中的脏缓存块写入数据文件中。

② 表空间检查点:当一个表空间设置为脱机状态时,执行一个表空间检查点,DBWR 进程把数据高速缓存中与该表空间相关的脏缓存块写入数据文件中。

③ 时间检查点:可以设置以时间为基础的检查点,每隔一段时间执行一次检查点。需要为检查点设置一个合适的执行间隔,间隔太短,将会产生过多的硬盘 I/O 操作;间隔太长,数据库的恢复将耗费太多时间。

(3)与检查点相关的初始化参数

① LOG_CHECKPOINT_TIMEOUT:用来指定每隔多长时间执行一次检查点,以秒为单位。比如将该参数设置为 1800,表示每隔 1800s 执行一次检查点;如果为 0,表示将禁用基于时间的检查点。

② LOG_CHECKPOINT_INTERVAL:用来指定执行检查点之前,必须写入重做日志文件的系统操作块的数量。例如,重做日志文件大小为 1MB,系统操作块为 1KB,设置此参数为 500,则每当向重做日志文件中写入 500KB 时,执行一次检查点。

③ LOG_CHECKPOINT_TO_ALERT:用于设置是否将检查点信息记录到警告日志中。如果该参数值为 TRUE,则检查点信息将写入数据库的警告文件。

通过对 LOG_CHECKPOINT_TIMEOUT 参数和 LOG_CHECKPOINT_INTERVAL 参数的设置可以控制检查点事件发生的频率。

4. SMON

SMON 进程的主要功能包括:
① 在实例启动时负责对数据库进行恢复;
② 回收不再使用的临时空间;
③ 将各个表空间的空闲碎片合并(表空间的存储参数 PCTINCREASE 不为 0 时)。

SMON 进程除了在实例启动时执行一次外,在实例运行期间,它会被定期唤醒,检查是否有工作需要它来完成。如果有其他任何进程需要使用 SMON 进程的功能,它们将随时唤醒 SMON 进程。

5. PMON

PMON 进程的主要功能包括:
① 负责恢复失败的用户进程或服务器进程,并且释放进程所占用的资源;
② 清除非正常中断的用户进程留下的孤儿会话,回退未提交的事务,释放会话所占用的锁、SGA、PGA 等资源;
③ 监控调度进程和服务器进程的状态,如果它们失败,则尝试重新启动它们,并释放它们所占用的各种资源。

与 SMON 进程类似,PMON 进程在实例运行期间会被定期唤醒,检查是否有工作需要它来完成。如果有其他任何进程需要使用 PMON 进程的功能，它们将随时唤醒 PMON 进程。

6. ARCH

ARCH 进程负责在日志切换后将已经写满的重做日志文件复制到归档目标，以防止写满的重做日志文件被覆盖。

只有当数据库运行在归档模式，并且初始化参数 LOG_ARCHIVE_START 设置为 TRUE，即启动自动归档功能时，才能启动 ARCH 进程；否则当重做日志文件全部被写满后，数据库将被挂起，等待 DBA 进行手动归档。

在默认情况下，一个实例只会启动一个 ARCH 进程。但是在数据库运行过程中，为了加快重做日志文件归档的速度，避免数据库挂起等待，LGWR 进程可以同时启动多个 ARCH 进程（ARCH 进程由 LGWR 进程启动，而不是由 DBA 启动）。在 Oracle10g 数据库中最多可以同时启动 10 个归档进程。

7. RECO

RECO 进程负责在分布式数据库环境中自动解决分布式事务的故障。一个节点的 RECO 自动解决所有的悬而未决的事务。当一个数据库服务器的 RECO 后台进程试图建立同一个远程服务器的通信时，如果该远程服务器不可用或者网络连接不能建立时，RECO 会自动地在一个时间间隔之后再次连接。当且仅当数据库配置为分布式事务处理，且初始化参数 DISTRIBUTED_TRANSACTIONS 的值大于 0 时，RECO 进程才会自动启动。

8. LCKn

LCKn 进程用于 Oracle 并行服务器环境中。在数据库中最多可以同时启动 10 个 LCKn 进程，主要用于实例间的封锁。

9. Dnnn

Dnnn 进程是多线程服务器（MultiThreaded Server，MTS）的组成部分，以后台进程的形式运行。调度进程接受用户进程请求，将它们放入请求队列中，然后为请求队列中的用户进程分配一个服务器进程。最后，从响应队列中返回数据给用户进程。

复 习 题

1. 简答题
（1）说明数据库实例的概念及其结构。
（2）说明数据库内存结构中 SGA 和 PGA 的组成，以及这两个内存区存放信息的区别。
（3）简述 Oracle 数据库 SGA 中重做日志缓冲区、数据高速缓冲区及共享池的功能。
（4）Oracle 数据库进程的类型有哪些？分别完成什么任务？
（5）Oracle 数据库后台进程有哪些？其功能是什么？
（6）DBWR 进程是如何工作的？
（7）LGWR 进程是如何工作的？
（8）分别说明 SMON 进程与 PMON 进程的功能是什么。

2. 实训题
（1）将数据库 SGA 设置为自动管理方式。
（2）查看数据库 SGA 各个组件的大小。
（3）查询当前数据库后台进程的运行情况。

3. 选择题

(1) An Oracle instance is:
   A. Oracle Memory Structures	B. Oracle I/O Structures
   C. Oracle Background Processes	D. All of the Above

(2) The SGA consists of the following items:
   A. Buffer Cache	B. Shared Pool	C. Redo Log Buffer	D. All of the Above

(3) The area that stores the blocks recently used by SQL statements is called:
   A. Shared Pool	B. Buffer Cache	C. PGA	D. UGA

(4) Which of the following is not a background server process in an Oracle server?
   A. DBWR	B. DBCM	C. LGWR	D. SMON

(5) Which of the following is a valid background server processes in Oracle?
   A. ARCH	B. LGWR	C. DBWR	D. All of the above

(6) The process that writes the modified blocks to the data files is:
   A. DBWR	B. LGWR	C. PMON	D. SMON

(7) The process that records information about the changes made by all transactions that commit is:
   A. DBWR	B. SMON	C. CKPT	D. None of the above

(8) Oracle does not consider a transaction committed until:
   A. The data is written back to the disk by DBWR
   B. The LGWR successfully writes the changes to redo
   C. PMON process commits the process changes
   D. SMON process Writes the data

(9) The process that performs internal operations like tablespace coalescing is:
   A. PMON	B. SMON	C. DBWR	D. ARCH

(10) The process that manages the connectivity of user sessions is:
   A. PMON	B. SMON	C. SERV	D. NET8

第三篇　管　理　篇

本篇主要介绍 Oracle 数据库的管理与维护，包括数据库的启动与关闭、数据库模式对象管理、数据库安全性管理、数据库的备份与恢复管理及 Oracle 10g 的最新恢复技术——闪回的管理。通过本篇的学习，读者可以掌握 Oracle 数据库的基本管理知识，可以进行简单的数据库管理与维护工作。

本篇由以下 5 章组成：
- **第 6 章　数据库启动与关闭**
- **第 7 章　模式对象**
- **第 8 章　安全管理**
- **第 9 章　备份与恢复**
- **第 10 章　闪回技术**

第 6 章　数据库启动与关闭

Oracle 数据库启动与关闭是进行数据库管理和应用的基础。本章将主要介绍在 Windows 平台下利用 SQL*Plus 如何启动和关闭数据库，以及数据库在不同状态之间如何转换。同时，还将介绍数据库的启动过程、关闭过程和不同状态下的特点。

6.1　数据库启动与关闭概述

在 Oracle 数据库用户连接数据库之前，必须先启动 Oracle 数据库，创建数据库的软件结构（实例）与服务进程，同时加载并打开数据文件、重做日志文件。当 DBA 对 Oracle 数据库进行管理与维护时，会根据需要对数据库进行状态转换或关闭数据库。因此，数据库的启动与关闭是数据库管理与维护的基础。

6.1.1　数据库启动与关闭的步骤

为了满足数据库管理的需要，Oracle 数据库的启动与关闭是分步骤进行的。

1. 数据库的启动步骤

Oracle 数据库的启动分为 3 个步骤进行，对应数据库的 3 个状态，在不同状态下可以进行不同的管理操作，如图 6-1 所示。

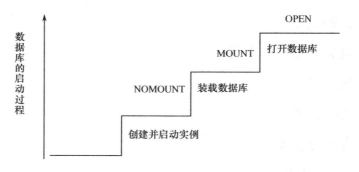

图 6-1　Oracle 数据库的启动过程

（1）创建并启动实例

根据数据库初始化参数文件，为数据库创建实例，启动一系列后台进程和服务进程，并创建 SGA 区等内存结构。在此阶段并不检查数据库（物理文件）是否存在。

（2）装载数据库

装载数据库是实例打开数据库的控制文件，从中获取数据库名称、数据文件和重做日志文件的位置、名称等数据库物理结构信息，为打开数据库做好准备。如果控制文件损坏，实例将无法装载数据库。

注意：在此阶段并没有打开数据文件和重做日志文件。

（3）打开数据库

在此阶段，实例将打开所有处于联机状态的数据文件和重做日志文件。如果任何一个数据文件或重做日志文件无法正常打开，数据库将返回错误信息，这时数据库需要恢复。

2. 数据库的关闭步骤

Oracle 数据库关闭的过程与数据库启动的过程是互逆的，如图 6-2 所示。首先关闭数据库，即关闭数据文件和重做日志文件；然后卸载数据库，关闭控制文件；最后，关闭实例，释放内存结构，停止数据库后台进程和服务进程的运行。

图 6-2 Oracle 数据库关闭过程

6.1.2 数据库启动的准备

在启动数据库之前应该先启动数据库服务器的监听服务以及数据库服务。如果数据库服务器的监听服务没有启动，那么客户端无法连接到数据库服务器；如果数据库服务没有启动，那么客户端无法连接到数据库。

启动数据库服务器的监听程序和数据库服务可以使用命令行方式进行，在 Windows 系统中也可以通过服务管理窗口启动数据库服务器监听服务和数据库服务。

1. 使用命令行方式启动监听服务和数据库服务

打开操作系统命令提示符窗口，按下列方式执行：

（1）打开监听程序

```
C:\>LSNRCTL START
```

（2）打开数据库服务

```
C:\>ORACLE ORCL
```

其中，ORCL 是要打开的数据库名称。

2. 使用服务管理窗口启动监听服务和数据库服务

选择"开始→设置→控制面板→管理工具→服务"命令，打开系统"服务"窗口，分别选择数据库服务器的监听服务 Oracle<ORACLE_HOEM_NAME>TNSListener 和数据库服务 OracleService<SID>，右击并在弹出菜单中选择"启动"，以启动监听程序和数据库服务。

3. 在 SQL*Plus 中数据库关闭后无法启动的问题解决

关闭数据库（SHUTDOWN IMMEDIATE）后，通过 SQL*Plus 连接数据库时，提示错误"ORA-12514:TNS:监听程序当前无法识别连接描述符中请求的服务"，通过重启服务的方式启动数据库，再次连接却能成功登录。这是由于在 Oracle 10g 中，后台进程 PMON 自动在监听器中注册系统中的服务名，而不需要在监听配置文件 listener.ora 中指定监听的服务名。但是，当数据库处于关闭状态下，PMON 进程没有启动，也就不会自动在监听器中注册服务名，所以出现上述错误提示。

解决方法是在监听器配置文件<ORACLE_HOME>\NETWORK\ADMIN\listener.ora 的监听

服务列表中添加特定服务注册信息。例如，添加一个服务名为 ORCL 的注册信息：
```
SID_LIST_LISTENER =
  (SID_LIST =
    …
    (SID_DESC =
        (GLOBAL_DBNAME = ORCL)
        (ORACLE_HOME = D:\oracle\product\10.2.0\db_1)
        (SID_NAME = ORCL)
    )
  )
```

6.2 在 SQL*Plus 中启动与关闭数据库

为了在 SQL*Plus 中启动或关闭数据库，需要启动 SQL*Plus，并以 SYSDBA 或 SYSOPER 身份连接到 Oracle。步骤为：

（1）在命令提示符窗口中设置操作系统环境变量 ORACLE_SID
```
C:\>SET ORACLE_SID=MYNEWDB
```
（2）启动 SQL*Plus
```
C:\>SQLPLUS /NOLOG
```
（3）以 SYSDBA 身份连接 Oracle
```
SQL>CONNECT sys/tiger @ORCL AS SYSDBA
```

6.2.1 在 SQL*Plus 中启动数据库

对应数据库启动的 3 个步骤，数据库有 3 种启动模式，如表 6-1 所示。DBA 可以根据要执行的管理操作任务的不同，将数据库启动到特定的模式。执行完管理任务后，可以通过 ALTER DATABASE 语句将数据库转换为更高的模式，直到打开数据库为止。

表 6-1 数据库启动的 3 种模式

启 动 模 式	说　　明
NOMOUNT	创建并启动数据库实例，对应数据库启动的第 1 个步骤
MOUNT	启动实例并装载数据库，对应数据库启动的第 2 个步骤
OPEN	启动实例、装载并打开数据库，对应数据库启动的第 3 个步骤

启动数据库的基本语法为：
```
STARTUP [NOMOUNT|MOUNT|OPEN][FORCE][RESTRICT][PFILE=filename]
```

1. STARTUP NOMOUNT

Oracle 读取数据库的初始化参数文件，创建并启动数据库实例。此时，用户可以与数据库进行通信，访问与 SGA 区相关的数据字典视图，但是不能使用数据库中的任何文件。

如果 DBA 要执行下列操作，则必须将数据库启动到 NOMOUNT 模式下进行：
- 创建一个新的数据库；
- 重建数据库的控制文件。

2. STARTUP MOUNT

Oracle 创建并启动实例后，根据初始化参数文件中的 CONTROL_FILES 参数找到数据库的控制文件，读取控制文件获取数据库的物理结构信息，包括数据文件、重做日志文件的位置与名称等，实现数据库的装载。此时，用户不仅可以访问与 SGA 区相关的数据字典视图，还可以访问与控制文件相关的数据字典视图。

如果 DBA 要执行下列操作，则必须将数据库启动到 MOUNT 模式下进行：
- 重命名数据文件；
- 添加、删除或重命名重做日志文件；
- 改变数据库的归档模式；
- 执行数据库完全恢复操作。

3. STARTUP [OPEN]

以正常方式打开数据库，此时任何具有 CREATE SESSION 权限的用户都可以连接到数据库，并可以进行基本的数据访问操作。

4. STARTUP FORCE

该命令用于当各种启动模式都无法成功启动数据库时强制启动数据库。STARTUP FORCE 命令实质上是先执行 SHUTDOWN ABORT 命令异常关闭数据库，然后再执行 STARTUP OPEN 命令重新启动数据库，并进行完全介质恢复。也可以执行 STARTUP NOMOUNT FORCE 或 STARTUP MOUNT FORCE 命令，将数据库启动到相应的模式。

在下列情况下，需要使用 STARTUP FORCE 命令启动数据库：
- 无法使用 SHUTDOWN NORMAL，SHUTDOWN IMMEDIATE 或 SHUTDOWN TRANSACTION 语句关闭数据库实例；
- 在启动实例时出现无法恢复的错误。

5. STARTUP RESTRICT

该命令以受限方式打开数据库，只有具有 CREATE SESSION 和 RESTRICTED SESSION 系统权限的用户才可以连接数据库。如果需要，也可以以受限方式启动数据库到特定的模式，如 STARTUP MOUNT RESTRICT。通常，只有 DBA 具有 RESTRICTED SESSION 系统权限。

如果数据库以 RESTRICT 方式打开，DBA 只能在本地进行数据库的管理，即在运行数据库实例的机器上进行管理，而不能通过网络进行远程管理。

当执行下列操作时，需要使用 STARTUP RESTRICT 方式启动数据库：
- 执行数据库数据的导出或导入操作；
- 执行数据装载操作；
- 暂时阻止普通用户连接数据库；
- 进行数据库移植或升级操作。

当操作结束后，可以使用 ALTER SYSTEM 语句禁用 RESTRICTED SESSION 权限，以便普通用户都可以连接到数据库，进行正常的访问操作。例如：

```
SQL>ALTER SYSTEM DISABLE RESTRICTED SESSION;
```

6. STARTUP PFILE

数据库实例创建时必须读取一个初始化参数文件，从中获取相关参数设置信息。可以通过 PFILE 子句指定数据库文本初始化参数文件的位置与名称。如果数据库启动时没有指定 PFILE

子句，则首先读取默认位置的服务器初始化参数文件；如果没有，则 Oracle 继续读取默认位置的文本初始化参数文件；如果还没有，则启动失败。

可以使用 STARTUP PFILE 语句按指定非默认的文本初始化参数文件启动数据库，例如：
```
SQL>STARTUP PFILE=E:\ORACLE\ADMIN\ORCL\INITORCL.ORA;
```

由于 PFILE 子句只能指定一个文本的初始化参数文件，因此，要使用非默认的服务器端初始化参数文件启动数据库实例，需要按下列步骤完成。

① 首先创建一个文本初始化参数文件，其中只包含一行内容，即用 SPFILE 参数指定非默认服务器初始化参数文件名称和位置。例如，创建的文本初始化参数文件的位置和名称为：
```
E:\ORACLE\ADMIN\ORCL\INITORCL.ORA
```
文本文件的内容为：
```
SPFILE= E:\ORACLE\ADMIN\ORCL\SPFILEORCL.ORA
```

② 在执行 STARTUP 语句时指定 PFILE 子句。
```
SQL>STARTUP PFILE= E:\ORACLE\ADMIN\ORCL\INITORCL.ORA;
```

6.2.2 在 SQL*Plus 中关闭数据库

与数据库启动相对应，关闭数据库也分 3 个步骤。

（1）关闭数据库

Oracle 将重做日志缓冲区内容写入重做日志文件中，并且将数据高速缓存中的脏缓存块写入数据文件，然后关闭所有数据文件和重做日志文件。

（2）卸载数据库

数据库关闭后，实例卸载数据库，关闭控制文件。

（3）关闭实例

卸载数据库后，终止所有的后台进程和服务器进程，回收内存空间。

关闭数据库的基本语法为：
```
SHUTDOWN[NORMAL|TRANSACTION|IMMEDIATE|ABORT]
```

1. SHUTDOWN [NORMAL]

如果对数据库的关闭没有时间限制，则可以采用该命令正常关闭数据库。

当采用 SHUTDOWN NORMAL 方式关闭数据库时，Oracle 将执行下列操作：
- 阻止任何用户建立新的连接；
- 等待当前所有正在连接的用户主动断开连接；
- 一旦所有用户断开连接，则关闭数据库；
- 数据库下次启动时不需要任何实例的恢复过程。

2. SHUTDOWN IMMEDIATE

如果要求在尽可能短的时间内关闭数据库，如即将启动数据库备份操作，即将发生电力供应中断，数据库本身或某个数据库应用程序发生异常需要关闭数据库等，都可以采用 SHUTDOWN IMMEDIATE 命令来立即关闭数据库。

当采用 SHUTDOWN IMMEDIATE 方式关闭数据库时，Oracle 将执行下列操作：
- 阻止任何用户建立新的连接，也不允许当前连接用户启动任何新的事务；
- 回滚所有当前未提交的事务；
- 终止所有用户的连接，直接关闭数据库；

- 数据库下一次启动时不需要任何实例的恢复过程。

3. SHUTDOWN TRANSACTION

如果要求在尽量短的时间内关闭数据库,同时还要保证所有当前活动事务可以提交,则可以采用 SHUTDOWN TRANSACTION 命令关闭数据库。

当采用 SHUTDOWN TRANSACTION 方式关闭数据库时,Oracle 将执行下列操作:
- 阻止所有用户建立新的连接,也不允许当前连接用户启动任何新的事务;
- 等待用户回滚或提交任何当前未提交的事务,然后立即断开用户连接;
- 关闭数据库;
- 数据库下一次启动时不需要任何实例的恢复过程。

4. SHUTDOWN ABORT

如果前 3 种方法都无法成功关闭数据库,则说明数据库产生了严重错误,只能采用终止方式,即 SHUTDOWN ABORT 命令来关闭数据库,此时会丢失一部分数据信息,对数据库完整性造成损害。

当采用 SHUTDOWN ABORT 方式关闭数据库时,Oracle 将执行下列操作:
- 阻止任何用户建立新的连接,同时阻止当前连接用户开始任何新的事务;
- 立即结束当前正在执行的 SQL 语句;
- 任何未提交的事务不被回滚;
- 中断所有的用户连接,立即关闭数据库;
- 数据库实例重启后需要恢复。

6.2.3 数据库状态转换

数据库启动后,可以根据数据库管理或维护操作需要,将数据库由一种状态转换到另一种状态,包括数据库启动模式间转换、读/写状态转换、受限/非受限状态转换、静默/非静默状态转换、挂起/非挂起状态转换等。

1. 数据库启动模式间转换

数据库启动过程中,可以从 NOMOUNT 状态转换为 MOUNT 状态,或从 MOUNT 状态转换为 OPEN 状态。

```
SQL>STARTUP NOMOUNT;
SQL>ALTER DATABASE MOUNT;
SQL>ALTER DATABASE OPEN;
```

2. 读/写状态转换

数据库正常启动后,处于读/写状态,用户既可以从数据库中读取数据,也可以修改。如果以只读方式打开数据库,那么只允许用户对数据进行查询操作,而不允许进行数据的更新操作。

以只读方式打开数据库,可以保证不能对数据文件和日志文件进行写入操作,但是并不限制不产生日志信息的数据库恢复操作和其他一些操作,如数据文件的脱机、联机等,因为这些操作并没有导致数据的变化。当以只读方式打开数据库时,必须为用户指定一个本地管理的默认临时表空间,用于查询、排序等操作。

可以使用 ALTER DATABASE 语句以读写方式或只读方式打开数据库。例如:

```
SQL>ALTER DATABASE OPEN READ WRITE;
SQL>ALTER DATABASE OPEN READ ONLY;
```

3. 受限/非受限状态转换

在默认情况下，数据库的启动是非受限的。可以根据需要以受限方式打开数据库，或在数据库正常启动后，进行受限/非受限状态的转换。例如：

```
SQL>STARTUP RESTRICT;
SQL>ALTER SYSTEM ENABLE RESTRICTED SESSION;
SQL>ALTER SYSTEM DISABLE RESTRICTED SESSIOIN;
```

6.3 Windows 系统中数据库的自动启动

在 Windows 系统平台下，可以设置 Oracle 数据库为自动启动，即当操作系统启动时，数据库也随之启动。

选择"开始→设置→控制面板→管理工具→服务"命令，打开"服务"管理对话框，选择相关的 Oracle 数据库服务，至少包括监听器服务和数据库服务，修改其"启动类型"为"自动"。方法为，双击某个服务名（如 OracleServiceORCL），在弹出的服务"属性"对话框中，选择启动类型为"自动"，然后单击"确定"按钮就可以了。

复 习 题

1. 简答题

（1）可以进行 Oracle 数据库启动与关闭管理的工具有哪些？
（2）说明数据库启动的过程。
（3）说明数据库关闭的步骤。
（4）说明在数据库启动和关闭的过程中初始化参数文件、控制文件、重做日志文件的作用。
（5）在 SQL*Plus 环境中，数据库启动模式有哪些？分别适合哪些管理操作？
（6）在 SQL*Plus 环境中，数据库关闭有哪些方法？分别有什么特点？
（7）说明数据库在 STARTUP NOMOUNT，STARTUP MOUNT 模式下可以进行的管理操作。
（8）在什么情况下应该将数据库置于受限状态？
（9）说明数据库启动时读取默认初始化参数文件的情况，以及如何利用非默认的初始化参数文件启动数据库。

2. 实训题

（1）为了修改数据文件的名称，请启动数据库到合适的模式。
（2）以受限状态打开数据库。启动数据库后，改变数据库状态为非受限状态。
（3）将数据库转换为只读状态，再将数据库由只读状态转换为读/写状态。
（4）以 4 种不同方法关闭数据库。
（5）以强制方式启动数据库。

3. 选择题

（1）The Database must be in this mode for the instance to be started:
    A. MOUNT   B. OPEN   C. NOMOUNT   D. None

（2）When Oracle startups up, what happens if a datafile or redo log file not available or corrupted

due to OS Problems?
- A. Oracle returns a warning message and opens the database.
- B. Oracle returns a warning message and does not open the database.
- C. Oracle returns a warning message and starts the database recovery.
- D. Oracle ignores those files and functions normally.

(3) The RESTRICTED SESSION system privilege should be given to:
- A. Users, who need extra security while transfering the data between client and the server through SQL*NET or NET8.
- B. DBA, who perform structural maintenance exports and imports the data.
- C. All of the above
- D. None of the above

(4) When Starting up a database, If one or more of the files specified in the CONTROL_FILES parameter does not exist, or cannot be opened?
- A. Oracle returns a warning message and does not mount the database.
- B. Oracle returns a warning message and mounts the database.
- C. Oracle ignores those files and functions normally.
- D. Oracle returns a warning message and starts database recovery.

(5) Bob tried to shutdown normal, Oracle said it was unavailable, and when he tried to startup, oracle said that it was already started. What is the best mode that bob can use to force a shutdown on the server?
- A. NORMAL   B. ABORT   C. IMMEDIATE   D. NONE

(6) Tom issued a command to startup the database. What modes does the Instance and Database pass through to finally have the database open?
- A. OPEN, NOMOUNT, MOUNT
- B. NOMOUNT, MOUNT, OPEN
- C. NOMOUNT, OPEN, MOUNT
- D. MOUNT, OPEN, NOMOUNT

(7) Diane is a new DBA and issued a shutdown command while her server is being used. After a while she figures that oracle is waiting for all the users to sign off. What shutdown mode did she use:
- A. NORMAL   B. ABORT   C. IMMEDIATE   D. NONE

(8) Which script file creates commonly used data dictionary views?
- A. sql.bsq   B. catalog.sql   C. utlmontr.sql   D. catproc.sql

(9) In order to perform a full media recovery, the Database must be:
- A. Mounted and Opened using RESETLOG option
- B. Mounted but not Opened
- C. Mounted and Opened using ARCHIVELOG option
- D. You cannot perform a full media recovery

(10) When is the parameter file read during startup?
- A. When opening the Database
- B. When mounting the Database
- C. During instance startup
- D. In every stage

第7章 模式对象

在 Oracle 数据库中，用户数据是以对象的形式存在，并以模式为单位进行组织的。本章将主要介绍 Oracle 10g 数据库模式对象的概念、功能及其管理，包括表、索引、分区表与分区索引、视图、序列、同义词和数据库链接。

7.1 模 式

1. 模式的概念

在 Oracle 数据库中，数据对象是以模式为单位进行组织和管理的。所谓模式是指一系列逻辑数据结构或对象的集合。

模式与用户相对应，一个模式只能被一个数据库用户所拥有，并且模式的名称与这个用户的名称相同。在通常情况下，用户所创建的数据库对象都保存在与自己同名的模式中。在同一模式中数据库对象的名称必须唯一，而在不同模式中的数据库对象可以同名。例如，数据库用户 usera 和 userb 都在数据库中创建一个名为 test 的表。因为用户 usera 和 userb 分别对应 usera 和 userb 模式，故 usera 用户创建的 test 表放在 usera 的模式中，而 userb 用户创建的 test 表放在 userb 模式中。在默认情况下，用户引用的对象是与自己同名模式中的对象，如果要引用其他模式中的对象，则需要在该对象名之前指明对象所属模式。例如，如果用户 usera 要引用 userb 模式中的 test 表，则必须使用 userb.test 形式来表示；如果用户 usera 要引用 usera 模式中的 test 表，则可以使用 usera.test 形式或者直接引用 test 都可以。

在 Oracle 数据库中，虽然模式与数据库用户是一一对应的，但是用户与模式是两个完全不同的概念。关于用户的相关知识详见 8.2 节用户管理中的介绍。

2. 模式的选择与切换

如果用户以 NORMAL 身份登录，则进入同名模式；如果以 SYSDBA 身份登录，则进入 SYS 模式；如果以 SYSOPER 身份登录，则进入 PUBLIC 模式。

（1）进入用户同名模式（默认）

```
SQL>CONNECT scott/tiger
SQL>SHOW USER
USER is "SCOTT"
```

（2）进入 SYS 模式

```
SQL>CONNECT / AS SYSDBA
SQL>SHOW USER
USER is "SYS"
```

（3）进入 PUBLIC 模式

```
SQL>CONNECT sys/tiger AS SYSOPER（用户 sys，口令 tiger）
SQL>SHOW USER
USER is "PUBLIC"
```

3. 数据库对象类型

Oracle 数据库中并不是所有的对象都是模式对象。表、索引、索引化表、分区表、物化视图、视图、数据库链接、序列、同义词、PL/SQL 包、存储函数与存储过程、Java 类与其他 Java 资源等属于特定的模式，称为模式对象。表空间、用户、角色、目录、概要文件及上下文等数据库对象不属于任何模式，称为非模式对象。

7.2 表

表是数据库中最基本的对象，数据库中所有数据都以二维表格的形式存在。许多数据库对象（如索引、视图）都是以表为基础的。在 Oracle 数据库中，根据表生存周期的不同，可以分为永久性表和临时表；根据表中数据组织方式的不同，可分为标准表、索引化表、分区表及外部表等。本节将主要介绍标准表。

表管理主要包括表的创建、表约束、表参数设置、修改和删除等。

7.2.1 创建表

创建表是进行数据库中数据存储管理的基础，也是应用程序开发的基础。在创建表之前，应该根据应用需要，做好表的规划与设计工作，包括设计表名称、列的数量、列名称与类型、表约束、表内部数据的组织方式（标准表、索引化表、分区表）和表存储位置、存储空间分配等。

1. 表的创建

创建表使用 CREATE TABLE 语句，语法为：

```
CREATE TABLE  table_name
(column_name datatype [column_level_constraint]
[,column_name datatype [column_level_constraint]…]
[,table_level_constraint])
[parameter_list];
```

例如，在当前模式下创建一个名为 employee 的表，语句为：

```
SQL>CREATE TABLE employee(
    empno NUMBER(5) PRIMARY KEY,
    ename VARCHAR2(15),
    deptno NUMBER(3) NOT NULL CONSTRAINT fk_emp REFERENCES dept(deptno)
)
TABLESPACE USERS
PCTFREE 10 PCTUSED 40
STORAGE(INITIAL 50K NEXT 50K MAXEXTENTS 10 PCTINCREASE 25);
```

（1）表名（table_name）

创建表时，必须为表起一个在当前模式中唯一的名称，该名称必须是合法标识符，长度为1~30字节，并且以字母开头，可以包含字母（A~Z, a~z）、数字（0~9）、下画线（_）、美元符（$）和#。此外，表名称不能与所属模式中其他对象同名，也不能是 Oracle 数据库的保留字。

（2）数据类型（datatype）

在创建表时不仅要指明表名、列名，还要根据应用需要指明每个列的数据类型。可以使用数据库中内置的数据类型，也可以使用用户自定义的数据类型。Oracle 数据库的内置数据类型分为字符类型、数值类型、日期类型、LOB 类型、二进制类型和行类型等。

① 字符类型
- CHAR[(*n* [BYTE|CHAR])]：用于存储固定长度的字符串。参数 *n* 规定了字符串的最大长度，可选关键字 BYTE 或 CHAR 表示其长度单位是字节或字符，默认值为 BYTE，即字符串最长为 *n* 字节。允许最大长度为 2000 字节。如果 CHAR 类型的列中实际保存的字符串长度小于 *n*，Oracle 将自动使用空格符将它填满；如果实际保存的字符串长度大于 *n*，Oracle 将会产生错误信息。
- VARCHAR2[(*n*[BYTE|CHAR])]：用于存储可变长度的字符串。参数含义与 CHAR 类型的参数一样，但是允许字符串的最大长度为 4000 字节。与 CHAR 类型不同，当在 VARCHAR2 类型的列中实际保存的字符串长度小于 *n* 时，将按字符串实际长度分配空间。
- NCHAR[(*n* [BYTE|CHAR])]：类似于 CHAR 类型，但它用来存储 Unicode 类型字符串。
- NVARCHAR2[(*n*[BYTE|CHAR])]：类似于 VARCHAR2 类型，但它用来存储 Unicode 类型字符串。
- LONG：用于存储可变长度字符串，最大长度为 2 GB。

② 数值类型
- NUMBER[(*m,n*)]：用于存储整数和实数。*m* 表示数值的总位数（精度），取值范围为 1~38，默认为 38；*n* 表示小数位数，若为负数则表示把数据向小数点左边舍入，默认值为 0。

③ 日期类型
- DATE：用于存储日期和时间。可以存储的日期范围为公元前 4712 年 1 月 1 日到公元 4712 年 1 月 1 日，由世纪、年、月、日、时、分、秒组成。可以在用户当前会话中使用参数 NLS_DATE_FORMAT 指定日期和时间的格式，或者使用 TO_DATE 函数，将表示日期和时间的字符串按特定格式转换成日期和时间。
- TIMESTAMP[(*n*)]：表示时间戳，是 DATE 数据类型的扩展，允许存储小数形式的秒值。*n* 表示秒的小数位数，取值范围为 1~9，默认值为 6。

④ LOB 类型
- CLOB：用于存储可变长度的字符数据，如文本文件等，最大数据量为 4GB。
- NCLOB：用于存储可变长度的 Unicode 字符数据，最大数据量为 4GB。
- BLOB：用于存储大型的、未被结构化的可变长度的二进制数据（如二进制文件、图片文件、音频和视频等非文本文件），最大数据量为 4GB。
- BFILE：用于存储指向二进制格式文件的定位器，该二进制文件保存在数据库外部的操作系统中，文件最大为 4GB。

⑤ 二进制类型
- RAW(*n*)：用于存储可变长度的二进制数据，*n* 表示数据长度，取值范围为 1~2000 字节；
- LONG RAW：用于存储可变长度的二进制数据，最大存储数据量为 2GB。

⑥ 行类型
- ROWID：行标识符，表中行的物理地址的伪列类型。ROWID 类型数据由 18 位十六进制数构成，包括对象编号、文件编号、数据块编号和块内行号。
- UROWID：行标识符，用于表示索引化表中行的逻辑地址。

（3）约束（constraint）

在 Oracle 数据库中对列的约束包括主键约束、唯一性约束、检查约束、外键约束和空/非空约束 5 种，定义方法有表级约束和列级约束两种。关于表的约束详见 7.2.2 节的介绍。

（4）参数（parameter_list）

在定义表时，可以通过参数设置表存储在哪一个表空间中，以及存储空间分配等。

2. 创建临时表

通常，利用 CREATE TABLE 语句创建的表是永久性表，表中数据除非用户显式地删除，否则将一直存在。与永久性表相对的是临时表，临时表中的数据在特定条件下自动释放。临时表创建完后，其结构将一直存在，但其数据只在当前会话或当前事务中是有效的。根据临时表中数据被释放的时间不同，临时表分为事务级别的临时表和会话级别的临时表两类。

在 Oracle 数据库中，使用 CREATE GLOBAL TEMPORARY TABLE 语句创建临时表，使用 ON COMMIT 子句说明临时表的类型，默认为事务级别的临时表。

（1）事务级别的临时表

在事务提交时系统自动删除表中的所有记录，定义时使用 ON COMMIT DELETE ROWS 子句指明。例如：

```
SQL>CREATE GLOBAL TEMPORARY TABLE tran_temp(
    ID NUMBER(2) PRIMARY KEY,
    name VARCHAR2(20)
)
ON COMMIT DELETE ROWS;
```

（2）会话级别的临时表

在会话终止时系统自动删除表中的所有记录，定义时使用 ON COMMIT PRESERVE ROWS 子句指明。例如：

```
SQL>CREATE GLOBAL TEMPORARY TABLE sess_temp(
    ID NUMBER(2) PRIMARY KEY,
    name VARCHAR2(20)
)
ON COMMIT PRESERVE ROWS;
```

3. 利用子查询创建表

可以在 CREATE TABLE 语句中嵌套子查询，利用子查询来创建新表，而且不需要为新表定义列。利用子查询创建表的语法为：

```
CREATE [GLOBAL TEMPORARY] TABLE table_name
(column_name [column_level_constraint]
[,column_name [column_level_constraint]…]
[,table_level_constraint])
[ON COMMITE DELETE|PRESERVER ROWS]
[parameter_list]
AS  subquery;
```

注意：

① 通过该方法创建表时，可以修改表中列的名称，但是不能修改列的数据类型和长度；

② 源表中的约束条件（除非空约束）和列的默认值都不会复制到新表中；

③ 子查询中不能包含 LOB 类型和 LONG 类型列；

④ 当子查询条件为真时，新表中包含查询到的数据；当子查询条件为假时，则创建一个空表。

例如，创建一个标准表，保存工资高于 3000 的员工的员工号、员工名和部门号。语句为：
```
SQL>CREATE TABLE emp_select(emp_no,emp_name,dept_no)
    AS
    SELECT empno,ename,deptno FROM employee WHERE sal>3000;
```
也可以利用子查询创建临时表。例如，创建一个会话级临时表，保存部门号、部门人数和部门的平均工资。
```
SQL>CREATE GLOBAL TEMPORARY TABLE dept_temp
    ON COMMIT PRESERVE ROWS
    AS
    SELECT deptno,count(*) num,avg(sal) avgsal FROM emp
    GROUP BY deptno;
```

7.2.2 表约束

1. 约束的类别

约束是在表中定义的用于维护数据库完整性的一些规则。通过对表中列定义约束，可以防止在执行 DML 操作时，将不符合要求的数据插入表中。

在 Oracle 数据库中，约束分为主键约束、唯一性约束、检查约束、外键约束和空/非空约束 5 种。

（1）主键约束（PRIMARY KEY）

主键约束的作用与特点是：

① 定义主键，起唯一标识作用，其值不能为 NULL，也不能重复；

② 一个表中只能定义一个主键约束；

③ 建立主键约束的同时，在该列上建立一个唯一性索引，可以为它指定存储位置和存储参数；

④ 主键约束既可以是列级约束，也可以是表级约束。

（2）唯一性约束（UNIQUE）

唯一性约束的特点是：

① 定义为唯一性约束的某一列或多个列的组合的取值必须唯一；

② 如果某一列或多个列仅定义唯一性约束，而没有定义非空约束，则该约束列可以包含多个空值；

③ Oracle 自动在唯一性约束列上建立一个唯一性索引，可以为它指定存储位置和存储参数；

④ 唯一性约束既可以是列级约束，也可以是表级约束。

（3）检查约束（CHECK）

检查约束的特点是：

① 检查约束是用来限制列值所允许的取值范围的，其表达式中必须引用相应列，并且表达式的计算结果必须是一个布尔值；

② 约束表达式中不能包含子查询，也不能包含 SYSDATE,USER 等 SQL 函数和 ROWID,ROWNUM 等伪列；

③ 一个列可以定义多个检查约束；

④ 检查约束既可以是列级约束，也可以是表级约束。

（4）外键约束（FOREIGN KEY）

外键约束的特点是：

① 定义外键约束的列的取值要么是主表参照列的值，要么为空；
② 外键列只能参照于主表中的主键约束列或唯一性约束列；
③ 可以在一列或多列组合上定义外键约束；
④ 外键约束既可以是列级约束，也可以是表级约束。

（5）空/非空约束（NULL/NOT NULL）

空/非空约束的特点是：

① 在同一个表中可以定义多个 NOT NULL 约束；
② 只能是列级约束。

2. 定义约束

可以在 CREATE TABLE 语句创建表时定义约束。定义约束的方法有两种，即列级约束和表级约束。

（1）列级约束

列级约束是对某一个特定列的约束，包含在列的定义中，直接跟在该列的其他定义之后，用空格分隔，不必指定列名。

定义列级约束的语法为：

```
[CONSTRAINT constraint_name] constraint_type [conditioin];
```

（2）表级约束

表级约束的定义与列的定义相互独立，不包括在列定义中。通常用于对多个列一起进行约束，与列定义之间用逗号分隔。定义表级约束时必须指出要约束的那些列的名称。

定义表级约束的语法为：

```
[CONSTRAINT constraint_name]
    constraint_type([column1_name,column2_name,…]|[condition]);
```

注意：Oracle 约束通过名称进行标识。在定义时可以通过 CONSTRAINT 关键字为约束命名。如果用户没有为约束命名，Oracle 将自动为约束命名。

下面通过创建表的例子，来说明表中约束的定义。

【例 7-1】创建一个 student 表，语句如下：

```
SQL>CREATE TABLE student(
    sno    NUMBER(6)      CONSTRAINT S_PK PRIMARY KEY,
    sname  VARCHAR2(10)   NOT NULL,
    sex    CHAR(2) CONSTRAINT S_CK1 check(sex in('M','F')),
    sage   NUMBER(6,2),
    CONSTRAINT S_CK2 CHECK(sage between 18 and 60)
);
```

说明：

- 在 sno 列上创建了一个名为 S_PK 的主键约束，为列级约束；
- 在 sname 列上创建了一个非空约束，系统自动命名，为列级约束；
- 在 sex 列上创建了一个检查约束，名称为 S_CK1，为列级约束，sex 列取值只能为 "M" 或 "F"；
- 在 sage 列上创建了一个检查约束，名称为 S_CK2，为表级约束，sage 列取值范围为

18～60 之间。

【例 7-2】创建一个 course 表，同时为唯一性约束列上的唯一性索引设置存储位置和存储参数，语句为：

```sql
SQL>CREATE TABLE course(
    cno    NUMBER(6) PRIMARY KEY,
    cname CHAR(20) UNIQUE
    USING INDEX TABLESPACE indx STORAGE(INITIAL 64K NEXT 64K)
);
```

说明：
● 在 cno 列上创建了一个主键约束；
● 在 cname 列上创建了一个唯一性约束，该列取值不可重复但可以为 NULL；
● 在 cname 列上定义唯一性约束的同时，会在该列上产生一个唯一性索引，可以设置该唯一性索引的存储位置和存储参数。

【例 7-3】创建一个 SC 表，语句为：

```sql
SQL>CREATE TABLE  SC(
    sno NUMBER(6) REFERENCES student(sno),
    cno NUMBER(6) REFERENCES course(cno),
    grade NUMBER(5,2),
    CONSTRAINT SC_PK PRIMARY KEY(sno,cno)
);
```

说明：
● sno 为外键，参照 student 表的 sno 列，为列级约束；
● cno 为外键，参照 course 表的 cno 列，为列级约束；
● sno 和 cno 两列联合做主键，为表级约束。

定义表级外键约束的语法为：

```
[CONSTRAINT constraint_name] FOREIGN KEY (column_name,…)
REFERENCES   ref_table_name (column_name,…)
[ON DELETE CASCADE|SET NULL]
```

通过 ON DELETE 子句设置引用行为类型，即当删除主表中某条记录时，子表中与该记录相关记录的处理方式。可以是 ON DELETE CASCADE（删除子表中所有相关记录）、ON DELETE SET NULL（将子表中相关记录的外键约束列值设置为 NULL）或 ON DELETE RESTRICTED（受限删除，即如果子表中有相关子记录存在，则不能删除主表中的父记录，默认引用方式）。

3．添加和删除约束

表创建后，可以通过 ALTER TABLE 语句添加和删除约束。

（1）添加约束

使用 ALTER TABLE 语句为表添加约束，语法为：

```
ALTER TABLE table_name
ADD [CONSTRAINT constraint_name]
constraint_type(column1_name,column2_name,…)[condition];
```

下面以 player 表为例说明添加各种约束的方法。其中 player 定义为：

```sql
SQL>CREATE TABLE player(
    ID    NUMBER(6),
```

```
    sno    NUMBER(6),
    sname  VARCHAR2(10),
    sage   NUMBER(6,2),
    resume VARCHAR2(1000)
);
```

① 添加主键约束。

```
SQL>ALTER  TABLE player ADD CONSTRAINT P_PK PRIMARY KEY(ID);
```

② 添加唯一性约束。

```
SQL>ALTER TABLE player ADD CONSTRAINT P_UK UNIQUE(sname);
```

③ 添加检查约束。

```
SQL>ALTER TABLE player ADD CONSTRAINT P_CK  CHECK(sage BETWEEN 20 AND 30);
```

④ 添加外键约束。

```
SQL>ALTER TABLE player
    ADD CONSTRAINT P_FK FOREIGN KEY(sno)REFERENCES  student(sno)
ON DELETE CASCADE;
```

⑤ 添加空/非空约束。

注意：为表列添加空/非空约束时，必须使用 MODIFY 子句代替 ADD 子句。

```
SQL>ALTER TABLE player MODIFY resume NOT NULL;
SQL>ALTER TABLE player MODIFY resume NULL;
```

（2）删除约束

如果要删除已经定义的约束，可以使用 ALTER TABLE…DROP 语句。可以通过直接指定约束的名称来删除约束，或指定约束的内容来删除约束。

① 删除指定内容的约束。

```
SQL>ALTER TABLE player DROP UNIQUE(sname);
```

② 删除指定名称的约束。

```
SQL>ALTER TABLE player DROP CONSTRAINT P_CK;
```

③ 删除主键约束、唯一性约束的同时将删除唯一性索引，如果要在删除约束时保留唯一性索引，则必须在 ALTER TABLE…DORP 语句中指定 KEEP INDEX 子句。

```
SQL>ALTER TABLE player DROP CONSTRAINT P_UK KEEP INDEX;
```

④ 如果要在删除约束的同时，删除引用该约束的其他约束（如子表的 FOREIGN KEY 约束引用了主表的 PRIMARY KEY 约束），则需要在 ALTER TABLE…DORP 语句中指定 CASCADE 关键字。

```
SQL>ALTER TABLE player DROP CONSTRAINT P_PK CASCADE;
```

4．设置约束状态

（1）约束状态

表中的约束有激活（ENABLE）状态和禁用（DISABLE）状态两种。当约束处于激活状态时，约束将对表的插入或更新操作进行检查，与约束规则冲突的操作将被回退；当约束处于禁用状态时，约束不起作用，与约束规则冲突的插入或更新操作也能够成功执行。

通常，表中的约束应该处于激活状态，但对一些特殊操作，由于性能方面的原因，有时会暂时将约束设置处于禁用状态，例如：

● 利用 SQL*Loader 从外部数据源提取大量数据到数据库中时；

● 进行数据库中数据的大量导入、导出操作时；

- 针对表执行一项包含大量数据操作的批处理工作时。

(2) 禁用约束

在定义约束时,可以将约束设置为禁用状态,默认为激活状态。也可以在约束创建后,修改约束状态为禁用状态。

① 创建表时禁用约束。

```
SQL>CREATE TABLE S (SNO CHAR(10) PRIMARY KEY DISABLE,…);
```

② 利用 ALTER TABLE…DISABLE 禁用约束。

```
SQL>ALTER TABLE STUDENT DISABLE CONSTRAINT S_CK1;
SQL>ALTER TABLE STUDENT DISABLE UNIQUE(sname);
```

③ 禁用主键约束、唯一性约束时,会删除其对应的唯一性索引,而在重新激活时,Oracle 会为它们重建唯一性索引。若要在禁用约束时,保留对应的唯一性索引,可使用 ALTER TABLE…DISABLE…KEEP INDEX 语句。

```
SQL>ALTER TABLE STUDENT DISABLE UNIQUE(sname) KEEP INDEX;
SQL>ALTER TABLE STUDENT DISABLE PRIMARY KEY KEEP INDEX;
```

④ 若当前约束(主键约束、唯一性约束)列被引用,则需要使用 ALTER TABLE…DISABLE…CASCADE 语句,同时禁用引用该约束的约束。

```
SQL>ALTER TABLE STUDENT DISABLE PRIMARY KEY CASCADE;
```

(3) 激活约束

① 创建或添加约束时,默认为激活状态。

② 利用 ALTER TABLE…ENABLE…语句激活约束。

```
SQL>ALTER TABLE STUDENT ENABLE UNIQUE(sname);
SQL>ALTER TABLE STUDENT ENABLE CONSTRAINT S_CK1;
```

③ 禁用主键约束、唯一性约束时,会删除其对应的唯一性索引,而在重新激活时,Oracle 会为它们重建唯一性索引,可以为索引设置存储位置和存储参数(索引与表尽量分开存储)。

```
SQL>ALTER TABLE STUDENT ENABLE PRIMARY KEY
    USING INDEX TABLESPACE indx STORAGE(INITIAL 32K NEXT 16K);
```

通过 ALTER TABLE…MODIFY…DISABLE|ENABLE 语句也可以改变约束状态:

```
SQL>ALTER TABLE STUDENT MODIFY CONSTRAINT S_CK2 DISABLE;
SQL>ALTER TABLE STUDENT MODIFY CONSTRAINT S_CK2 ENABLE;
```

5. 查询约束信息

数据字典视图 ALL_CONSTRAINTS、USER_CONSTRAINTS 和 DBA_CONSTRAINTS 包含了约束的详细信息,包括约束名称、类型、状态、延迟性等;数据字典视图 ALL_CONS_COLUMNS、USER_CONS_COLUMNS 和 DBA_CONS_COLUMNS 包含了定义约束的列信息,可以查询约束所作用的列。

【例 7-4】查看 student 表中的所有约束,语句为:

```
SQL>SELECT CONSTRAINT_NAME, CONSTRAINT_TYPE,DEFERRED,STATUS
    FROM USER_CONSTRAINTS WHERE TABLE_NAME='STUDENT';
```

【例 7-5】查看 student 表中各个约束所作用的列,语句为:

```
SQL>SELECT CONSTRAINT_NAME,COLUMN_NAME
    FROM USER_CONS_COLUMNS WHERE TABLE_NAME='STUDENT';
```

7.2.3 表参数设置

在创建表时可以通过参数指定表的存储位置和存储空间分配。

1. TABLESPACE 子句

TABLESPACE 子句用于指定表存储的表空间。若不指定，则默认为当前用户的默认表空间。

2. STORAGE 子句

STORAGE 子句用于设置表的存储参数。若不指定，则继承表空间的存储参数设置。在 STORAGE 子句中可以设置的存储参数包括 INITIAL,NEXT,PCTINCREASE,MINEXTENTS,MAXEXTENTS 和 BUFFER_POOL 等。

根据表所处表空间管理方式的不同，STORAGE 参数设置需注意：

① 如果表空间管理方式为 EXTENT MANAGEMENT LOCAL AUTOALLOCATE，则在 STORAGE 中只能指定 INITIAL，NEXT 和 MINEXTENTS 这 3 个参数；

② 如果表空间管理方式为 EXTENT MANAGEMENT LOCAL UNIFORM，则不能指定任何 STORAGE 子句；

③ 如果表空间管理方式为 EXTENT MANAGEMENT DICTIONARY，则在 STORAG 中可以设置任何参数。

3. 数据块管理参数

与数据块相关的参数包括下列 4 个。

① PCTFREE：用于指定数据块中必须保留的最小空闲空间。

② PCTUSED：用于指定当数据块空闲空间达到 PCTFREE 参数的限制后，数据块能够被再次使用前，已占用的存储空间必须低于的比例。

③ INITRANS：用于指定能够并发访问同一个数据块的事务的初始数量。

④ MAXTRANS：用于指定能够并发访问同一个数据块的事务的最大数量。

4. LOGGING 与 NOLOGGING 子句

创建表时使用 LOGGING 子句，表的创建过程会记录到重做日志文件中，因此利用重做日志文件可以重建该表。但是如果创建表的同时向表中插入大量数据（利用子查询方式创建表），那么会产生大量的重做记录，降低表的创建速度，此时可以使用 NOLOGGING 子句，表的创建以及数据的插入过程不写入日志文件。为了保证数据不丢失，应在创建表后进行备份。在默认情况下创建表使用 LOGGING 子句。

7.2.4 修改表

表创建后，可以对表进行修改，包括列的添加、删除、修改，表参数的修改，表的移动或重组，存储空间的分配与回收，表的重命名，以及约束的添加、删除、修改、激活、禁用等。

1. 列的添加、删除、修改

（1）添加列

使用 ALTER TABLE…ADD 语句实现表中列的添加，语法为：

```
ALTER TABLE table_name
    ADD(new_column_name datatype[DEFAULT value] [NOT NULL]);
```

为表添加列时应该注意，如果表中已经有数据，那么新列不能用 NOT NULL 约束，除非为新列设置默认值。在默认情况下，新插入列的值为 NULL。

例如，为 employee 表添加两列，语句为：
```
SQL>ALTER TABLE employee
     ADD(phone VARCHAR2(10),hiredate DATE DEFAULT SYSDATE NOT NULL);
```
（2）修改列类型

使用 ALTER TABLE…MODIFY 语句实现列的修改，语法为：
```
ALTER TABLE table_name MODIFY column_name new_datatype;
```
修改表中列类型时，必须满足下列条件：
- 可以增大字符类型列的长度和数值类型列的精度；
- 如果字符类型列、数值类型列中的数据满足新的长度、精度，则可以缩小类型的长度、精度；
- 如果不改变字符串的长度，则可以将 VARCHAR2 类型和 CHAR 类型转换；
- 如果更改数据类型为另一种非同系列类型，则列中数据必须为 NULL。

例如，修改 employee 表中 ename 和 phone 两列的数据类型，语句为：
```
SQL>ALTER TABLE employee MODIFY ename CHAR(20);
SQL>ALTER TABLE employee MODIFY phone NUMBER;
```
（3）修改列名

可以使用 ALTER TABLE…RENAME 语句修改列的名称，语法为：
```
ALTER TABLE table_name RENAME COLUMN oldname TO newname;
```
例如，修改 employee 表中 ename 列的名称，语句为：
```
SQL>ALTER TABLE employee RENAME COLUMN ename TO employee_name;
```
（4）删除列

当某些列不再需要时，可以将其删除，但是不能将表中所有列删除。删除列的方法有两种，一种是直接删除，另一种是将列先标记为 UNUSED，然后进行删除。

① 直接删除列。可以使用 ALTER TABLE…DROP COLUMN 语句直接删除列，语法为：
```
ALTER TABLE table_name
DROP [COLUMN column_name]|[(column1_name,column2_name,…)]
[CASCADE CONSTRAINTS];
```
可以删除一列或多列，同时删除与列相关的索引和约束。如果删除的列是一个多列约束的组成部分，则必须使用 CASCADE CONSTRAINTS 选项。

例如，删除 employee 表中的 sno，phone，hiredate 列，语句为：
```
SQL>ALTER TABLE sc DROP COLUMN sno CASCADE CONSTRAINTS;
SQL>ALTER TABLE employee DROP (phone,hiredate);
```
② 将列标记为 UNUSED 状态。删除列时，将删除表中每个记录的相应列值，同时释放存储空间。因此，如果要删除一个大的表中的列，由于需要对每个记录进行处理，并写入重做日志文件，则需要很长的处理时间。为了避免在数据库使用高峰期间由于删除列的操作而占用过多的资源，可以暂时将列置为 UNUSED 状态。

将列标记为 UNUSED 状态使用 ALTER TABLE…SET UNUSED 语句，语法为：
```
ALTER TABLE table_name
SET UNUSED [COLUMN column_name]|[(column1_name,column2_name,…)]
[CASCADE CONSTRAINTS];
```
对用户来说，被标记为 UNUSED 状态的列像被删除了一样，无法查询该列，但实际上该列仍然存在，并占用存储空间。可以在数据库空闲时，使用 ALTER TABLE…DROP UNUSED

COLUMNS 语句删除处于 UNUSED 状态的所有列。

例如，将 employee 表中的 sage, sname, resume 列设置为 UNUSED 状态，语句为：

```
SQL>ALTER TABLE player SET UNUSED COLUMN sage;
SQL>ALTER TABLE player SET UNUSED (sname,resume);
SQL>ALTER TABLE player DROP UNUSED COLUMNS;
```

2．表参数修改

如果数据库表空间处于字典管理方式，那么在表创建后，可以对表的参数进行修改，包括存储参数、存储位置、数据块设置等。

例如，修改 employee 表的存储参数，语句为：

```
SQL>ALTER TABLE employee
      PCTFREE 30 PCTUSED 60 STORAGE(NEXT 512K PCTINCREASE 10);
```

注意：表创建后不能对 INITIAL，MINEXTENTS 两个参数进行修改。

3．表结构重组

使用 ALTER TABLE…MOVE 语句可以将一个非分区的表移动到一个新的数据段中，或者移动到其他的表空间中，通过这种操作可以重建表的存储结构，这称为表结构重组。

如果发现表的数据段具有不合理的区分配方式，但是又不能通过其他方法来进行调整（改变存储参数不会影响到已经分配的区），可以考虑将表移动到一个新的数据段中。此外，如果频繁地对表进行 DML 操作，会产生大量空间碎片和行迁移、行连接，可以考虑进行表结构重组。

进行表结构重组时，新的数据段既可以在原来的表空间中，也可以在其他表空间中。例如：

```
SQL>ALTER TABLE employee MOVE;
SQL>ALTER TABLE employee MOVE TABLESPACE orcltbs1;
```

注意：
① 直到表被完全移动到新的数据段中之后，Oracle 才会删除原来的数据段；
② 表结构重组后，表中每个记录的 ROWID 会发生变化，因此该表的所有索引失效，需要重新建立索引；
③ 如果表中包含 LOB 列，则默认情况下不移动 LOB 列数据和 LOB 索引段。

4．表重命名

表创建后，可以根据需要对表重新命名。表重命名后，Oracle 会自动将旧表上的对象权限、约束条件等转换到新表上，但是所有与旧表相关联的对象都会失效，需要重新编译。

表重命名可以使用 ALTER TABLE…RENAME TO 语句实现，也可以直接执行 RENAME…TO 语句。语法为：

```
ALTER TABLE table_old_name RENAME TO table_new_name;
RENAME table_old_name TO table_new_name;
```

例如，为 employee 表重新命名，语句为：

```
SQL>RENAME employee TO new_employee;
SQL>ALTER TABLE new_employee RENAME TO employee;
```

5．为表和列添加注释

可以使用 COMMENT ON 语句为表或表中的列添加注释，以便充分说明表或列的作用及其内容描述。

利用 COMMENT ON 语句为表或列添加注释的语法为：

```
COMMENT ON TABLE table_name IS…;
COMMENT ON COLUMN table_name.column_name IS…;
```

例如，为 employee 表和 ename 列添加注释，语句为：
```
SQL>COMMENT ON TABLE employee IS '员工信息表';
SQL>COMMENT ON COLUMN employee.ename IS '员工名';
```

7.2.5 删除表

如果表不再需要，可以使用 DROP TABLE 语句将其删除，语法为：
```
DROP TABLE table_name [CASCADE CONSTRAINTS][PURGE];
```
如果要删除的表中包含有被其他表外键引用的主键列或唯一性约束列，并且希望在删除该表的同时删除其他表中相关的外键约束，则需要使用 CASCADE CONSTRAINTS 子句。

在删除一个表的同时，Oracle 将执行下列操作：
- 删除该表中所有记录；
- 从数据字典中删除该表定义；
- 删除与该表相关的所有索引和触发器；
- 回收为该表分配的存储空间；
- 依赖于该表的数据库对象处于 INVALID 状态。

注意：在 Oracle 10g 中，使用 DROP TABLE 语句删除一个表时，并不立即回收该表的空间，而只是将表及其关联对象的信息写入一个称为"回收站"（RECYCLEBIN）的逻辑容器中，从而可以实现闪回删除表操作。如果要回收该表空间，可以采用清空"回收站"（PURGE RECYCLEBIN）或在 DROP TABLE 语句中使用 PURGE 语句。

7.3 索引

7.3.1 索引概述

1. 索引的概念

索引是一种可选的与表相关的数据库对象，用于提高数据的查询效率。索引是建立在表列上的数据库对象，但是无论其物理结构还是逻辑结构都不依赖于表。在一个表上是否创建索引、创建多少索引和创建什么类型的索引，都不会影响对表的使用方式，而只是影响对表中数据的查询效率。

数据库中引入索引的目的是为了提高对表中数据的查询速度。如果一个表没有创建索引，则对该表进行查询时需要进行全表扫描；如果对表创建了索引，则在有条件查询时，系统先对索引进行查询，利用索引可以迅速查询到符合条件的数据。利用索引之所以能够提高查询效率，是因为在索引结构中保存了索引值及其相应记录的物理地址，即 ROWID，并且按照索引值进行排序。当查询数据时，系统根据查询条件中的索引值信息，利用特定的排序算法（因为按索引值有序排列，所以可以采用快速查找、二分查找等）在索引结构中很快查询到相应的索引值及其对应 ROWID，根据 ROWID 可以在数据表中很快查询到符合条件的记录。

2. 索引分类

根据索引值是否唯一，可以分为唯一性索引和非唯一性索引；根据索引的组织结构不同，可以分为平衡树索引和位图索引；根据索引基于的列数不同，可以分为单列索引和复合索引。

（1）唯一性索引与非唯一性索引

唯一性索引是索引值不重复的索引，非唯一性索引是索引值可以重复的索引。无论是唯一性索引还是非唯一性索引，索引值都允许为 NULL。在默认情况下，Oracle 创建的索引是非唯一性索引。

当在表中定义主键约束或唯一性约束时，Oracle 会自动在相应列上创建唯一性索引。

（2）平衡树索引与位图索引

平衡树索引又称 B 树索引，是按平衡树算法来组织索引的，在树的叶子节点中保存了索引值及其 ROWID。在 Oracle 数据库中创建的索引默认为平衡树索引。平衡树索引包括唯一性索引、非唯一性索引、反键索引、单列索引、复合索引等多种。平衡树索引占用空间多，适合索引值基数高、重复率低的应用。

位图索引是为每一个索引值建立一个位图，在这个位图中使用一个位元来对应一条记录的 ROWID。如果该位元为 1，则表明与该位元对应的 ROWID 是一个包含该位图索引值的记录。位元到 ROWID 的映射是通过位图索引中的映射函数来实现的。位图索引实际上是一个二维数组，列数由索引值的基数决定，行数由表中记录个数决定。位图索引占用空间小，适合索引值基数少，重复率高的应用。

（3）单列索引与复合索引

索引可以建立在一列上，也可以创建在多列上。创建在一个列上的索引称为单列索引，创建在多列上的索引称为复合索引。

（4）函数索引

函数索引是指基于包含列的函数或表达式创建的索引（索引值为计算后的值）。在函数索引的表达式中可以使用各种算术运算符、PL/SQL 函数和内置 SQL 函数。

3．索引使用原则

由于索引作为一个独立的数据库对象存在，占用存储空间，并且需要系统进行维护，因此是否创建索引和创建什么样的索引需要遵循一定的原则。

（1）导入数据后再创建索引

每当向表中插入数据时，Oracle 都需要对索引内容进行更新。因此，如果导入大量的数据，Oracle 就需要对索引进行大量的更新操作，会影响数据导入的效率。

（2）在适当的表和列上创建适当的索引

- 经常查询的记录数目少于表中所有记录总数的 5%时就应当创建索引；
- 经常进行连接查询表时，在连接列上建立索引能够显著提高查询的速度；
- 对于取值范围很大的列应当创建 B 树索引；
- 对于取值范围很小的列应当创建位图索引；
- 不能在 LONG，LONG RAW，LOB 数据类型的列上创建索引；
- Oracle 会自动在 PRIMARY KEY 和 UNIQUE 约束的列上创建唯一性索引。

（3）合理设置复合索引中列的顺序

复合索引中列的顺序会影响索引的使用效率，应将频繁使用的列放在其他列的前面。

当在 A，B，C 三列上创建了复合索引时，相当于创建了 A，AB，ABC 三个索引。

（4）限制表中索引的数目

表中索引数目越多，查询速度越快，但表的更新速度越慢。因为索引越多，维护索引所需开销越大，当更新表时，需要同时更新与表相关的所有索引。

（5）为索引设置合适的 PCTFREE 参数

对于表而言，只有在更新操作增加记录大小时才会使用数据块中的保留空闲空间

（PCTFREE）；而对于索引来说，当向表中插入记录时，会将新增记录所对应的索引条目保留在相应数据块的保留空闲空间中。因此，如果经常要对某个表执行数据插入操作，就应该为这个表的索引设置一个较高的 PCTFREE 参数值。

（6）选择存储索引的表空间

在默认情况下，索引与表存储在同一表空间中，这样有利于数据库维护操作，具有较高的可用性；反之，若将索引与表存储在不同的表空间中，则可提高系统的存取性能，减少硬盘 I/O 冲突，但是表与索引的可用状态可能会出现不一致，如一个处于联机状态，而另一个可能处于脱机状态。

7.3.2 管理索引

1．创建索引

创建索引使用 CREATE INDEX 语句，语法为：

```
CREATE [UNIQUE]|[BITMAP] INDEX index_name
ON table_name([column_name[ASC|DESC],…]|[expression])
[REVERSE]
[parameter_list];
```

其中：
- UNIQUE 表示建立唯一性索引；
- BITMAP 表示建立位图索引；
- ASC/DESC 用于指定索引值的排列顺序，ASC 表示按升序排列，DESC 表示按降序排列，默认值为 ASC；
- REVERSE 表示建立反键索引；
- parameter_list 用于指定索引的存放位置、存储空间分配和数据块参数设置。

（1）创建非唯一性索引

在默认情况下，CREATE INDEX 语句创建的是非唯一性的 B 树索引。

例如，在 employee 表的 ename 列上创建一个非唯一性索引，语句为：

```
SQL>CREATE INDEX employee_ename ON employee(ename)
    TABLESPACE users STORAGE (INITIAL 20K NEXT 20k PCTINCREASE 75);
```

如果不指明表空间，则采用用户默认表空间；如果不指明存储参数，索引将继承所处表空间的存储参数设置。

（2）创建唯一性索引

例如，在 department 表的 dname 列上创建一个唯一性索引，语句为：

```
SQL>CREATE UNIQUE INDEX department_index ON department(dname);
```

在表的唯一性约束列和主键约束列上，系统会自动创建一个唯一性索引。

（3）创建位图索引

唯一性索引与非唯一性索引都属于 B 树索引。如果表中列值具有较小的基数，则应当为这个列创建位图索引。

例如，在 student 表的 sex 列上创建一个位图索引，语句为：

```
SQL>CREATE BITMAP INDEX student_sex ON student(sex);
```

（4）创建反键索引

所谓的反键索引是指将索引列字节内容反过来，能够提高某些使用并行服务器的 OLTP

应用的性能。

例如，为 player 的 sage 列创建一个反键索引，语句为：

  SQL>CREATE INDEX player_sage ON player(sage) REVERSE;

（5）创建函数索引

为了提高在查询条件中使用函数和表达式的查询语句的执行速度，可以创建函数索引。在创建函数索引时，Oracle 首先对包含索引列的函数值或表达式进行求值，然后对求值后的结果进行排序，最后再存储到索引结构中。

函数索引可以是标准的 B 树索引，也可以是位图索引。

例如，基于 employee 表的 ename 列创建一个函数索引，语句为：

  SQL>CREATE INDEX idx ON employee(UPPER(ename));

（6）定义约束时创建索引

如果在表中定义主键或唯一性约束，Oracle 会自动在约束列上创建唯一性索引。当禁用这两种约束时默认地删除对应的索引；反之，当激活约束时会自动创建相应的索引。

可以使用 USING INDEX 子句指定索引的存储位置和存储参数。

例如，在创建表 new_employee 的主键约束时，为产生的唯一性约束设置存储空间分配，语句为：

```
SQL>CREATE TABLE new_employee(
    empno NUMBER(5) PRIMARY KEY USING INDEX TABLESPACE users PCTFREE 0,
    ename VARCHAR2(20)
);
```

2．修改索引

索引创建后，可以使用 ALTER INDEX 语句对索引进行修改，包括索引的合并（碎片回收）、索引重建、索引重命名等。

随着对表不断地进行更新操作，在索引中将会产生越来越多的存储碎片，可以通过合并索引和重建索引两种方法清理存储碎片。

（1）合并索引

利用 ALTER INDEX…COALESCE 语句可以对索引进行合并操作，但只是简单地将 B 树叶节点中的存储碎片合并在一起，并不会改变索引的物理组织结构（包括存储空间参数和表空间参数等）。

例如，合并 employee_ename 索引的存储碎片，语句为：

  SQL>ALTER INDEX employee_ename COALESCE;

图 7-1 显示了 employee_name 索引合并前后的情况。合并之前，左边前两个叶子节点各有 50%的空闲空间，合并后左边前两个叶子节点中的内容合并到一个叶子节点中，而另一个叶子节点被释放。

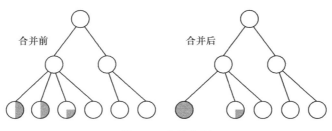

图 7-1　合并索引

(2) 重建索引

清除索引碎片的另一种方法是使用 ALTER INDEX…REBUILD 语句重建索引。重建索引的实质是在指定的表空间中重新建立一个新的索引,然后再删除原来的索引,这样不仅能够消除存储碎片,还可以改变索引的存储参数设置,并且将索引移到其他的表空间中。

例如,重建 player_sage 索引,语句为:

```
SQL>ALTER INDEX player_sage REBUILD;
```

合并索引与重建索引都可以清除索引碎片,但两者之间有一定的区别,应该根据需要进行选择。表 7-1 列出了两者之间的不同。

表 7-1 合并索引与重建索引比较

合 并 索 引	重 建 索 引
不能将索引移到其他表空间中	可以将索引移到其他表空间中
代价较低,不需要使用额外的存储空间	代价较高,需要使用额外的存储空间
只能在 B 树的同一子树中进行合并,不会改变树的高度	重建整个 B 树,可能会降低树的高度
可以快速释放叶子节点中未使用的存储空间	可以快速更改索引的存储参数。在重建过程中如果指定了 ONLINE 关键字,不会影响对当前索引的使用

(3) 索引重命名

可以使用 ALTER INDEX…RENAME TO 语句为索引重命名。例如,将 employee_ename 索引重命名为 employee_new_ename,语句为:

```
SQL>ALTER INDEX employee_ename RENAME TO employee_new_ename;
```

3. 监视索引

已经建立的索引是否能够有效地工作,取决于在查询执行过程中是否会使用到这个索引。要查看某个指定索引的使用情况,可以使用 ALTER INDEX 语句打开索引的监视状态。例如,打开 employee_ename 索引的监视状态,语句为:

```
SQL>ALTER INDEX employee_ename MONITORING USAGE;
```

打开指定索引的监视状态后,可以在 V$OBJECT_USAGE 动态性能视图中查看它的使用情况。USED 列为 YES,表示索引正被引用,否则为 NO。

使用 ALTER INDEX…NOMONITORING USAGE 语句可以关闭索引的监视状态。例如,关闭 employee_ename 索引的监视状态,语句为:

```
SQL>ALTER INDEX employee_ename NOMONITORING USAGE;
```

4. 删除索引

在下面几种情况下,可以考虑删除索引:

① 该索引不再使用;

② 通过一段时间监视,发现几乎没有查询或只有极少数查询会使用该索引;

③ 由于索引中包含损坏的数据块或包含过多的存储碎片等,需要删除该索引,然后重建索引;

④ 由于移动了表数据而导致索引失效。

如果索引是通过 CREATE INDEX 语句创建的,则可以使用 DROP INDEX 语句删除该索引。例如,删除 employee_ename 索引,语句为:

```
SQL>DROP INDEX employee_ename;
```

如果索引是定义约束时自动建立的,则在禁用约束或删除约束时会自动删除对应的索引。

此外，在删除表时会自动删除与其相关的所有索引。

5．索引的查询

可以通过查询数据字典视图或动态性能视图获取索引信息。

包含索引信息的数据字典视图或动态性能视图有以下几种。

① DBA_INDEXES，ALL_INDEXES，USER_INDEXES：包含索引的基本描述信息和统计信息，包括索引的所有者、索引的名称、索引的类型、对应表的名称、索引的存储参数设置、由分析得到的统计信息等信息。

② DBA_IND_COLUMNS，ALL_IND_COLUMNS，USER_IND_COLUMNS：包含索引列的描述信息，包括索引的名称、表的名称和索引列的名称等信息。

③ DBA_IND_EXPRESSIONS，ALL_IND_EXPRESSIONS，USER_IND_EXPRESSIONS：包含函数索引的描述信息，通过该视图可以查看到函数索引的函数或表达式。

④ V$OBJECT_USAGE：包含通过 ALTER INDEX…MONITORING USAGE 语句对索引进行监视后得到的索引使用信息。

例如，查询 employee 表上的所有索引信息，语句为：

```
SQL>SELECT INDEX_NAME,INDEX_TYPE FROM USER_INDEXES
    WHERE TABLE_NAME='EMPLOYEE';
```

查询结果为：

```
INDEX_NAME              INDEX_TYPE
------------            --------------------
IDX                     FUNCTION-BASED NORMAL
SYS_C003077             NORMAL
SYS_C003078             NORMAL
```

7.4　分区表与分区索引

随着数据库技术的广泛应用，数据库中的数据容量越来越大，表中数据达到 GB 级甚至 TB 级已经十分普遍。如何对这些海量数据进行管理和维护，是数据库管理的难题。分区技术是 Oracle 数据库对巨型表或巨型索引进行管理和维护的重要技术。

所谓的分区是指将一个巨型表或巨型索引分成若干个独立的组成部分进行存储和管理，每一个相对小的、可以独立管理的部分，称为原来表或索引的分区。每个分区都具有相同的逻辑属性，但物理属性可以不同。如具有相同列、数据类型、约束等，但可以具有不同的存储参数、位于不同的表空间等。分区后，表中每个记录或索引条目将根据分区条件分散存储到不同分区中。

对巨型表进行分区后，既可以对整个表进行操作，也可以针对特定的分区进行操作，从而简化了对表的管理和维护。对表进行分区后，可以将对应的索引进行分区。但是未分区的表可以具有分区的索引，而分区的表也可以具有未分区的索引。

注意：一个表可以分割成任意数量的分区，但是如果表中包含有 LONG 或 LONG RAW 类型的列，则不能对表进行分区。

通常，当出现下列的情况时，可以考虑对表进行分区：
- 表的大小超过 2GB 时；
- 要对一个表进行并行 DML 操作时，必须对表进行分区；

- 为了平衡硬盘的 I/O 操作，需要将一个表分散存储在不同的表空间中，必须对表进行分区；
- 需要将表一部分设置为只读状态，另一部分设置为可更新状态，必须对表进行分区；
- 需要将表一部分设置为可用状态，另一部分设置为不可用状态，必须对表进行分区。

7.4.1 创建分区表

在 Oracle 10g 中可以创建 4 种类型的分区表：范围分区、列表分区、散列分区和复合分区。每种分区都有自己的特点，应该根据实际应用情况选择合适的分区类型。

1. 范围分区

范围分区是按照分区列值的范围来对表进行分区的。创建范围分区时必须指明分区方法（RANGE）、分区列和分区描述。

例如，创建一个分区表，将学生信息根据其出生日期进行分区，将 1980 年 1 月 1 日前出生的学生信息保存在 ORCLTBS1 表空间中，将 1980 年 1 月 1 日到 1990 年 1 月 1 日出生的学生信息保存在 ORCLTBS2 表空间中，将其他学生信息保存在 ORCLTBS3 表空间中。语句为：

```
SQL>CREATE TABLE student_range(
    sno NUMBER(6) PRIMARY KEY,
    sname VARCHAR2(10),
    sage int,
    birthday DATE
)
 PARTITION BY RANGE(birthday)
 (  PARTITION p1 VALUES LESS THAN
      (TO_DATE('1980-1-1','YYYY-MM-DD')) TABLESPACE ORCLTBS1,
    PARTITION p2 VALUES LESS THAN
      (TO_DATE('1990-1-1','YYYY-MM-DD')) TABLESPACE ORCLTBS2,
    PARTITION p3 VALUES LESS THAN(MAXVALUE)
      TABLESPACE ORCLTBS3 STORAGE(INITIAL 10M NEXT 20M))
STORAGE(INITIAL 20M NEXT 10M MAXEXTENTS 10
 );
```

在 CREATE TABLE 语句中，通过 PARTITION BY RANGE 子句说明根据范围进行分区，其后括号中列出分区列，可以进行多列分区。每个分区以 PARTITION 关键字开头，其后是分区名。VALUES LESS THAN 子句用于设置分区中分区列值的范围。可以对每个分区的存储进行设置，也可以对所有分区采用默认的存储设置。

2. 列表分区

如果分区列的值并不能划分范围（非数值类型或日期类型），同时分区列的取值范围只是一个包含少数值的集合，则可以对表进行列表分区（LIST），如按地区、性别等分区。

与范围分区不同，列表分区不支持多列分区，只能根据一个单独的列来进行分区。创建列表分区时需要指定分区列和分区描述。

例如，创建一个分区表，将学生信息按性别不同进行分区，男学生信息保存在表空间 ORCLTBS1 中，而女学生信息保存在 ORCLTBS2 中。语句为：

```
SQL>CREATE TABLE student_list(
    sno NUMBER(6) PRIMARY KEY,
    sname VARCHAR2(10),
```

```
        sex   CHAR(2) CHECK(sex in ('M','F'))
)
PARTITION BY LIST(sex)
(   PARTITION student_male VALUES('M') TABLESPACE ORCLTBS1,
      PARTITION student_female VALUES('F') TABLESPACE ORCLTBS2
);
```

在 CREATE TABLE 语句中，通过 PARTITION BY LIST 子句说明根据列表进行分区，其后括号中列出分区列。每个分区以 PARTITION 关键字开头，其后是分区名。VALUES 子句用于设置分区所对应的分区列取值。

3．散列分区

在进行范围分区或列表分区时，由于无法对各个分区中可能具有的记录数量进行预测，可能导致数据在各个分区中分布不均衡，某个分区中数据很多，而某个分区中数据很少。此时可以采用散列分区（HASH）方法，在指定数量的分区中均等地分配数据。

为了创建散列分区，需要指定分区列、分区数量或单独的分区描述。

例如，创建一个分区表，根据学号将学生信息均匀分布到 ORCLTBS1 和 ORCLTBS2 两个表空间中。语句为：

```
SQL>CREATE TABLE student_hash (
      sno NUMBER(6) PRIMARY KEY,
      sname VARCHAR2(10)
)
PARTITION BY HASH(sno)
(   PARTITION p1 TABLESPACE ORCLTBS1,
    PARTITION p2 TABLESPACE ORCLTBS2
);
```

通过 PARTITION BY HASH 指定分区方法，其后的括号指定分区列。使用 PARTITION 子句指定每个分区名称和其存储空间。或者使用 PARTITIONS 子句指定分区数量，用 STORE IN 子句指定分区存储空间。例如，该分区表也可以创建为：

```
SQL>CREATE TABLE student_hash2 (
      sno NUMBER(6) PRIMARY KEY,
      sname VARCHAR2(10) )
PARTITION BY HASH(sno)
PARTITIONS 2 STORE IN(ORCLTBS1,ORCLTBS2);
```

4．复合分区

复合分区同时使用两种方法对表进行分区。Oracle 10g 支持范围-列表复合分区和范围-散列复合分区。

创建复合分区时需要指定分区方法（PARTITION BY RANGE）、分区列、子分区方法（SUBPARTITION BY HASH，SUBPARTITION BY LIST）、子分区列、每个分区中子分区数量或子分区的描述。

（1）范围-列表复合分区

范围-列表复合分区先对表进行范围分区，然后再对每个分区进行列表分区，即在一个范围分区中创建多个列表子分区。

例如，创建一个范围-列表复合分区表，将 1980 年 1 月 1 日前出生的男、女学生信息分别保存在 ORCLTBS1 和 ORCLTBS2 表空间中，1980 年 1 月 1 日到 1990 年 1 月 1 日出生的男、女学生信息分别保存在 ORCLTBS3 和 ORCLTBS4 表空间中，其他学生信息保存在 ORCLTBS5 表空间中。语句为：

```
SQL>CREATE TABLE student_range_list(
    sno NUMBER(6) PRIMARY KEY,
    sname VARCHAR2(10),
    sex  CHAR(2) CHECK(sex IN ('M','F')),
    sage NUMBER(4),
    birthday DATE
    )
    PARTITION BY RANGE(birthday)
    SUBPARTITION BY LIST(sex)
    (PARTITION p1 VALUES LESS THAN(TO_DATE('1980-1-1','YYYY-MM-DD'))
        (SUBPARTITION p1_sub1 VALUES('M') TABLESPACE ORCLTBS1,
         SUBPARTITION p1_sub2 VALUES('F') TABLESPACE ORCLTBS2),
      PARTITION p2 VALUES LESS THAN(TO_DATE('1990-1-1','YYYY-MM-DD'))
        (SUBPARTITION p2_sub1 VALUES('M') TABLESPACE ORCLTBS3,
         SUBPARTITION p2_sub2 VALUES('F') TABLESPACE ORCLTBS4),
      PARTITION p3 VALUES LESS THAN(MAXVALUE) TABLESPACE ORCLTBS5
    );
```

（2）范围-散列复合分区

范围-散列复合分区先对表进行范围分区，然后再对每个分区进行散列分区，即在一个范围分区中创建多个散列子分区。

例如，创建一个范围-散列复合分区表，将 1980 年 1 月 1 日前出生的学生信息均匀地保存在 ORCLTBS1 和 ORCLTBS2 表空间中，1980 年 1 月 1 日到 1990 年 1 月 1 日出生的学生信息保存在 ORCLTBS3 和 ORCLTBS4 表空间中，其他学生信息保存在 ORCLTBS5 表空间中。语句为：

```
SQL>CREATE TABLE student_range_hash(
    sno NUMBER(6) PRIMARY KEY,
    sname VARCHAR2(10),
    sage NUMBER(4),
    birthday DATE
    )
    PARTITION BY RANGE(birthday)
    SUBPARTITION BY HASH(sage)
    (PARTITION p1 VALUES LESS THAN(TO_DATE('1980-1-1','YYYY-MM-DD'))
        (SUBPARTITION p1_sub1 TABLESPACE ORCLTBS1,
         SUBPARTITION p1_sub2 TABLESPACE ORCLTBS2),
      PARTITION p2 VALUES LESS THAN(TO_DATE('1990-1-1','YYYY-MM-DD'))
        (SUBPARTITION p2_sub1 TABLESPACE ORCLTBS3,
         SUBPARTITION p2_sub2 TABLESPACE ORCLTBS4),
      PARTITION p3 VALUES LESS THAN(MAXVALUE) TABLESPACE ORCLTBS5
    );
```

7.4.2　创建分区索引

1. 分区索引类型

在分区表上可以创建 3 种类型的索引。

（1）本地分区索引

本地分区索引是指为分区表中的各个分区单独建立索引分区，各个索引分区之间是相互独立的。本地分区索引与表的分区是一一对应的，如图 7-2 所示。为分区表建立了本地分区索引后，Oracle 会自动对表的分区和索引的分区进行同步维护。如果为分区表添加了新的分区，Oracle 就会自动为新分区建立新的索引分区。相反，如果表的分区依然存在，用户将不能删除它所对应的索引分区。只有在删除表的分区时，才会自动删除所对应的索引分区。

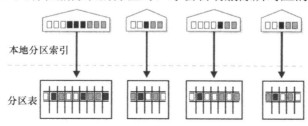

图 7-2　本地分区索引与分区表的关系

（2）全局分区索引

全局分区索引是指先对整个分区表建立索引，然后再对索引进行分区。各个索引分区之间不是相互独立的，索引分区与表分区之间也不是一一对应的关系，如图 7-3 所示。

（3）全局非分区索引

全局非分区索引是指对整个分区表创建标准的未分区的索引，如图 7-4 所示。

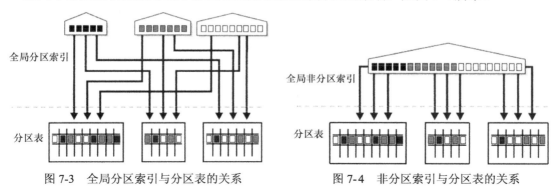

图 7-3　全局分区索引与分区表的关系　　　　图 7-4　非分区索引与分区表的关系

2．创建分区索引

（1）创建本地分区索引

分区表创建后，可以对分区表创建本地分区索引。在指明分区方法时使用 LOCAL 关键字标识本地分区索引。

例如，在 student_range 分区表的 sname 列上创建本地分区索引，语句为：

```
SQL>CREATE INDEX student_range_local ON student_range(sname) LOCAL;
```

（2）创建全局分区索引

与表分区方法类似，索引分区方法也包括范围分区、列表分区、散列分区和复合分区 4 种。在指明分区方法时使用 GLOBAL 关键字标识全局分区索引。

例如，为分区表 student_range 的 sage 列建立基于范围的全局分区索引，语句为：

```
SQL>CREATE INDEX student_range_global ON student_range(sage)
    GLOBAL PARTITION BY RANGE(sage)
```

·107·

```
        (PARTITION p1 VALUES LESS THAN (80) TABLESPACE ORCLTBS1,
         PARTITION p2 VALUES LESS THAN (MAXVALUE) TABLESPACE ORCLTBS2
        );
```

(3) 创建全局非分区索引

为分区表创建全局非分区索引与为标准表创建索引一样。例如，为分区表 student_list_index 创建全局非分区索引，语句为：

```
SQL>CREATE INDEX student_list_index ON student_list(sname);
```

7.4.3 查询分区表和分区索引信息

可以通过查询数据字典视图获取分区表或分区索引的信息。下面列出了几种包含分区表或分区索引信息的数据字典视图。

① DBA_PART_TABLES，ALL_PART_TABLES，SER_PART_TABLES：包含分区表的信息。

② DBA_TAB_PARTITIONS，ALL_TAB_PARTITIONS，USER_TAB_PARTITIONS：包含分区层次、分区存储、分区统计等信息。

③ DBA_TAB_SUBPARTITIONS，ALL_TAB_SUBPARTITIONS，USER_TAB_SUBPARTITIONS：包含子分区层次、存储、统计等信息。

④ DBA_PART_KEY_COLUMNS，ALL_PART_KEY_COLUMNS，USER_PART_KEY_COLUMNS：包含分区列信息。

⑤ DBA_PART_INDEXES，ALL_PART_INDEXES，USER_PART_INDEXES：包含分区索引的分区信息。

⑥ DBA_IND_PARTITIONS，ALL_IND_PARTITIONS，USER_IND_PARTITIONS：包含索引分区的层次、存储、统计等信息。

⑦ DBA_IND_SUBPARTITIONS，ALL_IND_SUBPARTITIONS，USER_IND_SUBPARTITIONS：包含索引子分区的层次、存储、统计等信息。

例如，查询复合分区表 student_range_list 中的子分区信息。

```
SQL>SELECT table_name,partition_name,subpartition_name
FROM DBA_TAB_SUBPARTITIONS
WHERE table_name="STUDENT_RANGE_LIST";
TABLE_NAME              PARTITION_NAME              SUBPARTITION_NAME
------------------      ------------------------    ------------------
STUDENT_RANGE_LIST      P1                          P1_SUB1
STUDENT_RANGE_LIST      P1                          P1_SUB2
STUDENT_RANGE_LIST      P2                          P2_SUB1
STUDENT_RANGE_LIST      P2                          P2_SUB2
STUDENT_RANGE_LIST      P3                          SYS_SUBP22
```

7.5 外 部 表

7.5.1 外部表概述

外部表（External Table）是一种特殊的表，在数据库中只保存表的定义，而数据以文件形式保存在数据库之外的操作系统中，数据源文件与表之间维持映射关系。

由于外部表的数据存放在数据库外的源文件中,因此外部表对用户而言是只读的。用户可以对外部表执行查询、排序、连接、创建同义词、创建视图等操作,但是不能对外部表执行 DML(INSERT,UPDATE,DELETE)操作,也不能对外部表创建索引和创建约束。

Oracle 10g 提供了两种将外部源文件的数据读入 Oracle 中的方法,即两种访问驱动:ORACLE_LOADER 与 ORACLE_DATAPUMP。使用 ORACLE_LOADER 驱动只可以将外部源文件中的数据加载到数据库中;而使用 ORACLE_DATAPUMP 驱动不但可以加载数据,而且可以将数据库中的数据导出到外部源文件中。

由于外部表的数据源文件存放在操作系统中,因此要使用外部表,用户必须具有数据源文件所在目录的读权限。

7.5.2 创建外部表

创建外部表使用 CREATE TABLE...ORGANIZATION EXTERNAL 语句,基本语法为:

```
CREATE TABLE table_name (
column_name[,column_name…]
)
ORGANIZATION EXTERNAL
(
TYPE access_driver_type
DEFAULT DIRECTORY directory
ACCESS PARAMETER (
RECORDS DELIMITED BY [NEWLINE|string]
[BADFILE bad_directory:"bad_filename"|NOBADFILE]
[LOGFILE log_directory:"log_filename"|NOLOGFILE]
[DISCARDFILE discard_directory:"discard_filename"|NODISCARDFILE]
[MISSING FIELD VALUES ARE NULL]
FIELDS TERMINATED BY string
(column_name1[,column_name2…])
)
LOCATION (data_directory:"data_filename")
)
[REJECT LIMIT integer|UNLIMITED]
[PARALLEL]
```

参数说明如下。

- ORGANIZATION EXTERNAL:说明创建外部表。
- TYPE:指定访问驱动,其取值为 ORACLE_LOADER 或 ORACLE_DATAPUMP,默认值为 ORACLE_LOADER。
- DEFAULT DIRECTORY:指定默认目录对象。
- ACCESS PARAMETER:设置数据源文件与表中行之间的映射关系。
- RECORD DELIMITED BY:设置文件中的记录分隔符。
- BADFILE:设置坏文件的存放目录和文件名。
- LOGFILE:设置日志文件的存放目录和文件名。
- DISCARDFILE:设置废弃文件的存放目录和文件名。
- MISSING FIELD VALUES ARE NULL:设置文件中无值字段的处理。

- FIELDS TERMINATED BY：设置文件中字段分隔符及字段名称。
- LOCATION：数据源文件的存放目录和文件名。
- REJECT：设置多少行转换失败时返回 Oracle 错误，默认为 0。
- PARALLEL：支持对外部数据源文件的并行查询。

下面以一个具体的例子说明如何创建、使用外部表。

（1）在操作系统中创建 3 个目录，分别为 D:\oracle\ext\data，D:\oracle\ext\log，D:\oracle\ext\bad。

（2）在目录 D:\oracle\ext\data 下创建两个数据源文件 empxt1.dat，empxt2.dat，其内容分别为：

```
empxt1.dat
7369,SMITH,CLERK,7902,17-DEC-80,100,0,20
7499,ALLEN,SALESMAN,7698,20-FEB-81,250,0,30
7521,WARD,SALESMAN,7698,22-FEB-81,450,0,30
7566,JONES,MANAGER,7839,02-APR-81,1150,0,20
empxt2.dat
7654,MARTIN,SALESMAN,7698,28-SEP-81,1250,0,30
7698,BLAKE,MANAGER,7839,01-MAY-81,1550,0,30
7934,MILLER,CLERK,7782,23-JAN-82,3500,0,10
```

（3）在 SQL*Plus 中以 SYSDBA 身份登录，创建 3 个目录对象，并将目录对象的相应读/写权限授予 scott 用户。

```
SQL>CONN / AS SYSDBA
SQL>CREATE OR REPLACE DIRECTORY datadir AS 'D:\ORACLE\EXT\DATA';
SQL>CREATE OR REPLACE DIRECTORY logdir AS 'D:\ORACLE\EXT\LOG';
SQL>CREATE OR REPLACE DIRECTORY baddir AS 'D:\ORACLE\EXT\LOG';
SQL>GRANT READ ON DIRECTORY datadir TO SCOTT;
SQL>GRANT WRITE ON DIRECTORY logdir TO SCOTT;
SQL>GRANT WRITE ON DIRECTORY baddir TO SCOTT;
```

（4）以 scott 用户登录数据库，创建外部表。

```
CREATE TABLE EXT_EMPLOYEE
(
    emp_id number(4),
    ename varchar2(10),
    job varchar2(10),
    mgr_id number(4),
    hiredate date,
    salary number(8,2),
    comm number(8,2),
    dept_id number(2)
)
ORGANIZATION EXTERNAL
(
    TYPE ORACLE_LOADER
    DEFAULT DIRECTORY datadir
    ACCESS PARAMETERS
    (
      records delimited by newline
      badfile baddir:'empxt%a_%p.bad'
```

```
        logfile logdir:'empxt%a_%p.log'
        fields terminated by ','
        missing field values are null
         (
           emp_id, ename, job, mgr_id,
           hiredate char date_format date mask "dd-mon-yyyy",
           salary, comm, dept_id
         )
      )
      LOCATION ('empxt1.dat','empxt2.dat')
    )
    PARALLEL
    REJECT LIMIT UNLIMITED;
```

(5) 查询外部表

```
SQL>SELECT * FROM EXT_EMPLOYEE;
EMP_ID ENAME    JOB       MGR_ID  HIREDATE     SALARY COMM DEPT_ID
------ -----    ---       ------  --------     ------ ---- -------
 7654  MARTIN   SALESMAN   7698   28-9月 -81    1250    0    30
 7698  BLAKE    MANAGER    7839   01-5月 -81    1550    0    30
 7934  MILLER   CLERK      7782   23-1月 -82    3500    0    10
 7369  SMITH    CLERK      7902   17-12月-80    100     0    20
 7499  ALLEN    SALESMAN   7698   20-2月 -81    250     0    30
 7521  WARD     SALESMAN   7698   22-2月 -81    450     0    30
 7566  JONES    MANAGER    7839   02-4月 -81    1150    0    20
```

7.5.3 利用外部表导出数据

Oracle 10g 提供了 ORACLE_DATAPUMP 的驱动方法，使用该驱动方法可以在创建外部表的同时将数据库中的数据导出到指定目录的文件中（自动创建数据源文件）。例如：

```
CREATE TABLE emp_ext
(empno,ename,deptno)
ORGANIZATION EXTERNAL
(
TYPE ORACLE_DATAPUMP
DEFAULT DIRECTORY datadir
LOCATION('emp1.dat')
)
AS
SELECT empno,ename,deptno FROM emp;
```

创建完外部表后，可以查看该表中的内容。

```
SQL>SELECT * FROM emp_ext;
EMPNO ENAME        DEPTNO
----- -----        ------
7369  SMITH          20
7499  ALLEN          30
7521  WARD           30
7566  JONES          20
……
```

7.5.4 维护外部表

1. 修改外部表

外部表的修改主要包括增加列、删除列、修改列、重命名及外部表参数的修改。其中，外部表列的增加、删除、修改及外部表重命名与标准表操作相同。

（1）修改参数 REJECT LIMIT

```
SQL>ALTER TABLE EXT_EMPLOYEE REJECT LIMIT 10;
```

（2）修改参数 DEFAULT DIRECTORY

```
SQL>ALTER TABLE EXT_EMPLOYEE DEFAULT DIRECTORY DATADIR2;
```

（3）修改参数 ACCESS PARAMETERS

```
SQL>ALTER TABLE EXT_EMPLOYEE ACCESS PARAMETERS
    (FIELDS TERMINATED BY ';');
```

（4）修改参数 LOCATION

```
SQL>ALTER TABLE EXT_EMPLOYEE  LOCATION ('empxt3.txt','empxt4.txt');
```

2. 删除外部表

删除外部表时实际删除的只是数据字典中外部表结构的定义，而不影响外部文件中的数据。

```
SQL>DROP TABLE  EXT_EMPLOYEE;
```

3. 查询外部表

可以通过数据字典视图查询外部表信息。包含外部表信息的数据字典视图主要如下。

① DBA_EXTERNAL_TABLES，ALL_EXTERNAL_TABLES，USER_EXTERNAL_TABLES：包含数据库中外部表参数设置信息。

② DBA_EXTERNAL_LOCATIONS，ALL_EXTERNAL_LOCATIONS，USER_EXTERNAL_LOCATIONS：包含外部表所对应的外部数据源文件信息。

例如，查询当前用户所拥有的所有外部表及其参数设置信息。

```
SQL>SELECT TABLE_NAME,TYPE_NAME,DEFAULT_DIRECTORY_NAME,REJECT_LIMIT
    FROM USER_EXTERNAL_TABLES;
TABLE_NAME         TYPE_NAME            DEFAULT_DIRECTORY_NAME    REJECT_LIMIT
------------------------------------------------------------------------------
EXT_EMPLOYEE2      ORACLE_LOADER        DATADIR                   UNLIMITED
EXT_EMPLOYEE3      ORACLE_DATAPUMP      DATADIR                   UNLIMITED
EXT_EMPLOYEE       ORACLE_LOADER        DATADIR                   10
```

7.6 其他模式对象

7.6.1 视图

1. 视图概述

视图是从一个或多个基表或视图中提取出来的数据的一种表现形式。在数据库中只有视图的定义，而没有实际对应"表"的存在，因此视图是一个"虚"表。当对视图进行操作时，系统会根据视图定义临时生成数据。

根据视图定义时复杂程度的不同，分为简单视图和复杂视图。在简单视图定义中，数据来源于一个基表，不包含函数、分组等，可以直接进行 DML 操作；在复杂视图定义中，数据来源于一个或多个基表，可以包含连接、函数、分组等，能否直接进行 DML 操作取决于视图的具体定义。

通过视图的使用可以提高数据的安全性，隐藏数据的复杂性，简化查询语句，分离应用程序与基础表，保存复杂查询等。

2. 创建视图

可以使用 CREATE VIEW 语句创建视图，其语法为：

```
CREATE [OR REPLACE] [FORCE| NOFORCE]VIEW [schema.]view_name
[(column1,column2,…)]
AS subquery
[WITH CHECK OPTION[CONSTRAINT constraint]]
[WITH READ ONLY];
```

其中：
- FORCE：不管基表是否存在都创建视图。
- NOFORCE：仅当基表存在时才创建视图（默认）。
- subquery：子查询，决定了视图中数据的来源。
- WITH CHECK OPTION：指明在使用视图时，检查数据是否符合子查询中的约束条件。
- CONSTRAINT：为使用 WITH CHECK OPTION 选项时指定的约束命名。
- WITH READ ONLY：指明该视图为只读视图，不能修改。

（1）创建简单视图

简单视图的子查询只从一个基表中导出数据，并且不包含连接、组函数等。

例如，创建一个包含员工号、员工名、工资和部门号的员工基本信息视图，语句为：

```
SQL>CREATE OR REPLACE VIEW emp_base_info_view
    AS
    SELECT empno,ename,sal,deptno FROM emp;
```

（2）创建复杂视图

复杂视图的子查询从一个或多个表中导出数据，也可以是经过运算得到的数据。

例如，创建一个包含各个部门的部门号、部门平均工资和部门人数的视图，语句为：

```
SQL>CREATE VIEW emp_info_view(deptno,avgsal,empcount)
    AS
    SELECT deptno,avg(sal),count(*) FROM emp GROUP BY deptno;
```

如果子查询中包含条件，创建视图时可以使用 WITH CHECK OPTION 选项。例如，创建一个包含工资大于 2000 的员工信息的视图，语句为：

```
SQL>CREATE VIEW emp_sal_view
    AS
    SELECT empno,ename,sal*12 salary FROM emp
    WHERE sal>2000 WITH CHECK OPTION;
```

视图中的数据可以来自几个表连接的结果。例如，创建一个视图，包含各个员工的员工号、员工名及其部门名称。语句为：

```
SQL>CREATE VIEW emp_dept_view
    AS
    SELECT empno,ename,dname FROM emp,dept WHERE emp.deptno=dept.deptno;
```

（3）内嵌视图

在 FROM 子句中使用的子查询，习惯上又称为内嵌视图。内嵌视图可以将复杂的连接查询简单化,可以将多个查询压缩成一个简单查询,因此通常用于简化复杂的查询。例如,查询各个部门的部门名、部门的最高工资和最低工资。

```
SQL>SELECT dname,maxsal,minsal From dept,
    (SELECT deptno,max(sal) maxsal,min(sal) minsal
     FROM emp GROUP BY deptno) deptsal
     WHERE dept.deptno=deptsal.deptno;
DNAME              MAXSAL     MINSAL
--------------    ----------  ----------
SALES              2850        950
RESEARCH           3000        800
ACCOUNTING         5000        1300
```

内嵌视图有一种特殊的应用,称为Top-N-Analysis查询,通过使用伪列ROWNUM,为查询结果集排序,并返回符合条件的记录。例如,查询工资排序在前5~10名的员工号、员工名、工资及其工资排序号。

```
SQL>SELECT * FROM
    (SELECT ROWNUM num,empno,ename,sal FROM
    (SELECT empno,ename,sal FROM emp ORDER BY sal DESC)nested_order1)
    nested_order2
    WHERE num BETWEEN 5 AND 10
NUM    EMPNO  ENAME            SAL
-----  -----  -----------------------
5      7698   BLAKE           2850
6      7782   CLARK           2450
7      7499   ALLEN           1600
8      7844   TURNER          1500
9      7934   MILLER          1300
10     7521   WARD            1250
```

3. 视图操作

视图创建后,就可以对视图进行操作,包括数据查询、DML 操作(数据的插入、删除、修改)等。因为视图是"虚表",因此对视图的操作最终会转换为对基本表的操作。

对视图的查询和对标准表查询一样,但是对视图执行 DML 操作时需要注意,如果视图定义包括下列任何一项,则不可直接对视图进行插入、删除和修改等操作,需要通过触发器来实现:

● 集合操作符(UNION,UNION ALL,MINUS,INTERSECT);
● 聚集函数(SUM,AVG 等);
● GROUP BY,CONNECT BY 或 START WITH 子句;
● DISTINCT 操作符;
● 由表达式定义的列;
● 伪列 ROWNUM;
● (部分)连接操作。

当视图定义中包含上述项目时,系统无法直接将对视图的 DML 操作转换为对具体表的 DML 操作。

例如,可以直接修改视图 emp_base_info_view,但不能修改视图 emp_info_view 和 emp_dept_view。

```
SQL>UPDATE emp_base_info_view SET sal=sal+100;
```

4. 修改视图

可以采用 CREATE OR REPLACE VIEW 语句修改视图，其实质是删除原视图并重建该视图，但是会保留该视图上授予的各种权限。

例如，修改视图 CREATE VIEW emp_dept_view，添加员工工资信息，语句为：

```
SQL>CREATE OR REPLACE VIEW emp_dept_view
    AS
    SELECT empno,ename,sal,dname FROM emp,dept
    WHERE emp.deptno=dept.deptno;
```

5. 删除视图

可以使用 DROP VIEW 语句删除视图。删除视图后，该视图的定义也从数据字典中删除，同时该视图上的权限被回收，但是对数据库表没有任何影响。

例如，删除视图 emp_dept_view，语句为：

```
SQL>DROP VIEW emp_dept_view;
```

7.6.2 序列

1. 序列的概念

序列用于产生唯一序号的数据库对象，可以为多个数据库用户依次生成不重复的连续整数，通常使用序列自动生成表中的主键值。序列产生的数字最大长度可达到 38 位十进制数。序列不占用实际的存储空间，在数据字典中只存储序列的定义描述。

2. 创建序列

创建序列使用 CREATE SEQUENCE 语句，其语法为：

```
CREATE SEQUENCE sequence
    [INCREMENT BY n]
    [START WITH n]
    [MAXVALUE n | NOMAXVALUE]
    [MINVALUE n | NOMINVALUE]
    [CYCLE | NOCYCLE]
    [CACHE n | NOCACHE];
```

其中：

- INCREMENT BY：设置相邻两个元素之间的差值，即步长，默认值为 1。
- START WITH：设置序列初始值，默认值为 1。
- MAXVALUE：设置序列最大值。
- NOMAXVALUE：设置默认情况下，递增序列的最大值为 10^{27}，递减序列的最大值为-1。
- MINVALUE：设置序列最小值。
- NOMINVALUE：设置默认情况下，递增序列的最小值为 1，递减序列的最小值为 -10^{26}。
- CYCLE | NOCYCLE：指定当序列达到其最大值或最小值后，是否循环生成值，NOCYCLE 是默认选项。
- CACHE | NOCACHE：设置 Oracle 服务器预先分配并保留在内存中的值的个数（默认情况下，Oracle 服务器高速缓存中有 20 个值）。如果系统崩溃，这些值将丢失。

例如，创建一个初始值为 100，最大值为 1000，步长为 1 的序列，语句为：

```
SQL>CREATE SEQUENCE stud_sequence INCREMENT BY 1
    START WITH 100 MAXVALUE 1000;
```

3. 使用序列

使用序列实质上是使用序列的下列两个属性。
- CURRVAL：返回序列当前值；
- NEXTVAL：返回当前序列值增加一个步长后的值。

只有在发出至少一个 NEXTVAL 之后才可以使用 CURRVAL 属性。

序列值可以应用于查询的选择列表、INSERT 语句的 VALUES 子句、UPDATE 语句的 SET 子句，但不能应用在 WHERE 子句或 PL/SQL 过程性语句中。例如，利用序列 stud_sequence 向表 students 中插入数据，语句为：

```
SQL>INSERT INTO students(sno,sname)
    VALUES(stud_sequence.nextval,'JOAN');
SQL>SELECT stud_sequence.currval FROM dual;
```

4. 修改序列

序列创建完成后，可以使用 ALTER SEQUENCE 语句修改序列。除了不能修改序列起始值外，可以对序列其他任何子句和参数进行修改。如果要修改 MAXVALUE 参数值，需要保证修改后的最大值大于序列的当前值。此外，序列的修改只影响以后生成的序列号。例如，修改序列 stud_sequence 的设置，语句为：

```
SQL>ALTER SEQUENCE stud_sequence INCREMENT BY 10
    MAXVALUE 10000 CYCLE CACHE 20;
```

5. 删除序列

当一个序列不再需要时，可以使用 DROP SEQUENCE 语句删除序列。例如，删除序列 stud_sequence，语句为：

```
SQL>DROP SEQUENCE stud_sequence;
```

7.6.3 同义词

同义词是数据库中表、索引、视图或其他模式对象的一个别名。利用同义词，一方面可以为数据库对象提供一定的安全性保证（例如，可以隐藏对象的实际名称和所有者信息，或隐藏分布式数据库中远程对象的位置信息）；另一方面可以简化对象访问。此外，当数据库对象改变时，只需要修改同义词而不需要修改应用程序。

同义词分为私有同义词和公有同义词两种。私有同义词只能被创建它的用户所拥有，该用户可以控制其他用户是否有权使用该同义词；公有同义词被用户组 PUBLIC 所拥有，数据库所有用户都可以使用公有同义词。

1. 创建同义词

创建同义词使用 CREATE SYNONYM 语句，其语法为：

```
CREATE [PUBLIC] SYNONYM synonym_name FOR object_name;
```

例如，为 SCOTT 用户的 emp 表创建一个公有同义词，名称为 scottemp，语句为：

```
SQL>CREATE PUBLIC SYNONYM scottemp FOR scott.emp;
```

利用同义词可以实现对数据库对象的操作，例如：

```
SQL>UPDATE scottemp SET ename='SFD' WHERE empno=7884;
```

2. 删除同义词

可以使用 DROP SYNONYM 语句删除同义词，语法为：

```
DROP [PUBLIC] SYNONYM synonym_name;
```

例如，删除公有同义词 scottemp，语句为：

```
SQL>DROP PUBLIC SYNONYM scottemp;
```

7.6.4 数据库链接

数据库链接是在分布式数据库应用环境中的一个数据库与另一个数据库之间的通信途径，是远程数据库映射到本地数据库中的指针。所有能够访问本地数据库链接的应用程序均可访问远程数据库中的模式对象。

若用户在访问一个本地数据库的同时，要访问其他非本地数据库的数据，就需要使用数据库链接。数据库链接分为私有和公有两种类型。私有数据库链接只有创建链接的用户才可以使用，公有数据库链接可以被所有的数据库用户使用。

创建数据库链接可使用 CREATE DATABASE LINK 语句，其语法为：

```
CREATE [PUBLIC] DATABASE LINK dlink
[CONNECT TO [CURRENT USER]|[user IDENTIFIED BY password]]
USING connect_string;
```

其中：
- CONNECT TO：设置与远程数据库建立连接的方式。
- CURRENT USER：指明用当前数据库用户连接远程数据库。
- user IDENTIFIED BY password：设置连接远程数据库的用户名和口令。
- USING connect_string：指定远程数据库在本地的服务命名。

例如，假设远程数据库在本地的服务命名为 backup_database，建立一个到远程数据库的链接，语句为：

```
SQL>CREATE DATABASE LINK example_backup
    CONNECT TO scott IDENTIFIED BY tiger USING 'backup_database';
```

可以利用数据库链接更新远程数据库上的 emp 表。例如，修改远程数据库中的员工工资，语句为：

```
SQL>UPDATE emp@example_backup SET sal=sal+100;
```

7.6.5 查询视图、序列、同义词和数据库链接

可以通过查询下列数据字典视图获取视图、序列、同义词和数据库链接信息。
- DBA_VIEWS，ALL_VIEWS，USER_VIEWS：包含视图信息。
- DBA_SEQUENCES，ALL_SEQUENCES，USER_SEQUENCES：包含序列信息。
- DBA_SYNONYMS，ALL_SYNONYMS，USER_SYNONYMS：包含同义词信息。
- DBA_DB_LINK，ALL_DB_LINK，USER_DB_LINK：包含数据库链接信息。

复 习 题

1. 简答题

（1）数据库中有哪些类型的表？各有什么特征？
（2）表的约束有哪几种？分别起什么作用？
（3）说明索引的作用，以及 Oracle 数据库中索引的类型。
（4）简述 Oracle 数据库中分区的概念，对表和索引进行分区管理有何优点？

（5）说明分区表的特点及其应用。
（6）对表进行分区的方法有哪些？如何实现？
（7）说明视图、序列、同义词和数据库链接的概念及作用。
（8）说明数据库中使用索引的优点和缺点，索引是如何工作的。
（9）说明数据库中临时表的种类，创建表的方法有哪些。

2．实训题

（1）按下列表结构利用 SQL 语句创建 class、student 两个表。

class

列　名	数　据　类　型	约　　束	备　注
CNO	NUMBER（2）	主键	班号
CNAME	VARCHAR2（20）		班名
NUM	NUMBER（3）		人数

student

列　名	数　据　类　型	约　　束	备　注
SNO	NUMBER（4）	主键	学号
SNAME	VARCHAR2（10）	唯一	姓名
SAGE	NUMBER		年龄
SEX	CHAR（2）		性别
CNO	NUMBER（2）		班级号

（2）为 student 表添加一个可以延迟的外键约束，其 CNO 列参照 class 表的 CNO 列。
（3）为 student 表的 SAGE 列添加一个检查约束，保证该列取值在 0～100 之间。
（4）为 student 表的 SEX 列添加一个检查约束，保证该列取值为"M"或"F"，且默认值为"M"。
（5）在 class 表的 CNAME 列上创建一个唯一性索引。
（6）利用子查询分别创建一个事务级的临时表和会话级的临时表，其结构与 student 表的结构相同。
（7）创建一个 student_range 表（列、类型与 student 表的列、类型相同），按学生年龄分为 3 个区，低于 20 岁的学生信息放入 part1 区，存储在 EXAMPLE 表空间中；20～30 岁的学生信息放在 part2 区，存放在 ORCLTBS1 表空间中；其他数据放在 part3 区，存放在 ORCLTBS2 表空间中。
（8）创建一个 student_list 表（列、类型与 student 表的列、类型相同），按学生性别分为两个区。
（9）将一个保存学生信息的.xls 文件转换为.txt 文件，然后根据.txt 文件中数据的结构创建一个外部表，实现对.txt 文件的读取操作。
（10）创建一个起始值为 10000 的序列，步长为 2，最大值为 100000，不可循环。
（11）创建一个视图，包含员工号、员工名和该员工领导的员工号、员工名。

3．选择题

（1）Which command is used to drop a constraint?
　　　A．ALTER TABLE MODIFY CONSTRAINT　　B．DROP CONSTRAINT

C. ALTER TABLE DROP CONSTRAINT   D. ALTER CONSTRAINT DROP

(2) Which component is not part of the ROWID?

A. TABLESPACE   B. Data file number   C. Object ID   D. Block ID

(3) What is the difference between a unique constraint and a primary key constraint?

A. A unique key constraint requires a unique index to enforce the constraint, whereas a primary key constraint can enforce uniqueness using a unique key or nonunique index.

B. A primary key column can be NULL, but a unique key column cannot be NULL.

C. A primary key constraint can use an existing index, but a unique constraint always creates an index.

D. A unique constraint column can be NULL, but primary key columns cannot be NULL.

(4) What is a Schema?

A. Physical Organization of Objects in the Database

B. A Logical Organization of Objects in the Database

C. A Scheme Of Indexing

D. None of the above

(5) Choose two answers that are true. When a table is created with the NOLOGGING option:

A. Direct-path loads using the SQL*Loader utility are not recorded in the redo log file.

B. Direct-load inserts are not recorded in the redo log file.

C. Inserts and updates to the table are not recorded in the redo log file.

D. Conventional-path loads using the SQL*Loader utility are not recorded in the redo log file.

(6) Bitmap indexes are best suited for columns with:

A. High selectivity   B. Low selectivity   C. High inserts   D. high updates

(7) What schema objects can PUBLIC own? Choose two.

A. Database links   B. Rollback segments   C. Synonyms   D. Tables

(8) The ALTER TABLE statement cannot be used to:

A. Move the table from one tablespace to another.

B. Change the initial extent size of the table.

C. Rename the table.

D. Disable triggers.

E. Resize the table below the HWM.

(9) Which constraints does not automatically create an index?

A. PRIMARY KEY   B. FOREIGN KEY   C. UNIQUE

(10) Which method is not the partition of the table?

A. RANGE   B. LIST   C. FUNCTIOIN   D. HASH

第 8 章 安 全 管 理

安全性对于数据库系统而言是至关重要的,是衡量一个数据库产品的重要指标。本章将主要介绍 Oracle 数据库的安全管理机制及其操作,包括用户管理、权限管理、角色管理、概要文件管理、数据库审计等。

8.1 Oracle 数据库安全性概述

安全性在数据库管理中占据重要的位置,如果没有足够的安全性,数据可能会丢失、泄露,甚至被破坏,造成无法挽回的损失,因此安全性是评价一个数据库产品性能的重要指标。数据库的安全性主要包括两个方面的含义:一方面是防止非法用户对数据库的访问,未授权的用户不能登录数据库;另一方面是每个数据库用户都有不同的操作权限,只能进行自己权限范围内的操作。

Oracle 数据库的安全管理从用户登录数据库开始。用户登录数据库时,系统对用户身份进行验证;当用户通过身份认证,对数据进行操作时,系统检查用户的操作是否具有相应的权限。同时,还要限制用户对存储空间、系统资源等的使用。

在 Oracle 数据库中,为了防止外部操作对数据的破坏,采取了一系列安全控制机制,以保证数据库的安全性。Oracle 数据安全控制机制包括以下 6 个方面。

(1) 用户管理:为了保证只有合法身份的用户才能访问数据库,Oracle 提供了 3 种用户认证机制,即数据库身份认证、外部身份认证和全局身份认证。只有通过认证的用户才能访问数据库。

(2) 权限管理:用户登录数据库后,只能进行其权限范围内的操作。通过给用户授权或回收用户权限,可以达到控制用户对数据库操作的目的。

(3) 角色管理:通过角色方便地实现用户权限的授予与回收。

(4) 表空间设置和配额:通过设置用户的默认表空间、临时表空间和在表空间上的使用配额,可以有效地控制用户对数据库存储空间的使用。

(5) 用户资源限制:通过概要文件,限制用户对数据库资源的使用。

(6) 数据库审计:监视和记录用户在数据库中的活动。

Oracle 数据库的安全可以分为两类:系统安全性和数据安全性。系统安全性是指在系统级控制数据库的存取和使用的机制,包括有效的用户名与口令的组合、用户是否被授权可连接数据库、用户创建数据库对象时可以使用的磁盘空间大小、用户的资源限制、是否启动了数据库审计功能,以及用户可进行哪些系统操作等。数据安全性是指在对象级控制数据库的存取和使用机制,包括用户可存取的模式对象和在该对象上允许进行的操作等。

8.2 用 户 管 理

8.2.1 用户管理概述

用户是数据库的使用者和管理者,Oracle 数据库通过设置用户及其安全参数来控制用户对数据库的访问和操作。用户管理是 Oracle 数据库的安全管理核心和基础。

1. Oracle 数据库初始用户

在创建 Oracle 数据库时会自动创建一些用户，包括 SYS，SYSTEM，DBSNMP，SCOTT 等，这些用户大多数是用于管理的账户。由于其口令是公开的，所以创建后大多数都处于封锁状态，需要管理员对其进行解锁并重新设定口令。在这些用户中，有下列 4 个比较特殊的用户。

① SYS：是数据库中具有最高权限的数据库管理员，可以启动、修改和关闭数据库，拥有数据字典。

② SYSTEM：是一个辅助的数据库管理员，不能启动和关闭数据库，但可以进行其他一些管理工作，如创建用户、删除用户等。

③ SCOTT：是一个用于测试网络连接的用户，其口令为 TIGER。

④ PUBLIC：实质上是一个用户组，数据库中任何一个用户都属于该组成员。要为数据库中每个用户都授予某个权限，只需把权限授予 PUBLIC 就可以了。

2. 用户属性

为了防止非授权用户对数据库进行操作，在创建数据库用户时，必须使用安全属性对用户进行限制。用户的安全属性包括以下几种。

（1）用户身份认证方式

当用户连接数据库时，必须经过身份认证。Oracle 数据库用户有下列 3 种身份认证方式。

① 数据库身份认证：数据库用户口令以加密方式保存在数据库内部，当用户连接数据库时必须输入用户名和口令，通过数据库认证后才可以登录数据库。例如，创建一个数据库身份认证的用户，语句为：

```
SQL>CREATE USER databaseuser1 IDENTIFIED BY password1;
```

② 外部身份认证：当使用外部身份认证时，用户的账户由 Oracle 数据库管理，但口令管理和身份验证由外部服务完成。外部服务可以是操作系统或网络服务。当用户试图建立与数据库的连接时，数据库不会要求用户输入用户名和口令，而从外部服务中获取当前用户的登录信息。注意：在外部身份认证方式下，Oracle 数据库不保存用户的口令，但是仍然需要在数据库中创建相应用户。例如，创建一个操作系统身份认证的用户，语句为：

```
SQL>CREATE USER databaseuser2 IDENTIFIED EXTERNALLY;
```

③ 全局身份认证：当用户试图建立与数据库的连接时，Oracle 使用网络中的安全管理服务器（Oracle Enterprise Security Manager）对用户进行身份认证。Oracle 的安全管理服务器可以提供全局范围内管理数据库用户的功能。例如，创建一个全局身份认证的用户，语句为：

```
SQL>CREATE USER databaseuser3 IDENTIFIED GLOBALLY
    AS 'CN=DBUSER3,CN=DBUSER, L=DALIAN, C=US';
```

在创建数据库用户时需要设置用户的身份认证方式,当用户连接数据库时采用该方式进行身份认证。

（2）默认表空间

当用户在创建数据库对象时，如果没有显式地指明该对象在哪个表空间中存储，系统会自动将该数据库对象存储在当前用户的默认表空间中。在 Oracle 10g 中，如果没有为用户指定默认表空间，则系统将数据库的默认表空间作为用户的默认表空间。例如：

```
SQL>CREATE USER user1 IDENTIFIED BY user1 DEFAULT TABLESPACE USERS;
```

（3）临时表空间

在 Oracle 数据库中，除了使用默认表空间保存永久性对象外，还需要使用临时表空间保存临时数据信息。当用户进行排序、汇总和执行连接、分组等操作时，系统首先使用内存中的排序区 SORT_AREA_SIZE，如果该区域内存不够，则自动使用用户的临时表空间。在 Oracle 10g 中，如果没有为用户指定临时表空间，则系统将数据库的默认临时表空间作为用户的临时表空间。

（4）表空间配额

表空间配额限制用户在永久表空间中可以使用的存储空间的大小，在默认情况下，新建用户在任何表空间中都没有任何配额。用户在临时表空间中不需要配额。例如：

```
SQL>CREATE USER user2 IDENTIFIED BY user2
    DEFAULT TABLESPACE USERS TEMPORARY TABLESPACE TEMP QUOTA 5M ON USERS;
```

（5）概要文件

每个用户都必须有一个概要文件，从会话级和调用级两个层次限制用户对数据库系统资源的使用，同时设置用户的口令管理策略。如果没有为用户指定概要文件，Oracle 将为用户自动指定 DEFAULT 概要文件。

（6）账户状态

在创建用户的同时，可以设定用户的初始状态，包括用户口令是否过期及账户是否锁定等。Oracle 允许任何时候对账户进行锁定或解锁。锁定账户后，用户就不能与 Oracle 数据库建立连接，必须对账户解锁后才允许用户访问数据库。

8.2.2 创建用户

在 Oracle 数据库中，使用 CREATE USER 语句创建用户，执行该语句的用户必须具有 CREATE USER 权限。创建一个用户后，将同时在数据库中创建一个同名模式，该用户拥有的所有数据库对象都在该同名模式中。

1. CREATE USER 语句的基本语法

```
CREATE USER user_name IDENTIFIED
[BY password|EXTERNALLY|GLOBALLY AS 'external_name']
[DEFAULT TABLESPACE tablespace_name]
[TEMPORARY TABLESPACE temp_tablesapce_name]
[QUOTA n K|M|UNLIMITED ON tablespace_name]
[PROFILE profile_name]
[PASSWORD EXPIRE]
[ACCOUNT LOCK|UNLOCK];
```

2. 参数说明

user_name：用于设置新建用户名，在数据库中用户名必须是唯一的。

IDENTIFIED：用于指明用户身份认证方式。

BY password：用于设置用户的数据库身份认证，其中 password 为用户口令。

EXTERNALLY：用于设置用户的外部身份认证。

GLOBALLY AS 'external_name'：用于设置用户的全局身份认证，其中 external_name 为 Oracle 的安全管理服务器相关信息。

DEFAULT TABLESPACE：用于设置用户的默认表空间，如果没有指定，Oracle 将数据库默认表空间作为用户的默认表空间。

TEMPORARY TABLESPACE：用于设置用户的临时表空间。

QUOTA：用于指定用户在特定表空间上的配额，即用户在该表空间中可以分配的最大空间。

PROFILE：用于为用户指定概要文件，默认值为 DEFAULT，采用系统默认的概要文件。

PASSWORD EXPIRE：用于设置用户口令的初始状态为过期，用户在首次登录数据库时必须修改口令。

ACCOUNT LOCK：用于设置用户初始状态为锁定，默认为不锁定。

ACCOUNT UNLOCK：用于设置用户初始状态为不锁定或解除用户的锁定状态。

注意：在创建新用户后，必须为用户授予适当的权限，用户才可以进行相应的数据库操作。例如，授予用户 CREATE SESSION 权限后，用户才可以连接到数据库。

3. 创建数据库用户示例

【例 8-1】创建一个用户 user3，口令为 user3，默认表空间为 USERS，在该表空间的配额为 10MB，初始状态为锁定。

```
SQL>CREATE USER user3 IDENTIFIED BY user3
    DEFAULT TABLESPACE USERS QUOTA 10M ON USERS ACCOUNT LOCK;
```

【例 8-2】创建一个用户 user4，口令为 user4，默认表空间为 USERS，在该表空间的配额为 10MB。口令设置为过期状态，即首次连接数据库时需要修改口令。概要文件为 example_profile（假设该概要文件已经创建）。

```
SQL>CREATE USER user4 IDENTIFIED BY user4
    DEFAULT TABLESPACE USERS QUOTA 10M ON USERS
    PROFILE example_profile PASSWORD EXPIRE;
```

8.2.3 修改用户

用户创建后，可以对用户信息进行修改，包括口令、认证方式、默认表空间、临时表空间、表空间配额、概要文件和用户状态等的修改。

修改数据库用户使用 ALTER USER 语句实现。执行该语句必须具有 ALTER USER 的系统权限。

1. ALTER USER 语句基本语法

```
ALTER USER user_name [IDENTIFIED]
[BY password|EXTERNALLY|GLOBALLY AS 'external_name']
[DEFAULT TABLESPACE tablespace_name]
[TEMPORARY TABLESPACE temp_tablesapce_name]
[QUOTA n K|M|UNLIMITED ON tablespace_name]
[PROFILE profile_name]
[DEFAULT ROLE role_list|ALL [EXCEPT role_list]|NONE]
[PASSWORD EXPIRE]
[ACCOUNT LOCK|UNLOCK];
```

ALTER USER 语句与 CREATE USER 语句的选项基本相同，不同之处在于 ALTER USER 语句中多了 DEFAULT ROLE 选项，该选项为用户指定默认的角色。其中，role_list 是角色列表；ALL 表示所有角色；EXCEPT role_list 表示除了 role_list 列表中的角色之外的其他角色；NONE 表示没有默认角色。注意，指定的角色必须是使用 GRANT 命令直接授予该用户的角色。

2. 修改数据库用户示例

【例 8-3】将用户 user3 的口令修改为 newuser3，同时将该用户解锁。

```
SQL>ALTER USER user3 IDENTIFIED BY newuser3 ACCOUNT UNLOCK;
```

【例 8-4】修改用户 user4 的默认表空间为 ORCLTBS1，在该表空间的配额为 20MB，在

USERS 表空间的配额为 10MB。
```
SQL>ALTER USER user4
     DEFAULT TABLESPACE ORCLTBS1  QUOTA 20M ON ORCLTBS1 QUOTA 10M ON USERS;
```

8.2.4 删除用户

使用 DROP USER 语句可以删除数据库用户。当一个用户被删除时，其所拥有的所有对象也随之被删除。DROP USER 语句的基本语法为：
```
DROP USER username [CASCADE];
```
例如，删除用户 user4，语句为：
```
SQL>DROP USER user4;
```
如果用户拥有数据库对象，则必须在 DROP USER 语句中使用 CASCADE 选项，Oracle 先删除用户的所有对象，然后再删除该用户。如果其他数据库对象（如存储过程、函数等）引用了该用户的数据库对象，则这些数据库对象将被标志为失效（INVALID）。

8.2.5 查询用户信息

可以通过查询数据字典视图或动态性能视图来获取用户信息。
- ALL_USERS：包含数据库所有用户的用户名、用户 ID 和用户创建时间。
- DBA_USERS：包含数据库所有用户的详细信息。
- USER_USERS：包含当前用户的详细信息。
- DBA_TS_QUOTAS：包含所有用户的表空间配额信息。
- USER_TS_QUOTAS：包含当前用户的表空间配额信息。
- V$SESSION：包含用户会话信息。
- V$OPEN_CURSOR：包含用户执行的 SQL 语句信息。

【例 8-5】查看数据库所有用户名及其默认表空间。
```
SQL>SELECT USERNAME,DEFAULT_TABLESPACE FROM DBA_USERS;
```
查询结果为：
```
USERNAME                       DEFAULT_TABLESPACE
------------------------------------------------
SYS                            SYSTEM
SYSTEM                         SYSTEM
DBSNMP                         SYSAUX
USERA                          SYSTEM
......
```

【例 8-6】查看数据库中各用户的登录时间、会话号。
```
SQL>SELECT SID,SERIAL#,LOGON_TIME,USERNAME FROM V$SESSION;
```
查询结果为：
```
SID     SERIAL#  LOGON_TIME      USERNAME
-----------------------------------------
1       1        27-5月-09       SYS
2       1        27-5月-09       SYS
3       1        27-5月-09       SYS
4       1        27-5月-09
......
```

8.3 权限管理

8.3.1 权限管理概述

Oracle 数据库使用权限来控制用户对数据的访问和用户所能执行的操作。所谓权限就是执行特定类型 SQL 命令或访问其他用户的对象的权利。用户在数据库中可以执行什么样的操作，以及可以对哪些对象进行操作，完全取决于该用户所拥有的权限。

在 Oracle 数据库中，用户权限分为下列两类。

（1）系统权限

系统权限是指在数据库级别执行某种操作的权限，或针对某一类对象执行某种操作的权限。例如，CREATE SESSION 权限、CREATE ANY TABLE 权限。

（2）对象权限

对象权限是指对某个特定的数据库对象执行某种操作的权限。例如，对特定表的插入、删除、修改、查询的权限。

在 Oracle 数据库中，将权限授予用户有下列两种方法。

① 直接授权：利用 GRANT 命令直接为用户授权。

② 间接授权：先将权限授予角色，然后再将角色授予用户。

在 Oracle 数据库中，已经获得某种权限的用户可以将他们的权限或其中一部分权限再授予其他用户。Oracle 数据库权限管理的过程就是权限授予和回收的过程。

8.3.2 系统权限管理

1．系统权限分类

在 Oracle 数据库中，有 100 多种系统权限，每种系统权限都为用户提供了执行某一种或某一类数据库操作的能力。可以将系统权限授予用户、角色、PUBLIC 用户组。由于系统权限有较大的数据库操作能力，因此应该只将系统权限授予值得信赖的用户。

注意：PUBLIC 是创建数据库时自动创建的一个特殊的用户组，数据库中所有用户都属于该用户组。如果将某个权限授予 PUBLIC 用户组，则数据库中所有用户都具有该权限。

系统权限可以分为两大类：一类是对数据库某一类对象的操作能力，通常带有 ANY 关键字；另一类系统权限是数据库级别的某种操作能力。表 8-1 列出了常用的系统权限及其功能说明。

表 8-1 常用的系统权限及其功能说明

系 统 权 限	功　　能
簇	
CREATE CLUSTER	在当前用户模式中创建、删除、修改簇
CREATE ANY CLUSTER	在任何模式中创建簇
ALTER ANY CLUSTER	修改任何模式中的簇
DROP ANY CLUSTER	删除任何模式中的簇
数据库链接	
CREATE DATBSE LINK	在当前用户模式中创建私有的数据库链接
CREATE PUBLIC DATBASE LINK	在当前用户模式中创建公有的数据库链接
DROP DATABASE LINK	删除私有数据库链接
DROP PUBLIC DATABASE LINK	删除公有数据库链接

续表

系统权限	功能
索引	
CREATE ANY INDEX	在任何模式中创建索引
ALTER ANY INDEX	修改任何模式中的索引
DROP ANY INDEX	删除任何模式中的索引
过程	
CREATE PROCEDURE	在当前用户模式中创建、删除、修改过程、函数和包
CREATE ANY PROCEDURE	在任何模式中创建过程、函数和包
ALTER ANY PROCEDURE	修改任何模式中的过程、函数和包
DROP ANY PROCEDURE	删除任何模式中的过程、函数和包
EXECUTE ANY PROCEDURE	执行或引用任何模式中的过程、函数和包
概要文件	
CREATE PROFILE	创建配置文件
ALTER PROFILE	修改配置文件
DROP PROFILE	删除配置文件
角色	
CREATE ROLE	创建角色
ALTERANY ROLE	修改任何角色
DROP ANY ROLE	删除任何角色
GRANT ANY ROLE	向数据库中任何角色或用户授予任何角色
回滚段	
CREATE ROLLBACK SEGMENT	创建回滚段
ALTER ROLLBACK SEGMENT	修改回滚段
DROP ROLLBACK SEGMENT	删除回滚段
序列	
CREATE SEQUENCE	在当前用户模式中创建、修改、删除序列
CREATE ANY SEQUENCE	在任何模式中创建序列
ALTER ANY SEQUENCE	修改任何模式中的序列
DROP ANY SEQUENCE	删除任何模式中的序列
SELECT ANY SEQUENCE	引用任何模式中的序列
同义词	
CREATE SYNONYM	在当前用户模式中创建、修改、删除同义词
CREATE ANY SYNONYM	在任何模式中创建私有同义词
CREATE PUBLIC SYNONYM	在当前用户模式中创建公有同义词
DROP ANY SYNONYM	删除任何模式中的私有同义词
DROP PUBLIC SYNONYM	删除公有同义词
快照	
CREATE SNAPSHOT	在当前用户模式下创建快照
CREATE ANY SNAPSHOT	在任何模式下创建快照
ALTER ANY SNAPSHOT	修改任何模式下的快照
DROP ANY SNAPSHOT	删除任何模式下的快照

续表

系统权限	功能
表	
CREATE TABLE	在当前用户模式中创建、修改、删除表
CREATE ANY TABLE	在任何模式中创建表
ALTER ANY TABLE	修改任何模式中的表
DROP ANY TABLE	删除任何模式中的表
SELECT ANY TABLE	查询任何模式中的表
INSERT ANY TABLE	向任何模式中的表插入数据
UPDATE ANY TABLE	修改任何模式中表的数据
DELETE ANY TABLE	删除任何模式中表的数据
LOCK ANY TABLE	锁定任何模式中的表
BACKUP ANY TABLE	导出任何模式中表的数据
COMMENT ANY TABLE	为任何模式中的表添加注释
表空间	
CREATE TABLESPACE	创建表空间
ALTER TABLESPACE	修改表空间
DROP TABLESPACE	删除表空间
MANAGE TABLESPACE	执行表空间的管理操作，如备份
UNLIMITED TABLESPACE	无限制使用任何表空间中的存储空间
触发器	
CREATE TRIGGER	在当前用户模式中创建、修改、删除触发器
CREATE ANY TRIGGER	在任何模式中创建触发器
ALTER ANY TRIGGER	修改任何模式中的触发器
DROP ANY TRIGGER	删除任何模式中的触发器
视图	
CREATE VIEW	在当前用户模式中创建、修改、删除视图
CREATE ANY VIEW	在任何模式中创建视图
DROP ANY VIEW	删除任何模式中的视图
数据类型	
CREATE TYPE	在当前用户模式中创建、修改、删除数据类型
CREATE ANY TYPE	在任何模式中创建数据类型
ALTER ANY TYPE	修改任何模式中的数据类型
DROP ANY TYPE	删除任何模式中的数据类型
用户	
CREATE USER	创建用户
ALTER USER	修改用户
DROP USER	删除用户
BECOME USER	执行完全导入操作时转换为其他用户身份
会话	
CREATE SESSION	连接（登录）数据库
ALTER SESSION	执行 ALTER SESSION 语句
RESTRICTED SESSION	在数据库处于受限状态时可以连接数据库
数据库	
ALTER DATABASE	执行 ALTER DATABASE 语句修改数据库配置
ALTER SYSTEM	执行 ALTER SYSTEM 语句修改数据库参数
AUDIT SYSTEM	执行 AUDIT SYSTEM 或 NOAUDIT SYSTEM 审计 SQL 语句

续表

系统权限	功能
特权	
SYSDBA	● 创建数据库 ● 启动或关闭数据库与实例 ● 使用 ALTER DATABASE 语句执行打开、备份数据库等变更操作 ● 对数据库进行归档或恢复 ● 在受限状态下连接数据库 ● 创建服务器端初始化参数文件
SYSOPER	● 启动或关闭数据库与实例 ● 使用 ALTER DATABASE 语句执行打开、备份数据库等变更操作 ● 对数据库进行归档或恢复 ● 在受限状态下连接数据库 ● 创建服务器端初始化参数文件
其他	
GRANT ANY PRIVILEGE	授予用户任何系统权限
ALTER RESOURCE COST	使用 ALTER RESOURCE COST 语句更改资源文件中的资源限额
AUDIT ANY	对数据库中任何对象进行审计
ANALYZE ANY	执行 ANALYZE 语句对数据库中的任何表、索引、簇等进行分析

给用户授予系统权限时，应该根据用户身份的不同进行。例如，数据库管理员用户应该具有创建表空间、修改数据库结构、修改用户权限、可以对数据库任何模式中的对象进行管理（创建、删除、修改等）的权限；而数据库开发人员应该具有在自己模式下创建表、视图、索引、同义词、数据库链接等的权限。

此外，给用户授权时如果使用了 WITH ADMIN OPTION 子句，那么被授权的用户还可以将获得的系统权限再授予其他用户。

2．系统权限的授权

给用户授予系统权限时，应该注意以下 4 个方面。

① 只有 DBA 才应当拥有 ALTER DATABASE 系统权限。

② 应用程序开发者一般需要拥有 CREATE TABLE，CREATE VIEW 和 CREATE INDEX 等系统权限。

③ 普通用户一般只具有 CREATE SESSION 系统权限。

④ 只有授权时带有 WITH ADMIN OPTION 子句时，用户才可以将获得的系统权限再授予其他用户，即系统权限的传递性。

在 Oracle 数据库中，系统权限的授予使用 GRANT 语句，其语法为：

  GRANT sys_priv_list TO user_list|role_list|PUBLIC [WITH ADMIN OPTION];

其中：

● sys_priv_list 表示系统权限列表，以逗号分隔；

● user_list 表示用户列表，以逗号分隔；

● role_list 表示角色列表，以逗号分隔；

● PUBLIC 表示对系统中所有用户授权；

● WITH ADMIN OPTION 表示允许系统权限接收者再把此权限授予其他用户。

【例 8-7】 为 PUBLIC 用户组授予 CREATE SESSION 系统权限。

  SQL>CONNECT system/manager@ORCL
  SQL>GRANT CREATE SESSION TO PUBLIC;

【例 8-8】 为用户 user1 授予 CREATE SESSION，CREATE TABLE，CREATE VIEW 系统权限。
```
SQL>CONNECT system/manager@ORCL
SQL>GRANT CREATE SESSION,CREATE TABLE,CREATE VIEW TO user1;
```
【例 8-9】 为用户 user2 授予 CREATE SESSION，CREATE TABLE，CREATE VIEW 系统权限。user2 获得权限后，为用户 user3 授予 CREATE TABLE 权限。
```
SQL>CONNECT system/manager@ORCL
SQL>GRANT CREATE SESSION,CREATE TABLE,CREATE VIEW TO user2
     WITH ADMIN OPTION;
SQL>CONNECT user2/user2 @ORCL
SQL>GRANT CREATE TABLE TO user3;
```

3. 系统权限的回收

数据库管理员或系统权限传递用户可以将用户所获得的系统权限回收。系统权限回收使用 REVOKE 语句，其语法为：
```
REVOKE sys_priv_list FROM user_list|role_list|PUBLIC;
```
例如，回收 user1 的 CREATE TABLE，CREATE VIEW 权限，语句为：
```
SQL>CONNECT system/manager @ORCL
SQL>REVOKE CREATE TABLE,CREATE VIEW FROM user1;
```
回收用户的系统权限时应注意以下 3 点。

① 多个管理员授予用户同一个系统权限后，其中一个管理员回收其授予该用户的系统权限时，该用户将不再拥有相应的系统权限。

例如，SYS 用户和 SYSTEM 用户分别给 user1 用户授予 CREATE TABLE 系统权限，当 SYSTEM 用户回收 user1 用户的 CREATE TABLE 系统权限后，用户 user1 不再具有 CREATE TABLE 系统权限。
```
SQL>CONNECT sys/tiger@ORCL AS SYSDBA
SQL>GRANT CREATE TABLE TO user1;
SQL>CONNECT system/manager@ORCL
SQL>GRANT CREATE TABLE TO user1;
SQL>CONNECT user1/user1@ORCL
SQL>CREATE TABLE test(id NUMBER);
表已创建。
SQL>CONNECT system/manager@ORCL
SQL>REVOKE CREATE TABLE FROM user1;
SQL>CONNECT user1/user1@ORCL
SQL>CREATE TABLE test2(id NUMBER);
CREATE TABLE test2(id NUMBER)
            *
第 1 行出现错误：
ORA-01031: 权限不足
```

② 为了回收用户系统权限的传递性（授权时使用了 WITH ADMIN OPTION 子句），必须先回收其系统权限，然后再重新授予其相应的系统权限。

例如，为了终止 user2 用户将获得的 CREATE SESSION，CREATE TABLE，CREATE VIEW 系统权限再授予其他用户，需要先回收 user2 用户的相应系统权限，然后再给 user2 用户重新授权，但不使用 WITH ADMIN OPTION 子句。语句为：

```
SQL>CONNECT system/manager@ORCL
SQL>REVOKE CREATE SESSION,CREATE TABLE,CREATE VIEW FROM user2;
SQL>GRANT CREATE SESSION,CREATE TABLE,CREATE VIEW TO user2;
```

③ 如果一个用户获得的系统权限具有传递性（授权时使用了 WITH ADMIN OPTION 子句），并且给其他用户授权，那么该用户系统权限被回收后，其他用户的系统权限并不受影响。

例如，当 SYSTEM 用户回收 user2 的 CREATE TABLE 权限后，并不影响 user3 用户从 user2 用户处获得的 CREATE TABLE 权限。

系统权限回收的平行关系如图 8-1 所示。

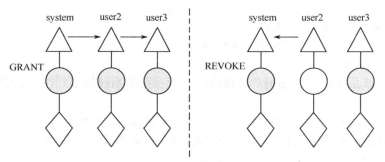

图 8-1　系统权限回收的平行关系

8.3.3　对象权限

1. 对象权限分类

对象权限是指对某个特定模式对象的操作权限。数据库模式对象所有者拥有该对象的所有对象权限，对象权限的管理实际上是对象所有者对其他用户操作该对象的权限管理。

在 Oracle 数据库中共有 9 种类型的对象权限，不同类型的模式对象有不同的对象权限，而有的对象并没有对象权限，只能通过系统权限进行控制，如簇、索引、触发器、数据库链接等。Oracle 数据库中对象与对象的权限关系见表 8-2。

表 8-2　Oracle 数据库中对象与对象的权限关系

对象权限	适合对象	对象权限功能说明
SELECT	表、视图、序列	查询数据操作
UPDATE	表、视图	更新数据操作
DELETE	表、视图	删除数据操作
INSERT	表、视图	插入数据操作
REFERENCES	表	在其他表中创建外键时可以引用该表
EXECUTE	存储过程、函数、包	执行 PL/SQL 存储过程、函数和包
READ	目录	读取目录
ALTER	表、序列	修改表或序列结构
INDEX	表	为表创建索引
ALL	具有对象权限的所有模式对象	某个对象所有对象权限操作集合

2. 对象权限的授权

在 Oracle 数据库中，为用户授予某个数据库对象权限的语法为：

```
GRANT obj_priv_list|ALL ON [schema.]object
```

```
                TO user_list|role_list [WITH GRANT OPTION];
```
其中：
- obj_priv_list 表示对象权限列表，以逗号分隔；
- [schema.]object 表示指定的模式对象，默认为当前模式中的对象；
- user_list 表示用户列表，以逗号分隔；
- role_list 表示角色列表，以逗号分隔；
- WITH GRANT OPTION 表示允许对象权限接收者把此对象权限授予其他用户。

【例 8-10】将 scott 模式下的 emp 表的 SELECT，INSERT，UPDATE 权限授予 user1 用户。
```
SQL>CONNECT system/manager@ORCL
SQL>GRANT SELECT,INSERT,UPDATE ON scott.emp TO user1;
```
【例 8-11】将 scott 模式下的 emp 表的 SELECT，INSERT，UPDATE 权限授予 user2 用户。user2 用户再将 emp 表的 SELECT，UPDATE 权限授予 user3 用户。
```
SQL>CONNECT system/manager@ORCL
SQL>GRANT SELECT,INSERT,UPDATE ON scott.emp TO user2 WITH GRANT OPTION;
SQL>CONNECT user2/user2@ORCL
SQL>GRANT SELECT,UPDATE ON scott.emp TO user3;
```

3．对象权限回收

在 Oracle 数据库中，对象权限回收的基本语法为：
```
REVOKE obj_priv_list|ALL ON [schema.]object
FROM user_list|role_list;
```
例如，回收 user1 用户在 scott.emp 表上的 SELECT，UPDATE 权限，语句为：
```
SQL>REVOKE SELECT,UPDATE ON scott.emp FROM user1;
```
与系统权限回收类似，在进行对象权限回收时应该注意以下 3 点。

① 多个管理员授予用户同一个对象权限后，其中一个管理员回收其授予该用户的对象权限时，该用户不再拥有相应的对象权限。

② 为了回收用户对象权限的传递性（授权时使用了 WITH GRANT OPTION 子句），必须先回收其对象权限，然后再授予其相应的对象权限。

③ 如果一个用户获得的对象权限具有传递性（授权时使用了 WITH GRANT OPTION 子句），并且给其他用户授权，那么该用户的对象权限被回收后，其他用户的对象权限也被回收。

例如，当回收 user2 用户在 scott.emp 表上的 SELECT，UPDATE 对象权限后，user3 用户从 user2 用户处获得的在 scott.emp 表上的 SELECT，UPDATE 对象权限也被回收。

对象权限回收的级联关系如图 8-2 所示。

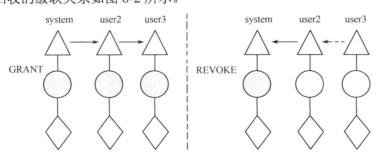

图 8-2　对象权限回收的级联关系

8.3.4 查询权限信息

可以通过下列数据字典视图查询数据库权限信息。
- DBA_TAB_PRIVS：包含数据库所有对象的授权信息。
- ALL_TAB_PRIVS：包含数据库所有用户和 PUBLIC 用户组的对象授权信息。
- USER_TAB_PRIVS：包含当前用户对象的授权信息。
- DBA_COL_PRIVS：包含所有字段已授予的对象权限信息。
- ALL_COL_PRIVS：包含所有字段已授予的对象权限信息。
- USER_COL_PRIVS：包含当前用户所有字段已授予的对象权限信息。
- DBA_SYS_PRIVS：包含授予用户或角色的系统权限信息。
- USER_SYS_PRIVS：包含授予当前用户的系统权限信息。

例如，查询当前用户所具有的系统权限，语句为：

```
SQL>SELECT * FROM USER_SYS_PRIVS;
```

查询结果为：

```
USERNAME     PRIVILEGE              ADM
--------     --------------------   -----
SCOTT        UNLIMITED TABLESPACE   NO
```

8.4 角色管理

8.4.1 Oracle 数据库角色概述

为了简化数据库权限的管理，在 Oracle 数据库中引入了角色的概念。所谓角色就是一系列相关权限的集合。可以将要授予相同身份用户的所有权限先授予角色，然后再将角色授予用户，这样用户就得到了该角色所具有的所有权限，从而简化了权限的管理。此外，在数据库运行过程中，可以改变、增加或减少角色权限，甚至可以禁用或激活角色，从而实现对用户权限的动态管理。

角色权限的授予与回收和用户权限的授予与回收完全相似,所有可以授予用户的权限也可以授予角色。通过角色向用户授权的过程实际上是一个间接的授权过程。图 8-3 所示为人事管理系统中权限、角色、用户之间的关系。

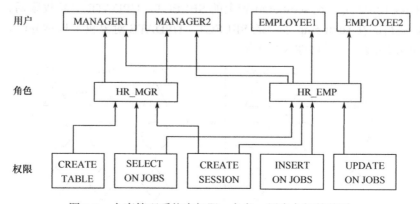

图 8-3 人事管理系统中权限、角色、用户之间的关系

在 Oracle 数据库中，角色分系统预定义角色和用户自定义角色两类。系统预定义角色由系统创建，并由系统进行授权；用户自定义角色由用户定义，并由用户为其授权。

8.4.2 预定义角色

所谓预定义角色是指在 Oracle 数据库创建时由系统自动创建的一些常用的角色，这些角色已经由系统授予了相应的权限。DBA 可以直接利用预定义的角色为用户授权，也可以修改预定义角色的权限。

在 Oracle 数据库中有 30 多个预定义角色，表 8-3 列出了几个常用的预定义角色及其具有的系统权限。

表 8-3 常用预定义角色及其具有的系统权限

角 色	角色具有的部分权限
CONNECT	CREATE SESSION
RESOURCE	CREATE CLUSTER，CREATE OPERATOR，CREATE TRIGGER，CREATE TYPE，CREATE SEQUENCE，CREATE INDEXTYPE，CREATE PROCEDURE，CREATE TABLE
DBA	ADMINISTER DATABSE TRIGGER，ADMINISTER RESOURCE MANAGE，CREATE…，CREATE ANY…，ALTER…，ALTER ANY…，DROP…，DROP ANY…，EXECUTE…，EXECUTE ANY…
EXP_FULL_DATABASE	ADMINISTER RESOURCE MANAGE，BACKUP ANY TABLE，EXECUTE ANY PROCEDURE，SELECT ANY TABLE，EXECUTE ANY TYPE
IMP_FULL_DATABASE	ADMINISTER DATABSE TRIGGER，ADMINISTER RESOURCE MANAGE，CREATE ANY…，ALTER ANY…，DROP…，DROP ANY…，EXECUTE ANY…

可以通过数据字典视图 DBA_ROLES 查询当前数据库中所有的预定义角色，通过 DBA_SYS_PRIVS 查询各个预定义角色所具有的系统权限。

【例 8-12】查询当前数据库的所有预定义角色，语句为：

```
SQL>SELECT * FROM DBA_ROLES;
```

查询结果为：

```
ROLE                     PASSWORD
------------------------ --------
CONNECT                  NO
RESOURCE                 NO
DBA                      NO
SELECT_CATALOG_ROLE      NO
EXECUTE_CATALOG_ROLE     NO
……
```

【例 8-13】查询 "DBA" 角色所具有的系统权限，语句为：

```
SQL>SELECT * FROM DBA_SYS_PRIVS WHERE GRANTEE='DBA';
```

查询结果为：

```
GRANTEE    PRIVILEGE          ADM
---------  -----------------  ---------
DBA        AUDIT ANY          YES
DBA        DROP USER          YES
DBA        RESUMABLE          YES
……
```

8.4.3 自定义角色

Oracle 数据库允许用户自定义角色,并对自定义角色进行权限的授予与回收。同时允许对自定义的角色进行修改、删除和使角色生效或失效。

1. 创建角色

创建用户自定义角色使用 CREATE ROLE 语句,其语法为:

```
CREATE ROLE role_name [NOT IDENTIFIED][IDENTIFIED BY password];
```

其中:
- role_name:用于指定自定义角色名称,该名称不能与任何用户名或其他角色相同。
- NOT IDENTIFIED:用于指定该角色由数据库授权,使该角色生效时不需要口令。
- IDENTIFIED BY password:用于设置角色生效时的认证口令。

例如,创建不同类型的角色,语句为:

```
SQL>CREATE ROLE high_manager_role;
SQL>CREATE ROLE middle_manager_role IDENTIFIED BY middlerole;
SQL>CREATE ROLE low_manager_role IDENTIFIED BY lowrole;
```

2. 角色权限的授予与回收

创建一个角色后,如果不给角色授权,那么角色是没有用处的。因此,在创建角色后,需要给角色授权。给角色授权实际上是给角色授予适当的系统权限、对象权限或已有角色。在数据库运行过程中,可以为角色增加权限,也可以回收其权限。

角色权限的授予与回收和用户权限的授予与回收类似,其语法详见权限的授予与回收部分的介绍。

下面的例子是分别给 high_manager_role,middle_manager_role,low_manager_role 角色授权及回收权限的过程。

```
SQL>GRANT CONNECT,CREATE TABLE,CREATE VIEW TO low_manager_role;
SQL>GRANT CONNECT,CREATE TABLE,CREATE VIEW TO middle_manager_role;
SQL>GRANT CONNECT,RESOURCE,DBA TO high_manager_role;
SQL>GRANT SELECT,UPDATE,INSERT,DELETE ON scott.emp TO high_manager_role;
SQL>REVOKE CONNECT FROM low_manager_role;
SQL>REVOKE CREATE TABLE,CREATE VIEW FROM middle_manager_role;
SQL>REVOKE UPDATE,DELETE ,INSERT ON scott.emp FROM high_manager_role;
```

注意:给角色授权时,一个角色可以被授予另一个角色,但不能授予其本身,不能产生循环授权。

3. 修改角色

修改角色是指修改角色生效或失效时的认证方式,也就是说,是否必须经过 Oracle 确认才允许对角色进行修改。

修改角色的语法为:

```
ALTER ROLE role_name [NOT IDENTIFIED]|[IDENTIFIED BY password];
```

例如,为 high_manager_role 角色添加口令,取消 middle_manager_role 角色口令。

```
SQL>ALTER ROLE high_manager_role IDENTIFIED BY highrole;
SQL>ALTER ROLE middle_manager_role NOT IDENTIFIED;
```

注意:修改角色必须具有 ALTER ANY ROLE 系统权限,以及 WITH ADMIN OPTION 权限,如果是角色的创建者,则自动具有对角色的修改权限。

4. 角色的生效与失效

在数据库中，可以设置角色的生效和失效。所谓角色的失效是指角色暂时不可用。当一个角色生效或失效时，用户从角色中获得的权限也将生效或失效。因此，通过设置角色的生效或失效，可以动态改变用户的权限。

通常，在进行角色生效或失效设置时，需要输入角色的认证口令，避免非法设置。

设置角色生效或失效使用 SET ROLE 语句，其语法为：

```
SET ROLE [role_name[IDENTIFIED BY password]]|[ALL
[EXCEPT role_name]]|[NONE];
```

其中：

- role_name：表示进行生效或失效设置的角色名称。
- IDENTIFIED BY password：用于设置角色生效或失效时的认证口令。
- ALL：表示使当前用户所有角色生效。
- EXCEPT role_name：表示除了特定角色外，其余所有角色生效。
- NONE：表示使当前用户所有角色失效。

（1）设置角色失效

如果某一角色失效，用户将失去通过该角色获得的权限。例如，设置当前用户所有角色失效，语句为：

```
SQL>SET ROLE NONE;
```

（2）设置某一个角色生效

角色被设置为失效后，可以重新设置为生效。如果角色有口令，则需要输入口令。例如：

```
SQL>SET ROLE high_manager_role IDENTIFIED BY highrole;
```

（3）同时设置多个角色生效

可以同时设置多个角色生效，将需要生效的角色列出，需要口令的角色使用 IDENTIFIED BY 子句输入口令。例如：

```
SQL>SET ROLE middle_manager_role,low_manager_low IDENTIFIED BY lowrole;
```

（4）可以使所有角色生效

可以使用 SET ROLE ALL 语句使所有的角色生效，也可以通过 EXCEPT 语句将个别角色仍处于失效状态。例如：

```
SQL>SET ROLE ALL EXCEPT low_manager_role,middle_manager_role;
```

注意：如果使某一个角色生效时需要口令，则不能使用 SET ROLE ALL 语句。

5. 删除角色

如果某个角色不再需要，则可以使用 DROP ROLE 语句删除角色。角色被删除后，用户通过该角色获得的权限被回收。

```
SQL>DROP ROLE low_manager_role;
```

8.4.4 利用角色进行权限管理

1. 给用户或角色授予角色

可以使用 GRANT 语句将角色授予用户或其他角色，其语法为：

```
GRANT role_list TO user_list|role_list;
```

例如，将 CONNECT，high_manager_role 角色授予用户 user1，将 RESOURCE，CONNECT 角色授予角色 middle_manager_role，语句为：

```
SQL>GRANT CONNECT,high_manager_role TO user1;
SQL>GRANT RESOURCE,CONNECT TO middle_manager_role;
```

2. 从用户或角色回收角色

可以使用 REVOKE 语句从用户或其他角色回收角色，其语法为：

```
REVOKE role_list FROM user_list|role_list;
```

例如，回收角色 middle_manager_role 的 RESOURCE，CONNECT 角色，语句为：

```
SQL>REVOKE RESOURCE,CONNECT FROM middle_manager_role;
```

3. 用户角色的激活或屏蔽

当一个角色授予某一个用户后，该角色即成为该用户的默认角色，可以通过 ALTER USER 命令来设置用户的默认角色状态，可以激活或屏蔽用户的默认角色。

激活或屏蔽用户默认角色的语法为：

```
ALTER USER user_name DEFAULT ROLE
[role_name]|[ALL [EXCEPT role_name]]|[NONE];
```

（1）屏蔽用户的所有角色

使用 ALTER USER user_name DEFAULT ROLE NONE 屏蔽用户的所有角色，例如：

```
SQL>ALTER USER user1 DEFAULT ROLE NONE;
```

（2）激活用户的某些角色

可以同时激活用户的某些角色，例如：

```
SQL>ALTER USER user1 DEFAULT ROLE CONNECT,DBA;
```

（3）激活用户的所有角色

可以同时激活用户的所有角色，例如：

```
SQL>ALTER USER user1 DEFAULT ROLE ALL;
```

也可以将用户除某个角色外的其他所有角色激活，例如：

```
SQL>ALTER USER user1 DEFAULT ROLE ALL EXCEPT DBA;
```

8.4.5 查询角色信息

可以通过数据字典视图或动态性能视图获取数据库角色相关信息。

- DBA_ROLES：包含数据库中所有角色及其描述。
- DBA_ROLE_PRIVS：包含为数据库中所有用户和角色授予的角色信息。
- USER_ROLE_PRIVS：包含为当前用户授予的角色信息。
- ROLE_ROLE_PRIVS：为角色授予的角色信息。
- ROLE_SYS_PRIVS：为角色授予的系统权限信息。
- ROLE_TAB_PRIVS：为角色授予的对象权限信息。
- SESSION_PRIVS：当前会话所具有的系统权限信息。
- SESSION_ROLES：当前会话所具有的角色信息。

【例 8-14】查询角色 CONNECT 所具有的系统权限信息。

```
SQL>SELECT * FROM ROLE_SYS_PRIVS WHERE ROLE='CONNECT';
```

查询结果为：

```
ROLE            PRIVILEGE           ADM
----------      ---------------     ------------
CONNECT         CREATE VIEW         NO
CONNECT         CREATE TABLE        NO
  ……
```

【例8-15】查询 DBA 角色被授予的角色信息。
```
SQL>SELECT * FROM ROLE_ROLE_PRIVS WHERE ROLE='DBA';
```
查询结果为：
```
ROLE      GRANTED_ROLE          ADM
-------   ------------------    ---------------
DBA       OLAP_DBA              NO
DBA       XDBADMIN              NO
……
```

8.5 概要文件管理

8.5.1 概要文件概述

1．概要文件的作用

概要文件（PROFILE）是数据库和系统资源限制的集合，是 Oracle 数据库安全策略的重要组成部分。利用概要文件，可以限制用户对数据库和系统资源的使用，同时还可以对用户口令进行管理。每个数据库用户必须有一个概要文件。通常 DBA 将用户分为几种类型，为每种类型的用户创建一个概要文件，然后将概要文件分配给每一个用户，而不必为每个用户单独创建一个概要文件。

在 Oracle 数据库创建的同时，系统会创建一个名为 DEFAULT 的默认概要文件。如果没有为用户显式地指定一个概要文件，系统默认将 DEFAULT 概要文件作为用户的概要文件。由于 DEFAULT 概要文件中没有对资源进行任何限制，因此，应该根据需要为用户创建概要文件。

2．资源限制级别和类型

概要文件通过对一系列资源参数的设置,从会话级和调用级两个级别对用户使用资源进行限制。会话级资源限制是对用户在一个会话过程中所能使用的资源进行限制,而调用级资源限制是对一条 SQL 语句在执行过程中所能使用的资源进行限制。

利用概要文件可以限制的数据库和系统资源包括：
- CPU 使用时间；
- 逻辑读；
- 每个用户的并发会话数；
- 用户连接数据库的空闲时间；
- 用户连接数据库的时间；
- 私有 SQL 区和 PL/SQL 区的使用。

3．启用或停用资源限制

只有当数据库启用了资源限制时，为用户分配的概要文件才起作用。可以采用下列两种方法启用或停用数据库的资源限制。

（1）在数据库启动前启用或停用资源限制

将数据库初始化参数文件中的参数 RESOURCE_LIMIT 的值设置为 TRUE 或 FALSE（默认），来启用或停用系统资源限制。

（2）在数据库启动后启用或停用资源限制

使用 ALTER SYSTEM 语句修改参数 RESOURCE_LIMIT 的值为 TRUE 或 FALSE，来启动或关闭系统资源限制。例如：

```
SQL>ALTER SYSTEM SET RESOURCE_LIMIT=TRUE;
```

8.5.2 概要文件中参数介绍

Oracle 数据库概要文件中的参数分为两类：一类是数据库与系统资源限制参数，另一类是口令管理参数。

1. 资源限制参数

① CPU_PER_SESSION：限制用户在一次会话期间可以占用的 CPU 时间总量，单位为百分之一秒。当达到该时间限制后，用户就不能在会话中执行任何操作了，必须断开连接，然后重新建立连接。

② CPU_PER_CALL：限制每个调用可以占用的 CPU 时间总量，单位为百分之一秒。当一个 SQL 语句执行时间达到该限制后，该语句以错误信息结束。

③ CONNECT_TIME：限制每个会话可持续的最大时间值，单位为分钟。当数据库链接持续时间超出该设置时，连接被断开。

④ IDLE_TIME：限制每个会话处于连续空闲状态的最大时间值，单位为分钟。当会话空闲时间超过该设置时，连接被断开。

⑤ SESSIONS_PER_USER：限制一个用户打开数据库会话的最大数量。

⑥ LOGICAL_READS_PER_SESSION：允许一个会话读取数据块的最大数量，包括从内存中读取的数据块和从磁盘中读取的数据块的总和。

⑦ LOGICAL_READS_PER_CALL：允许一个调用读取的数据块的最大数量，包括从内存中读取的数据块和从磁盘中读取的数据块的总和。

⑧ PRIVATE_SGA：在共享服务器操作模式中，执行 SQL 语句或 PL/SQL 程序时，Oracle 将在 SGA 中创建私有 SQL 区。该参数限制在 SGA 中一个会话可分配私有 SQL 区的最大值。

⑨ COMPOSITE_LIMIT：称为"综合资源限制"，是一个用户会话可以消耗的资源总限额。该参数由 CPU_PER_SESSION，LOGICAL_READS_PER_SESSION，PRIVATE_SGA，CONNECT_TIME 几个参数综合决定。

2. 口令管理参数

① FAILED_LOGIN_ATTEMPTS：限制用户在登录 Oracle 数据库时允许失败的次数。一个用户尝试登录数据库的次数达到该值时,该用户的账户将被锁定,只有解锁后才可以继续使用。

② PASSWORD_LOCK_TIME：设定当用户登录失败后，用户账户被锁定的时间长度。

③ PASSWORD_LIFE_TIME：设置用户口令的有效天数。达到限制的天数后，该口令将过期，需要设置新口令。

④ PASSWORD_GRACE_TIME：用于设定提示口令过期的天数。在这几天中，用户将接收到一个关于口令过期需要修改口令的警告。当达到规定的天数后，原口令过期。

⑤ PASSWORD_REUSE_TIME：指定一个用户口令被修改后，必须经过多少天后才可以重新使用该口令。

⑥ PASSWORD_REUSE_MAX：指定一个口令被重新使用前，必须经过多少次修改。

⑦ PASSWORD_VERIFY_FUNCTION：设置口令复杂性校验函数。该函数会对口令进行

校验，以判断口令是否符合最低复杂程度或其他校验规则。

为用户创建概要文件时，在概要文件中进行资源限制参数和口令管理参数的设置，以限制用户对数据库和系统资源的使用及对用户口令的管理。对于用户概要文件中没有设置的参数，将采用 DEFAULT 概要文件相应参数的设置。

8.5.3 概要文件的管理

概要文件的管理主要包括创建、修改、删除、查询概要文件，以及将概要文件分配给用户。

1．创建概要文件

使用 CREATE PROFILE 语句创建概要文件，执行该语句必须具有 CREATE PROFILE 系统权限。CREATE PROFILE 语句的语法为：

```
CREATE PROFILE profile_name LIMIT
    resource_parameters|password_parameters;
```

其中：
- profile_name：用于指定要创建的概要文件名称。
- resource_parameter：用于设置资源限制参数，表达式的形式为：
  ```
  resource_parameter_name  integer|UNLIMITED|DEFALUT
  ```
- password_parameters：用于设置口令参数，表达式的形式为：
  ```
  password_parameter_name  integer|UNLIMITED|DEFALUT
  ```

【例 8-16】创建一个名为 res_profile 的概要文件，要求每个用户最多可以创建 4 个并发会话；每个会话持续时间最长为 60 分钟；如果会话在连续 20 分钟内空闲，则结束会话；每个会话的私有 SQL 区为 100KB；每个 SQL 语句占用 CPU 时间总量不超过 10 秒。

```
SQL>CREATE PROFILE res_profile LIMIT
    SESSIONS_PER_USER 4  CONNECT_TIME 60 IDLE_TIME 20 PRIVATE_SGA 100K
    CPU_PER_CALL 1000;
```

【例 8-17】创建一个名为 pwd_profile 的概要文件，如果用户连续 4 次登录失败，则锁定该账户，10 天后该账户自动解锁。

```
SQL>CREATE PROFILE pwd_profile LIMIT FAILED_LOGIN_ATTEMPTS 4
    PASSWORD_LOCK_TIME 10;
```

2．将概要文件分配给用户

可以在创建用户时为用户指定概要文件，也可以在修改用户时为用户指定概要文件。例如：

```
SQL>CREATE USER user5 IDENTIFIED BY user5 PROFILE res_profile;
SQL>ALTER USER user5 PROFILE pwd_profile;
```

3．修改概要文件

概要文件创建后，可以使用 ALTER PROFILE 语句修改概要文件，执行该语句的用户必须具有 ALTER PROFILE 系统权限。ALTER PROFILE 语句的语法为：

```
ALTER PROFILE profile_name LIMIT
    resource_parameters|password_parameters;
```

ALTER PROFILE 语句中参数的设置情况与 CREATE PROFILE 语句相同。

例如，修改 pwd_profile 概要文件，将用户口令有效期设置为 10 天，语句为：

```
SQL>ALTER PROFILE pwd_profile LIMIT PASSWORD_LIFE_TIME 10;
```

注意：对概要文件的修改只有在用户开始一个新的会话时才会生效。

4. 删除概要文件

可以使用 DROP PROFILE 语句删除概要文件，执行该语句的用户必须具有 DROP PROFILE 系统权限。如果要删除的概要文件已经指定给用户，则必须在 DROP PROFILE 语句中使用 CASCADE 子句。DROP PROFILE 语句的语法为：

```
DROP PROFILE profile_name CASCADE;
```

例如，删除概要文件 pwd_profile，语句为：

```
SQL>DROP PROFILE pwd_profile CASCADE;
```

如果为用户指定的概要文件被删除，则系统自动将 DEFAULT 概要文件指定给该用户。

5. 查询概要文件

可以通过下列数据字典视图或动态性能视图查询概要文件相关信息。
- USER_PASSWORD_LIMITS：包含通过概要文件为用户设置的口令策略信息。
- USER_RESOURCE_LIMITS：包含通过概要文件为用户设置的资源限制参数。
- DBA_PROFILES：包含所有概要文件的基本信息。

8.6 审 计

8.6.1 审计的概念

审计是监视和记录用户对数据库所进行的操作，以供 DBA 进行统计和分析。利用审计可以完成下列任务。

（1）调查数据库中的可疑活动

例如，如果一个未经授权的用户正在从表中删除数据，那么数据库管理员必须审计所有数据库链接，以及数据库中所有成功和失败的删除操作。

（2）监视和收集特定数据库活动的数据

例如，数据库管理员能够审计哪些表被更新，多少逻辑 I/O 被执行，在某个时间点上有多少并行用户统计数据。

利用审计功能监视和记录数据库中的操作，形成审计记录，并存储到数据字典或操作系统文件中。根据审计类型不同，审计记录中的信息也有所不同。通常，一条审计记录中包含用户名、会话标识、终端标识、所访问的模式对象名称、执行的操作、操作的完整语句代码、日期和时间戳、所使用的系统权限等。

8.6.2 审计分类

在 Oracle 10g 中，共有 4 种类型的审计。
① 语句审计（Statement Auditing）：对特定的 SQL 语句进行审计，不指定具体对象。
② 权限审计（Privilege Auditing）：对特定的系统权限使用情况进行审计。
③ 对象审计（Object Auditing）：对特定的模式对象上执行的特定语句进行审计。
④ 精细审计（Fine-Grained Auditing，FGA）：对基于内容的各种 SQL 语句进行审计，可以使用布尔表达式对列级别上的内容进行审计。

根据用户执行的语句是否成功，审计可以分为成功执行语句的审计、不成功执行语句的审计，或无论语句是否执行成功都进行审计；根据对同一个语句审计次数的不同，审计可以分为会话级审计和存取方式审计。所谓会话级审计是指对某一个用户或所有用户的同一个语句只审计一次，形成一条审计记录；存取方式审计是指对某一个用户或所有用户的同一个语句每执行一次便审计一次，即同一条语句形成多个审计记录。

8.6.3 审计的启动

数据库管理员通过修改数据库静态参数 AUDIT_TRAIL 值来启动或关闭数据库的审计功能。AUDIT_TRAIL 参数可以取值为 DB，OS，NONE，TRUE，FALSE，DB_EXTENDED，XML 或 EXTENDED。其中，DB 表示启动审计功能，审计信息写入 SYS.AUD$数据字典中；OS 表示启动审计功能，审计信息写入操作系统文件中；默认为 NONE，表示不启动审计功能；TRUE 功能与 DB 选项一样；FALSE 表示不启动审计功能，但 Oracle 会监视特定活动并写入操作系统文件，如例程的启动、关闭以及 DBA 连接数据库等。

可以通过 SQL*Plus 环境启动数据库的审计功能。例如：

```
SQL>ALTER SYSTEM SET audit_trail ='DB' SCOPE=SPFILE;
SQL>SHUTDOWN IMMEDIATE
SQL>STARTUP
```

也可以通过 OEM 数据库控制台启动数据库的审计功能。打开 OEM 数据库控制台，以 SYS 用户、SYSDBA 身份登录后，进入"管理"属性页，单击"数据库管理"部分"数据库配置"标题下的"所有初始化参数"链接，进入"初始化参数"界面，如图 8-4 所示。其中"当前"属性页中显示当前所有初始化参数的配置，"SPFile"属性页进行初始化参数设置。进入"SPFile"属性页后，在"名称"文本框中输入"audit_trail"后，单击"开始"按钮，则显示图 8-5 所示的参数设置界面，可以进行 audit_trail 参数值的设置，选择"DB"，然后单击"应用"按钮，完成参数值的设置。由于该参数为静态参数，故还需要重新启动数据库，数据库才能进入审计状态。

图 8-4 显示初始化参数界面

图 8-5 初始化参数设置界面

复 习 题

1. 简答题

（1）Oracle 数据库的安全控制机制有哪些？
（2）Oracle 数据库用户的认证方式有哪几种？
（3）Oracle 数据库中的权限有哪几种？
（4）Oracle 数据库中给用户授权的方法有哪几种，如何实现？

（5）简述 Oracle 数据库角色的种类、作用及如何利用角色为用户授权。
（6）Oracle 数据库系统权限的授予与回收和对象权限的授予与回收的区别是什么？
（7）简述 Oracle 数据库概要文件的作用。
（8）分别列举 5 种常用的系统权限、对象权限和 3 个角色，并说明其功能。
（9）列举概要文件中控制资源使用的参数，并说明如何设置。
（10）列举概要文件中口令管理的参数，并说明如何设置。

2. 实训题

（1）创建一个口令认证的数据库用户 usera_exer，口令为 usera，默认表空间为 USERS，配额为 10MB，初始账户为锁定状态。

（2）创建一个口令认证的数据库用户 userb_exer，口令为 userb。

（3）为 usera_exer 用户授予 CREATE SESSION 权限、scott.emp 的 SELECT 权限和 UPDATE 权限。同时允许该用户将获得的权限授予其他用户。

（4）将用户 usera_exer 的账户解锁。

（5）用 usera_exer 登录数据库，查询和更新 scott.emp 中的数据。同时，将 scott.emp 的 SELECT 和 UPDATE 权限授予用户 userb_exer。

（6）禁止用户 usera_exer 将获得的 CREATE SESSION 权限再授予其他用户。

（7）禁止用户 usera_exer 将获得的 scott.emp 的 SELECT 权限和 UPDATE 权限再授予其他用户。

（8）创建角色 rolea 和 roleb，将 CREATE TABLE 权限、scott.emp 的 INSERT 权限和 DELETE 权限授予 rolea；将 CONNECT，RESOURCE 角色授予 roleb。

（9）将角色 rolea，roleb 授予用户 usera_exer。

（10）为用户 usera_exer 创建一个概要文件，限定该用户的最长会话时间为 30 分钟，如果连续 10 分钟空闲，则结束会话。同时，限定其口令有效期为 20 天，连续登录 4 次失败后将锁定账户，10 天后自动解锁。

3. 选择题

（1）The default tablespace clause in the create user command sets the location for:
    A．Database Objects created by the user
    B．Temporary Objects created by the user
    C．System Objects created by the user
    D．None of the above

（2）What does sessions_per_user in a resource limit set?
    A．No. of Concurrent Sessions for the database
    B．No. of Sessions Per User
    C．No. of Processes Per User
    D．None of the above

（3）What value sets the no activity time before a user is disconnected?
    A．IDLE_TIME   B．DISCONNECT_TIME
    C．CONNECT_TIME   D．None of the above

（4）Which of the following statements is incorrect when used with ALTER USER usera?
    A．ADD QUOTA 5M   B．IDENTIFIED BY usera

C. DEFAULT TABLESPACE SYSTEM   D. None of the above
(5) What view consists information about the resource usage parameters for each profile?
    A. DBA_PROFILE   B. DBA_PROFILES
    C. DBA_USERS   D. DBA_RESOURCES
(6) Which of the following is not a system privilege?
    A. SELECT   B. UPDATE ANY
    C. CREATE VIEW   D. CREATE SESSION
(7) What keyword during the create user command, limits the space used by users objects in the database?
    A. Size   B. NEXT_EXTENT
    C. MAX_EXTENTS   D. QUOTA
(8) What operations are limited by the Quota on a tablespace?
    A. UPDATE   B. DELETE   C. CREATE   D. All of the above
(9) Profiles cannot be used to restrict which of the following?
    A. CPU time used
    B. Total time connected to the database
    C. Maximum time a session can be inactive
    D. Time spent reading blocks
(10) Which of the following is not a role?
    A. CONNECT   B. DBA
    C. RESOURCE   D. CREATE SESSION

第 9 章 备份与恢复

数据库的备份与恢复是保证数据库安全运行的一项重要内容，也是数据库管理员的重要职责。数据库运行过程中出现故障是不可避免的，如何最大限度地恢复数据库，减少数据的丢失，这就需要合理地制定数据库的备份与恢复策略。本章将主要介绍数据库备份与恢复的概念、类型以及手动备份与恢复数据库、逻辑备份与恢复数据库、利用 RMAN 备份与恢复数据库。

9.1 备份与恢复概述

9.1.1 备份与恢复的概念

1．备份与恢复的作用

在以数据库为数据管理中心的信息系统中，由于数据库故障而导致业务数据部分或全部丢失、系统运行失败的情况时有发生。因此，如何有效地预防数据库故障的发生以及在数据库发生故障后如何快速、有效地恢复数据库系统是数据库管理员的重要任务，其解决方法就是合理制定数据库的备份与恢复策略，执行有效的数据库备份与恢复操作。

备份与恢复是数据库的一对相反操作，备份保存数据库中数据的副本，而恢复是在数据库出现故障时使用备份的副本恢复数据库。

在 Oracle 数据库中，既可以由管理员手动进行备份与恢复操作，也可以利用 Oracle 恢复管理器（RMAN）自动进行备份与恢复操作。

2．备份的概念与类型

数据库备份就是对数据库中部分或全部数据进行复制，形成副本，存放到一个相对独立的设备上，如磁盘、磁带，以备将来数据库出现故障时使用。

根据数据备份方式的不同，数据库备份分为物理备份和逻辑备份两类。物理备份是将组成数据库的数据文件、重做日志文件、控制文件、初始化参数文件等操作系统文件进行复制，将形成的副本保存到与当前系统独立的磁盘或磁带上。逻辑备份是指利用 Oracle 提供的导出工具（如 Expdp, Export）将数据库中的数据抽取出来存放到一个二进制文件中。通常，数据库备份以物理备份为主，逻辑备份为辅。

根据数据库备份时是否关闭数据库服务器，物理备份分为冷备份和热备份两种情况。冷备份又称停机备份，是指在关闭数据库的情况下将所有的数据库文件复制到另一个磁盘或磁带上去。热备份又称联机备份，是指在数据库运行的情况下对数据库进行的备份。要进行热备份，数据库必须运行在归档日志模式下。

根据数据库备份的规模不同，物理备份还可以分为完全备份和部分备份。完全备份是指对整个数据库进行备份，包括所有的物理文件。部分备份是对部分数据文件、表空间、控制文件、归档重做日志文件等进行备份。

根据数据库是否运行在归档模式，物理备份还可以分为归档备份和非归档备份。

3. 恢复的概念、类型与恢复机制

数据库恢复是指在数据库发生故障时，使用数据库备份还原数据库，使数据库恢复到无故障状态。

根据数据库恢复时使用的备份不同，恢复分为物理恢复和逻辑恢复两类。所谓的物理恢复就是，利用物理备份来恢复数据库，即利用物理备份文件恢复损毁文件，是在操作系统级别上进行的。逻辑恢复是指利用逻辑备份的二进制文件，使用 Oracle 提供的导入工具（如 Impdp，Import）将部分或全部信息重新导入数据库，恢复损毁或丢失的数据。

根据数据库恢复程度的不同，恢复可分为完全恢复和不完全恢复。数据库出现故障后，如果能够利用备份使数据库恢复到出现故障时的状态，称为完全恢复，否则称为不完全恢复。

数据库的恢复分 3 个步骤进行：首先使用一个完整备份将数据库恢复到备份时刻的状态；然后利用归档日志文件和联机重做日志文件中的日志信息，采用前滚技术（Roll Forward）重做备份以后已经完成并提交的事物；最后利用回滚技术（Roll Back）取消发生故障时已写入日志文件但没有提交的事物，将数据库恢复到故障时刻的状态。

例如，在图 9-1 所示案例中，在 T1 和 T3 时刻进行了两次数据库备份，在 T5 时刻数据库出现故障。如果使用 T1 时刻的备份 1 恢复数据库，则只能恢复到 T1 时刻的状态，即不完全恢复，因为缺少从 T1 时刻到 T2 时刻的归档日志；如果使用 T3 时刻的备份 2 恢复数据库，则可以恢复到 T3 时刻到 T5 时刻的任意状态，因为从 T3 时刻到 T5 时刻所有的日志文件是完整的（归档日志与联机日志）。

图 9-1　数据库恢复的过程

由图 9-1 的分析可以看出，如果数据库处于归档模式，且日志文件是完整的，则可以将数据库恢复到备份时刻后的任意状态，实现完全恢复或不完全恢复；如果数据库处于非归档模式，则只能将数据库恢复到备份时刻的状态，即实现不完全恢复。

9.1.2　Oracle 数据库故障类型及恢复措施

数据库在运行过程中可能出现多种类型的故障，不同类型的故障需要管理员采取不同的备份与恢复策略。

在 Oracle 数据库中常见的故障包括以下 6 种。

1. 语句故障

语句故障是指执行 SQL 语句时发生的故障。例如，对不存在的表执行 SELECT 操作、向已无空间可用的表中执行 INSERT 操作等都会发生语句故障，Oracle 将返回给用户一个错误信息。语句故障通常不需要 DBA 干预，Oracle 会自动回滚产生错误的 SQL 语句操作。

2. 进程故障

进程故障是指用户进程、服务器进程或数据库后台进程由于某种原因而意外终止，此时该

进程将无法使用,但不影响其他进程的运行。Oracle 的后台进程 PMON 能够自动监测并恢复故障进程。如果该进程无法恢复,则需要 DBA 关闭并重新启动数据库实例。

3. 用户错误

用户错误是指用户在使用数据库时产生的错误。例如,用户意外删除某个表或表中的数据。用户错误无法由 Oracle 自动进行恢复,管理员可以使用逻辑备份来恢复。

4. 实例失败

实例失败是指由于某种原因导致数据库实例无法正常工作。例如,突然断电导致数据库服务器立即关闭、数据库服务器硬件故障导致操作系统无法运行等。实例失败时,需要进行实例重新启动,在实例重新启动的过程中,数据库后台进程 SMON 会自动对实例进行恢复。

5. 网络故障

网络故障是指由于通信软件或硬件故障,导致应用程序或用户与数据库服务器之间的通信中断。数据库的后台进程 PMON 将自动监测并处理意外中断的用户进程和服务器进程。

6. 介质故障

介质故障是指由于各种原因引起的数据库数据文件、控制文件或重做日志文件的损坏,导致系统无法正常运行。例如,磁盘损坏导致文件系统被破坏。介质故障是数据库备份与恢复中主要关心的故障类型,需要管理员提前做好数据库的备份,否则将导致数据库无法恢复。

本章将主要针对介质故障的备份与恢复进行介绍。

9.2 物理备份与恢复

9.2.1 冷备份

如果数据库可以正常关闭,而且允许关闭足够长的时间,那么就可以采用冷备份(脱机备份),可以是归档冷备份,也可以是非归档冷备份。其方法是首先关闭数据库,然后备份所有的物理文件,包括数据文件、控制文件、联机重做日志文件等。

在 SQL*Plus 环境中进行数据库冷备份的步骤如下。

(1) 启动 SQL*Plus,以 SYSDBA 身份登录数据库

(2) 查询当前数据库所有数据文件、控制文件、联机重做日志文件的位置

```
SQL>SELECT file_name FROM dba_data_files;
SQL>SELECT member FROM v$logfile;
SQL>SELECT value FROM v$parameter WHERE name='control_files';
```

(3) 关闭数据库

```
SQL>SHUTDOWN IMMEDIATE
```

(4) 复制所有数据文件、联机重做日志文件以及控制文件到备份磁盘

可以直接在操作系统中使用复制、粘贴方式进行,也可以使用下面的操作系统命令完成:

```
SQL>HOST COPY 原文件名称  目标路径名称
```

(5) 重新启动数据库

```
SQL>STARTUP
```

9.2.2 热备份

虽然冷备份简单、快捷,但是在很多情况下,例如数据库运行于 24×7 状态时(每天工作

24 小时，每周工作 7 天)，没有足够的时间可以关闭数据库进行冷备份，这时只能采用热备份。

热备份是数据库在归档模式下进行的数据文件、控制文件、归档日志文件等的备份。

在 SQL*Plus 环境中进行数据库完全热备份的步骤如下。

（1）启动 SQL*Plus，以 SYSDBA 身份登录数据库

（2）将数据库设置为归档模式

由于热备份是数据库处于归档模式下的备份，因此在热备份之前需要保证数据库已经处于归档模式。可以执行 ARCHIVE LOG LIST 命令，查看当前数据库是否处于归档日志模式。如果没有处于归档日志模式，需要先将数据库转换为归档模式，并启动自动存档。关于数据库归档模式的设置详见 3.5 节的介绍。

（3）以表空间为单位，进行数据文件备份

① 查看当前数据库有哪些表空间，以及每个表空间中有哪些数据文件。
```
SQL>SELECT tablespace_name,file_name FROM dba_data_files
    ORDER BY tablespace_name;
```
② 分别对每个表空间中的数据文件进行备份，其方法为：
- 将需要备份的表空间（如 USERS）设置为备份状态
```
SQL>ALTER TABLESPACE USERS BEGIN BACKUP;
```
- 将表空间中所有的数据文件复制到备份磁盘
```
SQL>HOST COPY
    D:\ORACLE\PRODUCT\10.2.0\ORADATA\ORCL\USERS01.DBF
    D:\ORACLE\BACKUP\USERS01.DBF
```
- 结束表空间的备份状态
```
SQL>ALTER TABLESPACE USERS END BACKUP;
```
对数据库中所有表空间分别采用该步骤进行备份。

（4）备份控制文件

通常应该在数据库物理结构做出修改之后，如添加、删除或重命名数据文件，添加、删除或修改表空间，添加或删除重做日志文件和重做日志文件组等，都需要重新备份控制文件。

① 将控制文件备份为二进制文件。
```
SQL>ALTER DATABASE BACKUP CONTROLFILE TO 'D:\ORACLE\BACKUP\CONTROL.BKP';
```
② 将控制文件备份为文本文件。
```
SQL>ALTER DATABASE BACKUP CONTROLFILE TO TRACE;
```

（5）备份其他物理文件

① 归档当前的联机重做日志文件。
```
SQL>ALTER SYSTEM ARCHIVE LOG CURRENT;
```
归档当前的联机重做日志文件，也可以通过日志切换完成。
```
SQL>ALTER SYSTEM SWITCH LOGFILE;
```
② 备份归档重做日志文件，将所有的归档重做日志文件复制到备份磁盘中。
③ 备份初始化参数文件，将初始化参数文件复制到备份磁盘中。

9.2.3 非归档模式下数据库的恢复

非归档模式下数据库的恢复主要指利用非归档模式下的冷备份恢复数据库，其步骤如下。

① 关闭数据库。

```
SQL>SHUTDOWN IMMEDIATE
```
② 将备份的所有数据文件、控制文件、联机重做日志文件还原到原来所在的位置。
③ 重新启动数据库。
```
SQL>STARTUP
```
注意：非归档模式下的数据库恢复是不完全恢复，只能将数据库恢复到最近一次完全冷备份的状态。

9.2.4 归档模式下数据库的完全恢复

归档模式下数据库的完全恢复是指归档模式下一个或多个数据文件损坏，利用热备份的数据文件替换损坏的数据文件，再结合归档日志文件和联机重做日志文件，采用前滚技术重做自备份以来的所有改动，采用回滚技术回滚未提交的操作，以恢复到数据库故障时刻的状态。因此，数据库完全恢复的前提条件是归档日志文件、联机重做日志文件以及控制文件都没有损坏。

根据数据文件损坏程度的不同，数据库完全恢复可分为数据库级、表空间级、数据文件级 3 种类型。数据库级完全恢复主要应用于所有或多数数据文件损坏的恢复；表空间级完全恢复是对指定表空间中的数据文件进行恢复；数据文件级完全恢复是针对特定的数据文件进行恢复。

数据库级的完全恢复只能在数据库装载但没有打开的状态下进行，而表空间级完全恢复和数据文件级完全恢复可以在数据库处于装载状态或打开的状态下进行。

归档模式下数据库完全恢复的基本语法为：
```
RECOVER [AUTOMATIC] [FROM 'location']
    [DATABASE|TABLESPACE tspname |DATAFILE dfname]
```
其中：
- AUTOMATIC：进行自动恢复，不需要 DBA 提供重做日志文件名称。
- location：制定归档重做日志文件的位置。默认为数据库默认的归档路径。

1. 数据库级完全恢复

在 SQL*Plus 环境中进行数据库级完全恢复的步骤如下。

（1）如果数据库没有关闭，则强制关闭数据库
```
SQL>SHUTDOWN ABORT
```
（2）利用备份的数据文件还原所有损坏的数据文件
（3）将数据库启动到 MOUNT 状态
```
SQL>STARTUP MOUNT
```
（4）执行数据库恢复命令
```
SQL>RECOVER DATABASE
```
（5）打开数据库
```
SQL>ALTER DATABASE OPEN;
```

2. 表空间级完全恢复

下面以 EXAMPLE 表空间的数据文件 example01.dbf 损坏为例模拟表空间级的完全恢复。

（1）数据库处于装载状态下的恢复
① 如果数据库没有关闭，则强制关闭数据库。
```
SQL>SHUTDOWN ABORT
```
② 利用备份的数据文件 example01.dbf 还原损坏的数据文件 example01.dbf。
③ 将数据库启动到 MOUNT 状态。

```
SQL>STARTUP MOUNT
```
④ 执行表空间恢复命令。
```
SQL>RECOVER TABLESPACE EXAMPLE
```
⑤ 打开数据库。
```
SQL>ALTER DATABASE OPEN;
```
（2）数据库处于打开状态下的恢复
① 如果数据库已经关闭，则将数据库启动到 MOUNT 状态。
```
SQL>STARTUP MOUNT
```
② 将损坏的数据文件设置为脱机状态。
```
SQL>ALTER DATABASE DATAFILE
    'D:\oracle\product\10.2.0\oradata\orcl\EXAMPLE01.DBF' OFFLINE;
```
③ 打开数据库。
```
SQL>ALTER DATABASE OPEN;
```
④ 将损坏的数据文件所在的表空间脱机。
```
SQL>ALTER TABLESPACE EXAMPLE OFFLINE FOR RECOVER;
```
⑤ 利用备份的数据文件 example01.dbf 还原损坏的数据文件 example01.dbf。
⑥ 执行表空间恢复命令。
```
SQL>RECOVER TABLESPACE EXAMPLE;
```
⑦ 将表空间联机。
```
SQL>ALTER TABLESPACE EXAMPLE ONLINE;
```
如果数据文件损坏时数据库正处于打开状态，则可以直接执行步骤④～⑦。

3．数据文件级完全恢复

下面以数据文件 D:\oracle\product\10.2.0\oradata\orcl\example01.dbf 损坏为例模拟数据文件级的完全恢复。

（1）数据库处于装载状态下的恢复
① 如果数据库没有关闭，则强制关闭数据库。
```
SQL>SHUTDOWN ABORT
```
② 利用备份的数据文件 example01.dbf 还原损坏的数据文件 example01.dbf。
③ 将数据库启动到 MOUNT 状态。
```
SQL>STARTUP MOUNT
```
④ 执行数据文件恢复命令。
```
SQL>RECOVER DATAFILE
    'D:\ORACLE\PRODUCT\10.2.0\ORADATA\ORCL\EXAMPLE01.DBF';
```
⑤ 将数据文件联机。
```
SQL>ALTER DATABASE DATAFILE
    'D:\oracle\product\10.2.0\oradata\orcl\EXAMPLE01.DBF' ONLINE
```
⑥ 打开数据库。
```
SQL>ALTER DATABASE OPEN;
```
（2）数据库处于打开状态下的恢复
① 如果数据库已经关闭，则将数据库启动到 MOUNT 状态。
```
SQL>STARTUP MOUNT
```
② 将损坏的数据文件设置为脱机状态。

```
SQL>ALTER DATABASE DATAFILE
    'D:\oracle\product\10.2.0\oradata\orcl\EXAMPLE01.DBF' OFFLINE;
```
③ 打开数据库。
```
SQL>ALTER DATABASE OPEN;
```
④ 利用备份的数据文件 example01.dbf 还原损坏的数据文件 example01.dbf。
⑤ 执行数据文件恢复命令。
```
SQL>RECOVER DATAFILE
    'D:\oracle\product\10.2.0\oradata\orcl\EXAMPLE01.DBF';
```
⑥ 将数据文件联机。
```
SQL>ALTER DATABASE DATAFILE
    'D:\oracle\product\10.2.0\oradata\orcl\EXAMPLE01.DBF' ONLINE;
```
如果数据文件损坏时数据库正处于打开状态，则可以直接执行步骤②、④～⑥。

4．数据库完全恢复示例

下面以 SYSTEM 表空间的数据文件 D:\oracle\product\10.2.0\oradata\orcl\system01.dbf 损坏为例演示归档模式下的完全恢复操作。

① 首先进行一次归档模式下的数据库完整备份。
② 以 SYSDBA 身份登录数据库进行下列操作。
```
SQL>CREATE TABLE test_rec(ID NUMBER PRIMARY KEY,NAME CHAR(20))
    TABLESPACE SYSTEM;
SQL>INSERT INTO test_rec VALUES(1,'ZHANGSAN');
SQL>COMMIT;
SQL>INSERT INTO test_rec VALUES(2,'LISI');
SQL>COMMIT;
SQL>ALTER SYSTEM SWITCH LOGFILE;
SQL>SELECT * FROM test_rec;
ID      NAME
-----------------
1       ZHANGSAN
2       LISI
SQL> SHUTDOWN ABORT;
```
③ 删除 SYSTEM 表空间的数据文件 D:\oracle\product\10.2.0\oradata\orcl\system01.dbf，以模拟数据文件损坏的情形。

④ 用备份的数据文件 D:\oracle\product\10.2.0\oradata\orcl\system01.dbf 还原损坏（本文为被删除）的数据文件 D:\oracle\product\10.2.0\oradata\orcl\system01.dbf。

⑤ 执行恢复操作。由于 SYSTEM 表空间不能在数据库打开后进行恢复，因此只能在数据库处于装载状态时进行恢复。
```
SQL>STARTUP MOUNT
SQL>RECOVER DATABASE;
SQL>ALTER DATABASE OPEN;
SQL>SELECT * FROM test_rec;
ID      NAME
-------------------
1       ZHANGSAN
2       LISI
```

9.2.5 归档模式下数据库的不完全恢复

1. 数据库不完全恢复概述

在归档模式下，数据库的不完全恢复主要是指归档模式下数据文件损坏后，没有将数据库恢复到故障时刻的状态。

在进行数据库不完全恢复之前，首先确保对数据库进行了完全备份；在不完全恢复后，需要使用 RESETLOGS 选项打开数据库，原来的重做日志文件被清空，新的重做日志文件序列号重新从 1 开始，因此原来的归档日志文件都不再起作用了，应该移走或删除；打开数据库后，应该及时备份数据库，因为原来的备份都已经无效了。

由于归档模式下，对数据文件只能执行前滚操作，而无法将已经提交的操作回滚，因此只能通过应用归档重做日志文件和联机重做日志文件将备份时刻的数据库向前恢复到某个时刻，而不能将数据库向后恢复到某个时刻。所以，在进行数据文件损坏的不完全恢复时必须先使用完整的数据文件备份将数据库恢复到备份时刻的状态。

如果数据库的所有多路镜像的控制文件都损坏了，那么可以使用备份的控制文件进行恢复。

不完全恢复分为以下 3 种类型。
- 基于时间的不完全恢复：将数据库恢复到备份与故障时刻之间的某个特定时刻。
- 基于撤销的不完全恢复：数据库的恢复随用户输入 CANCEL 命令而中止。
- 基于 SCN 的不完全恢复：将数据库恢复到指定的 SCN 值时的状态。

不完全恢复的语法为：
```
RECOVER [AUTOMATIC] [FROM 'location'][DATABASE]
[UNTIL TIME time|CANCEL|CHANGE scn]
[USING BACKUP CONTROLFILE]
```

2. 数据文件损坏的数据库不完全恢复的步骤

数据文件损坏的数据库不完全恢复的基本步骤如下。

① 如果数据库没有关闭，则强制关闭数据库。
```
SQL>SHUTDOWN ABORT
```

② 用备份的所有数据文件还原当前数据库的所有数据文件，即将数据库的所有数据文件恢复到备份时刻的状态。

③ 将数据库启动到 MOUNT 状态。
```
SQL>STARTUP MOUNT
```

④ 执行数据文件的不完全恢复命令。
```
SQL>RECOVER DATABASE UNTIL TIME time;(基于时间恢复)
SQL>RECOVER DATABASE UNTIL CANCEL;（基于撤销恢复）
SQL>RECOVER DATABASE UNTIL CHANGE scn;（基于 SCN 恢复）
```

可以通过查询数据字典视图 V$LOG_HISTORY 获得时间和 SCN 的信息。

⑤ 不完全恢复完成后，使用 RESETLOGS 选项启动数据库。
```
SQL>ALTER DATABASE OPEN RESETLOGS;
```

3. 数据库不完全恢复的示例

数据库不完全恢复的 3 类方法操作过程基本相似，下面以基于时间的不完全恢复来演示操作的过程。

注意：为了避免由于不完全恢复操作失败导致数据库无法恢复，切记先对数据库进行一次归档模式下的完全备份。

```
SQL>CREATE TABLE scott.test(ID NUMBER PRIMARY KEY, NAME CHAR(10));
SQL>SET TIME ON
09:39:36 SQL>INSERT INTO scott.test VALUES(1,'WANG');
09:40:04 SQL>COMMIT;
09:40:07 SQL>ALTER SYSTEM SWITCH LOGFILE;
09:40:16 SQL>INSERT INTO scott.test VALUES(2,'ZHANG');
09:40:33 SQL>COMMIT;
09:40:35 SQL>ALTER SYSTEM SWITCH LOGFILE;
09:40:48 SQL>INSERT INTO scott.test VALUES(3,'LI');
09:41:03 SQL>COMMIT;
09:41:05 SQL>ALTER SYSTEM SWITCH LOGFILE;
09:41:17 SQL>DELETE FROM scott.test WHERE id=2;
09:41:49 SQL>COMMIT;
09:41:54 SQL>ALTER SYSTEM SWITCH LOGFILE;
09:42:00 SQL>SELECT * FROM scott.test;
ID      NAME
----------------
1       WANG
3       LI
```

执行完上述操作后,通过查询数据字典视图 V$LOG_HISTORY 获取上述操作的日志信息。

```
09:42:42 SQL>ALTER SESSION SET NLS_DATE_FORMAT='YYYY-MM-DD HH24:MI:SS';
09:44:58 SQL>SELECT RECID,STAMP,SEQUENCE#,FIRST_CHANGE#, FIRST_TIME,
              NEXT_CHANGE# FROM V$LOG_HISTORY;
RECID   STAMP       SEQUENCE#   FIRST_CHANGE#   FIRST_TIME            NEXT_CHANGE#
-----------------------------------------------------------------------------------
  1     681210952      1           534907       2016-03-11 09:13:47     567860
  2     681210966      2           567860       2016-03-11 09:15:52     573783
  3     681212416      3           573783       2016-03-11 09:16:06     578274
  4     681212448      4           578274       2016-03-11 09:40:15     578286
  5     681212477      5           578286       2016-03-11 09:40:48     578303
  6     681212520      6           578303       2016-03-11 09:41:17     578319
```

如果此时用户发现删除数据的操作是错误的,或数据文件发生了损坏,需要恢复到删除操作之前的状态,此时就需要采用不完全恢复。通过前面的操作可以知道,删除操作对应的日志序列号为 6,第一个事务的 SCN 为 578303,起始时间为 2016-03-11 09:41:17。

```
10:32:21 SQL>SHUTDOWN ABORT
```

用所有的数据文件备份还原当前数据库的所有数据文件。

```
10:32:38 SQL>STARTUP MOUNT
10:35:42 SQL>RECOVER DATABASE UNTIL TIME '2016-03-11 09:41:17'
ORA-00279: 更改 577981 (在 03/11/2016 09:35:21 生成) 对于线程 1 是必需的
ORA-00289: 建议:
D:\ORACLE\PRODUCT\10.2.0\FLASH_RECOVERY_AREA\ORCL\ARCHIVELOG\2016_03_1
         1\ O1_MF_1_3_%U_.ARC
ORA-00280: 更改 577981 (用于线程 1) 在序列 #3 中
10:36:26 指定日志: {<RET>=suggested | filename | AUTO | CANCEL}
ORA-00279: 更改 578274 (在 03/11/2016 09:40:15 生成) 对于线程 1 是必需的
ORA-00289: 建议:
D:\ORACLE\PRODUCT\10.2.0\FLASH_RECOVERY_AREA\ORCL\ARCHIVELOG\2016_03_1
         1\ O1_MF_1_4_%U_.ARC
```

```
ORA-00280: 更改 578274 (用于线程 1) 在序列 #4 中
ORA-00278: 此恢复不再需要日志文件
'D:\ORACLE\PRODUCT\10.2.0\FLASH_RECOVERY_AREA\ORCL\ARCHIVELOG\2016_03_
        11\O1_MF_1_3_4VG5N07T_.ARC'
10:36:43 指定日志: {<RET>=suggested | filename | AUTO | CANCEL}
ORA-00279: 更改 578286 (在 03/11/2016 09:40:48 生成) 对于线程 1 是必需的
ORA-00289: 建议:
D:\ORACLE\PRODUCT\10.2.0\FLASH_RECOVERY_AREA\ORCL\ARCHIVELOG\2016_03_1
        1\ O1_MF_1_5_%U_.ARC
ORA-00280: 更改 578286 (用于线程 1) 在序列 #5 中
ORA-00278: 此恢复不再需要日志文件
'D:\ORACLE\PRODUCT\10.2.0\FLASH_RECOVERY_AREA\ORCL\ARCHIVELOG\2016_03_
        11\O1_MF_1_4_4VG5O05V_.ARC'
10:36:45 指定日志: {<RET>=suggested | filename | AUTO | CANCEL}
已应用的日志。
完成介质恢复。
10:36:50 SQL>ALTER DATABASE OPEN RESETLOGS;
10:37:42 SQL>SELECT * FROM scott.test;
ID      NAME
---------------
1       WANG
2       ZHANG
3       LI
```

此时,数据库恢复到了用户删除操作之前的状态。

在此例中,如果要使用基于 SCN 的不完全恢复,则应该将恢复命令修改为:

```
SQL> RECOVER DATABASE UNTIL CHANGE 578303;
```

4. 控制文件损坏的数据库不完全恢复

① 如果数据库没有关闭,则强制关闭数据库。

```
SQL>SHUTDOWN ABORT
```

② 用备份的所有数据文件和控制文件还原当前数据库的所有数据文件、控制文件,即将数据库的所有数据文件、控制文件恢复到备份时刻的状态。

③ 将数据库启动到 MOUNT 状态。

```
SQL>STARTUP MOUNT
```

④ 执行不完全恢复命令。

```
SQL>RECOVER DATABASE UNTIL TIME time USING BACKUP CONTROLFILE;
SQL>RECOVER DATABASE UNTIL CANCEL USING BACKUP CONTROLFILE;
SQL>RECOVER DATABASE UNTIL CHANGE scn USING BACKUP CONTROLFILE;
```

⑤ 不完全恢复完成后,使用 RESETLOGS 选项启动数据库。

```
SQL>ALTER DATABASE OPEN RESETLOGS;
```

9.3 逻辑备份与恢复

9.3.1 逻辑备份与恢复概述

1. 逻辑备份与恢复的特点

逻辑备份是指利用 Oracle 提供的导出工具,将数据库中选定的记录集或数据字典的逻辑副本以二进制文件的形式存储到操作系统中。这个逻辑备份的二进制文件称为转储文件,以

dmp 格式存储。逻辑恢复是指利用 Oracle 提供的导入工具将逻辑备份形成的转储文件导入数据库内部，进行数据库的逻辑恢复。

与物理备份与恢复不同，逻辑备份与恢复必须在数据库运行的状态下进行，因此当数据库发生介质损坏而无法启动时，不能利用逻辑备份恢复数据库。因此，数据库备份与恢复是以物理备份与恢复为主，逻辑备份与恢复为辅的。

逻辑备份与恢复有以下特点及用途：

① 可以在不同版本的数据库间进行数据移植，可以从 Oracle 数据库的低版本移植到高版本；

② 可以在不同操作系统上运行的数据库间进行数据移植，例如可以从 Windows 系统迁移到 UNIX 系统等；

③ 可以在数据库模式之间传递数据，即先将一个模式中的对象进行备份，然后再将该备份导入到数据库其他模式中；

④ 数据的导出与导入与数据库物理结构没有关系，是以对象为单位进行的，这些对象在物理上可能存储于不同的文件中；

⑤ 对数据库进行一次逻辑备份与恢复操作能重新组织数据，消除数据库中的链接及磁盘碎片，从而使数据库的性能有较大的提高；

⑥ 除了进行数据的备份与恢复外，还可以进行数据库对象定义、约束、权限等的备份与恢复。

2. 数据泵技术

在 Oracle 9i 及其之前的数据库版本中，Oracle 数据库提供了 Export 和 Import 实用程序，用于实现数据库逻辑备份与恢复。在 Oracle 10g 数据库中又推出了数据泵技术，即 Data Pump Export（Expdp）和 Data Pump Import（Impdp）实用程序，实现数据库的逻辑备份与恢复。需要注意的是，这两类逻辑备份与恢复实用程序虽然在使用上非常相似，但之间并不兼容。使用 Export 备份的转储文件，不能使用 Impdp 进行导入；同样，使用 Expdp 备份的转储文件，也不能使用 Import 工具进行导入。

数据泵技术是 Oracle 10g 的新技术，与 Export，Import 是客户端实用程序不同，Expdp 和 Impdp 是服务器端实用程序，即 Export，Import 可以在服务器端使用，也可以在客户端使用，而 Expdp，Impdp 只能在数据库服务器端使用。因此，利用数据泵技术可以在服务器端多线程并行地执行大量数据的导出与导入操作。数据泵技术具有重新启动作业的能力，即当发生数据泵作业故障时，DBA 或用户进行干预修正后，可以发出数据泵重新启动命令，使作业从发生故障的位置继续进行。

由于 Expdp 和 Impdp 实用程序是服务器端程序，因此其转储文件只能存放在由 DIRECTORY 对象指定的特定数据库服务器操作系统目录，而不能使用直接指定的操作系统目录。所以，在使用 Expdp，Impdp 程序之前需要创建 DIRECTORY 对象，并将该对象的 READ，WRITE 权限授予用户。例如：

```
SQL>CREATE OR REPLACE DIRECTORY dumpdir AS 'D:\ORACLE\BACKUP';
SQL>GRANT READ,WRITE ON DIRECTORY dumpdir TO SCOTT;
```

此外，如果用户要导出或导入非同名模式的对象，还需要具有 EXP_FULL_DATABASE 和 IMP_FULL_DATABASE 权限。例如：

```
SQL>GRANT EXP_FULL_DATABASE,IMP_FULL_DATABASE TO SCOTT;
```

9.3.2 使用 Expdp 导出数据

1．Expdp 调用接口

Expdp 实用程序提供了 3 种应用接口供用户调用。

① 命令行接口（Command-Line Interface）：在命令行中直接指定参数设置。

② 参数文件接口（Parameter File Interface）：将需要的参数设置放到一个文件中，在命令行中用 PARFILE 参数指定参数文件。

③ 交互式命令接口（Interactive-Command Interface）：用户可以通过交互命令进行导出操作管理。

2．Expdp 导出模式

导出模式决定了所要导出的内容范围。Expdp 提供了 5 种导出模式，在命令行中通过参数设置来指定。

① 全库导出模式（Full Export Mode）：通过参数 FULL 指定，导出整个数据库。

② 模式导出模式（Schema Mode）：通过参数 SCHEMAS 指定，是默认的导出模式，导出指定模式中的所有对象。

③ 表导出模式（Table Mode）：通过参数 TABLES 指定，导出指定模式中指定的所有表、分区及其依赖对象。

④ 表空间导出模式（Tablespace Mode）：通过参数 TABLESPACES 指定，导出指定表空间中所有表及其依赖对象的定义和数据。

⑤ 传输表空间导出模式（Transportable Tablespace）：通过参数 TRANSPORT_TABLESPACES 指定，导出指定表空间中所有表及其依赖对象的定义。通过该导出模式以及相应导入模式，可以实现将一个数据库表空间的数据文件复制到另一个数据库中。

3．Expdp 帮助及参数

（1）获取 Expdp 帮助信息

在操作系统的命令提示符窗口中输入 expdp HELP=Y 命令，可以查看 Expdp 程序的使用、关键字（参数）、交互命令等介绍。例如：

```
C:\>expdp HELP=Y
Export: Release 10.2.0.1.0 - Production on 星期六, 14 3月, 2016 10:00:21
Copyright (c) 2003, 2005, Oracle.  All rights reserved.
```
　　数据泵导出实用程序提供了一种用于在 Oracle 数据库之间传输数据对象的机制。该实用程序可以使用以下命令进行调用：

　　　　示例: expdp scott/tiger DIRECTORY=dmpdir DUMPFILE=scott.dmp

　　您可以控制导出的运行方式。具体方法是：在 'expdp' 命令后输入各种参数。要指定各参数，请使用关键字：

　　　　格式: expdp KEYWORD=value 或 KEYWORD=(value1,value2,...,valueN)
　　　　示例: expdp scott/tiger DUMPFILE=scott.dmp DIRECTORY=dmpdir SCHEMAS=scott
　　　　　　或 TABLES=(T1:P1,T1:P2), 如果 T1 是分区表

USERID 必须是命令行中的第一个参数。

......

（2）Expdp 参数详解

Expdp 命令的参数及其说明见表 9-1。

表 9-1 Expdp 命令参数及其说明

参 数 名 称	说 明
ATTACH	把导出结果附加在一个已存在的导出作业中,默认为当前模式唯一的导出作业。语法为:ATTACH [=[schema_name.]job_name]
CONTENT	指定要导出的内容。语法为:CONTENT=[ALL | DATA_ONLY | METADATA_ONLY]。ALL 表示导出对象的定义及其数据;DATA_ONLY 表示只导出对象的数据;METADATA_ONLY 表示只导出对象的定义。默认为 ALL
DIRECTORY	指定转储文件和日志文件所在位置的目录对象,该对象由 DBA 预先创建。语法为:DIRECTORY=directory_object
DUMPFILE	指定转储文件名称列表,可以包含目录对象名,默认值为 expdat.dmp。语法为:DUMPFILE=[directory_object:]file_name [, ...]
ESTIMATE	指定用于估计导出作业中每个表中的数据占用磁盘空间大小的方法。语法为:ESTIMATE=[BLOCKS | STATISTICS]。默认值为 BLOCKS
ESTIMATE_ONLY	指定是否估计导出作业占用磁盘空间大小。语法为:ESTIMATE_ONLY=[YES | NO]。默认值为 NO
EXCLUDE	指定导出操作中要排除的对象类型和对象定义。语法为:EXCLUDE= object_type[:name_clause] [, ...]
FILESIZE	指定转储文件的最大尺寸。语法为:FILESIZE=integer[B | K | M | G]。默认值为 0,表示不受限制
FLASHBACK_SCN	指定导出操作时,允许数据库闪回到特定的 SCN。语法为:FLASHBACK_SCN=scn_value
FLASHBACK_TIME	指定导出操作时,用于获取最接近指定时间的 SCN,然后进行闪回。语法为:FLASHBACK_TIME="TO_TIMESTAMP(time-value)"
FULL	指定是否进行全数据库导出,包括所有数据及定义。语法为:FULL=[YES | NO]。默认值为 NO
HELP	指定是否显示 Export 命令的在线帮助。语法为:HELP = [YES| NO]。默认值为 NO
INCLUDE	指定导出操作中要导出的对象类型和对象定义。语法为:INCLUDE= object_type[:name_clause] [, ...]
JOB_NAME	指定导出作业的名称。语法为 JOB_NAME=jobname_string。默认值为系统自动为作业生成一个名称
LOGFILE	指定导出日志文件的名称。语法为:LOGFILE=[directory_object:]file_name。默认值为 export.log
NETWORK_LINK	指定网络导出时的数据库链接名称。语法为:NETWORK_LINK=source_database_link
NOLOGFILE	指定是否生成导出日志文件。语法为:NOLOGFILE=[YES|NO]。默认值为 NO
PARALLEL	指定执行导出作业时的并行进程最大个数。语法为:PARALLEL=integer。默认值为 1
PARFILE	指定导出参数文件的名称。语法为:PARFILE=[directory_path]file_name
QUERY	指定导出操作中 SELECT 语句中的数据导出条件。语法为:QUERY = [schema.][table_name:] query_clause
SCHEMAS	指定进行模式导出及模式列表。语法为:SCHEMAS=schema_name [, ...]。默认为当前模式
STATUS	指定显示导出作业状态的时间间隔。语法为:STATUS=[integer]。默认值为 0,表示操作结束时显示
TABLES	指定进行表模式导出及表列表。语法为:TABLES=[schema_name.]table_name[:partition_name] [, ...]
TABLESPACES	指定进行表空间模式导出及表空间列表。语法为:TABLESPACES=tablespace_name [, ...]
TRANSPORT_FULL_CHECK	用于在传输表空间导出模式中指定是否进行导出表空间中的对象与非导出表空间对象间依赖关系的检查。语法为:TRANSPORT_FULL_CHECK=[YES|NO]。默认值为 NO
TRANSPORT_TABLESPACES	指定进行传输表空间模式导出及表空间列表。语法为:TRANSPORT_TABLESPACES=tablespace_name [, ...]
VERSION	指定被导出的数据库对象的版本。语法为:VERSION=[COMPATIBLE | LATEST | version_string]。默认值为 COMPATIBLE

4．Expdp 应用实例

（1）命令行方式导出

① 表导出模式。表导出模式将一个或多个表的结构及其数据导出到转储文件中。导出表

时，每次只能导出一个模式中的表。

例如，导出 scott 模式下的 emp 表和 dept 表，转储文件名称为 emp_dept.dmp，日志文件命名为 emp_dept.log，作业命名为 emp_dept_job，导出操作启动 3 个进程。执行过程为：

```
C:\>expdp scott/tiger DIRECTORY=dumpdir DUMPFILE=emp_dept.dmp
    LOGFILE=emp_dept.log TABLES=emp,dept JOB_NAME=emp_dept_job PARALLEL=3
Export: Release 10.2.0.1.0 - Production on 星期五, 13 3月, 2016 22:00:18
Copyright (c) 2003, 2005, Oracle.  All rights reserved.
连接到: Oracle Database 10g Enterprise Edition Release 10.2.0.1.0 - Production
With the Partitioning, OLAP and Data Mining options
启动"SCOTT"."EMP_DEPT_JOB":scott/******DIRECTORY=dumpdir DUMPFILE=emp_dept
.dmp LOGFILE=emp_dept.log TABLES=emp,dept JOB_NAME=emp_dept_job PARALLEL=3
正在使用 BLOCKS 方法进行估计...
处理对象类型 TABLE_EXPORT/TABLE/TABLE_DATA
使用 BLOCKS 方法的总估计: 128 KB
处理对象类型 TABLE_EXPORT/TABLE/TABLE
. . 导出了 "SCOTT"."DEPT"                              5.656 KB      4 行
处理对象类型 TABLE_EXPORT/TABLE/GRANT/OWNER_GRANT/OBJECT_GRANT
. . 导出了 "SCOTT"."EMP"                               7.843 KB     16 行
处理对象类型 TABLE_EXPORT/TABLE/INDEX/INDEX
处理对象类型 TABLE_EXPORT/TABLE/CONSTRAINT/CONSTRAINT
处理对象类型 TABLE_EXPORT/TABLE/INDEX/STATISTICS/INDEX_STATISTICS
处理对象类型 TABLE_EXPORT/TABLE/AUDIT_OBJ
处理对象类型 TABLE_EXPORT/TABLE/FGA_POLICY
处理对象类型 TABLE_EXPORT/TABLE/CONSTRAINT/REF_CONSTRAINT
处理对象类型 TABLE_EXPORT/TABLE/STATISTICS/TABLE_STATISTICS
已成功加载/卸载了主表 "SCOTT"."EMP_DEPT_JOB"
******************************************************************************
SCOTT.EMP_DEPT_JOB 的转储文件集为:
D:\ORACLE\BACKUP\EMP_DEPT.DMP
作业 "SCOTT"."EMP_DEPT_JOB" 已于 22:02:18 成功完成
```

② 模式导出模式。模式导出模式是将一个或多个模式中的对象结构及其数据导出到转储文件中。

例如，导出 scott 模式下的所有对象及其数据。命令为：

```
C:\>expdp scott/tiger DIRECTORY=dumpdir DUMPFILE=scott.dmp
    LOGFILE=scott.log SCHEMAS=scott JOB_NAME=exp_scott_schema
```

③ 表空间导出模式。表空间导出模式是将一个或多个表空间中的所有对象结构及其数据导出到转储文件中。

例如，导出 EXAMPLE，USERS 表空间中的所有对象及其数据。命令为：

```
C:\>expdp scott/tiger DIRECTORY=dumpdir DUMPFILE=tsp.dmp
    TABLESPACES=example,users
```

④ 传输表空间导出模式。传输表空间导出模式是将一个或多个表空间中对象的定义信息导出到转储文件中。

例如，导出 EXAMPLE，USERS 表空间中数据对象的定义信息。命令为：

```
C:\>expdp scott/tiger DIRECTORY=dumpdir DUMPFILE=tts.dmp
    TRANSPORT_TABLESPACES=example,usersTRANSPORT_FULL_CHECK=Y
```

```
LOGFILE=tts.log
```
> **注意**：当前用户不能使用传输表空间导出模式导出自己的默认表空间。

⑤ 数据库导出模式。数据库导出模式将数据库中的所有信息导出到转储文件中。

例如，将当前数据全部导出，不写日志文件。命令为：
```
C:\>expdp scott/tiger DIRECTORY=dumpdir DUMPFILE=expfull.dmp FULL=YES
     NOLOGFILE=YES
```

⑥ 按条件查询导出。按条件查询导出主要指在表模式导出中使用 QUERY 参数设置导出条件。

例如，导出 scott.emp 表中部门号大于 10，且工资大于 2000 的员工信息。命令为：
```
C:\>expdp scott/tiger DIRECTORY=dumpdir DUMPFILE=exp2.dmp TABLES=emp
     QUERY='emp:"WHERE deptno=10 AND sal>2000"' NOLOGFILE=YES
```

（2）参数文件方式导出

参数文件方式导出是指将导出参数的设置放入一个文件中，在命令行中通过 PARFILE 参数指定该参数文件。

例如，首先创建一个名为 scott.txt 的参数文件，并存放到 d:\backup 目录下，其内容为：
```
SCHEMAS=scott
DUMPFILE=filter.dmp
DIRECTORY=dumpdir
LOGFILE=filter.log
INCLUDE=TABLE:"IN ('EMP', 'DEPT')"
INCLUDE=INDEX:"LIKE 'EMP%'"
INCLUDE=PROCEDURE
```

然后在命令行中执行下列命令就可以执行数据的导出操作了。
```
C:\>expdp scott/tiger PARFILE=d:\scott.txt
```

（3）交互命令方式导出

交互命令方式导出是指在导出作业进行的过程中，用户可以通过交互式命令对当前运行的导出作业进行控制和管理。

可以通过两种方式实现对运行的导出作业进行控制与管理：

① 在当前运行作业的终端中按 **Ctrl+C** 组合键，进入交互式命令状态；

② 在另一个非运行导出作业的终端中，通过导出作业名称来进行导出作业的管理。

用于对导出作业进行管理的命令见表 9-2。

表 9-2 Expdp 交互命令及其功能

命令名称	功 能
ADD_FILE	向转储文件集中添加转储文件。语法为：ADD_FILE=[directory_object]file_name [,...]
CONTINUE_CLIENT	终端返回到记录模式。如果处于空闲状态，将重新启动作业
EXIT_CLIENT	退出客户机会话并使作业处于运行状态
FILESIZE	后续 ADD_FILE 命令的默认文件大小（字节）
HELP	总结交互命令
KILL_JOB	分离和删除作业
PARALLEL	更改当前作业的活动进程数目。语法为：PARALLEL=integer
START_JOB	启动/恢复当前作业
STATUS	显示作业的累积状态，以及对操作的描述。语法为：STATUS=integer
STOP_JOB	顺序关闭执行的作业并退出客户机。STOP_JOB=IMMEDIATE 将立即关闭数据泵作业

在执行下列作业的过程中，按 Ctrl+C 组合键，进入交互模式，可以输入相应命令进行作业管理。例如：

① 执行一个作业。
```
C:\>expdp scott/tiger FULL=YES DIRECTORY=dumpdir
    DUMPFILE=fulldb1.dmp,fulldb2.dmp FILESIZE=2G PARALLEL=3
    LOGFILE=expfull.log JOB_NAME=expfull
```
② 作业开始执行后，按 Ctrl+C 组合键。
③ 在交互模式中输入导出作业的管理命令，根据提示进行操作。
```
Export>STOP_JOB=IMMEDIATE
Are you sure you wish to stop this job ([Y]/N): Y
```

9.3.3 使用 Impdp 导入数据

1．Impdp 调用接口

与 Expdp 类似，Impdp 也提供了 3 种应用接口：
- 命令行接口（Command-Line Interface）；
- 参数文件接口（Parameter File Interface）；
- 交互式命令接口（Interactive-Command Interface）。

2．Impdp 导入模式

与 Expdp 导出模式相对应，Impdp 导入模式也分为 5 种：
- 全库导入模式（Full Import Mode）；
- 模式导入模式（Schema Mode）；
- 表导入模式（Table Mode）；
- 表空间导入模式（Tablespace Mode）；
- 传输表空间导入模式（Transportable Tablespace）。

3．Impdp 帮助及参数

在操作系统的命令提示符窗口中输入 impdp HELP=Y 命令，可以查看 Impdp 程序的使用、关键字（参数）、交互命令等介绍。

在使用 Impdp 向数据库中导入数据时，需要通过参数进行数据导入的设置。Impdp 常用的命令参数及其说明见表 9-3。

表 9-3 Impdp 命令参数及其说明

参 数 名 称	说　　明
ATTACH	把导入结果附加在一个已存在的导入作业中，默认为当前模式的唯一的导入作业。语法为： ATTACH [=[schema_name.]job_name]
CONTENT	指定要导入的内容。语法为：CONTENT=[ALL | DATA_ONLY | METADATA_ONLY]。ALL 表示导入对象的定义及其数据；DATA_ONLY 表示只导入对象的数据；METADATA_ONLY 表示只导入对象的定义。默认为 ALL
DIRECTORY	指定转储文件和日志文件所在位置的目录对象，该对象由 DBA 预先创建。语法为： DIRECTORY=directory_object
DUMPFILE	指定转储文件名称列表，可以包含目录对象名，默认值为 expdat.dmp。语法为： DUMPFILE=[directory_object:]file_name [, ...]
ESTIMATE	用于指定估计网络导入操作时生成数据量多少的方法。语法为： ESTIMATE=[BLOCKS | STATISTICS]。默认值为 BLOCKS

续表

参数名称	说 明
EXCLUDE	指定导入操作中要排除的对象类型和对象定义。语法为： EXCLUDE= object_type[:name_clause] [, ...]
FLASHBACK_SCN	指定导入操作时，允许数据库闪回到特定的 SCN。语法为 FLASHBACK_SCN=scn_value
FLASHBACK_TIME	指定导入操作时，用于获取最接近指定时间的 SCN，然后进行闪回。语法为： FLASHBACK_TIME="TO_TIMESTAMP(time-value)"
FULL	指定是否进行全数据库导入，包括所有数据及定义。语法为：FULL=[YES | NO]。默认值为 NO
HELP	指定是否显示 Impdp 命令的在线帮助。语法为：HELP = [YES| NO]。默认值为 NO
INCLUDE	指定导入操作中要导入的对象类型和对象定义。语法为：INCLUDE= object_type[:name_clause] [, ...]
JOB_NAME	指定导入作业的名称。语法为 JOB_NAME=jobname_string。默认值为系统自动为作业生成一个名称
LOGFILE	指定导入日志文件的名称。语法为：LOGFILE=[directory_object:]file_name。默认值为 import.log
NETWORK_LINK	指定网络导入时的数据库链接名称。语法为：NETWORK_LINK=source_database_link
NOLOGFILE	指定是否生成导入日志文件。语法为：NOLOGFILE=[YES|NO]。默认值为 NO
PARALLEL	指定执行导入作业时的并行进程最大个数。语法为：PARALLEL=integer。默认值为 1
PARFILE	指定导入参数文件的名称。语法为：PARFILE=[directory_path]file_name
QUERY	指定导入操作中 SELECT 语句中的数据导入条件。语法为： QUERY = [schema.][table_name:] query_clause
REMAP_DATAFILE	将源数据文件名转换为目标数据文件名。语法为：REMAP_DATAFILE=source_datafile:target_datafile
REMAP_SCHEMA	将源模式中的所有对象导入目标模式中。语法为：REMAP_SCHEMA=source_schema:target_schema
REMAP_TABLESPACE	将源表空间所有对象导入目标表空间中。语法为： REMAP_TABLESPACE=source_tablespace:target_tablespace
REUSE_DATAFILES	指定是否使用创建表空间时已经存在的数据文件。语法为：REUSE_DATAFILES=[Y | N]
SCHEMAS	指定进行模式导入及模式列表。语法为：SCHEMAS=schema_name [, ...]。默认为当前模式
SKIP_UNUSABLE_INDEXES	指定导入操作时是否跳过不可使用的索引。语法为：SKIP_UNUSABLE_INDEXES=[Y | N]
SQLFILE	指定将导入操作中要执行的 DDL 语句写入一个 SQL 脚本文件中。语法为： SQLFILE=[directory_object:]file_name
STATUS	指定显示导入作业状态的时间间隔。语法为 STATUS=[integer]。默认值为 0，表示操作结束时显示
STREAMS_CONFIGURATION	指定是否导入转储文件中生成的流元数据。语法为：STREAMS_CONFIGURATION=[Y | N]
TABLE_EXISTS_ACTION	指定导入过程中要创建的表已经存在时该如何操作。语法为：TABLE_EXISTS_ACTION=[SKIP | APPEND | TRUNCATE | REPLACE]。默认值为 SKIP
TABLES	指定表模式导入及表列表。语法为：TABLES=[schema_name.]table_name[:partition_name] [, ...]
TABLESPACES	指定进行表空间模式导入及表空间列表。语法为：TABLESPACES=tablespace_name [, ...]
TRANSFORM	指定是否修改创建对象的 DDL 语句。语法为：TRANSFORM = transform_name:value[:object_type]
TRANSPORT_DATAFILES	指定在传输表空间导入模式中导入目标数据库的数据文件列表。语法为： TRANSPORT_DATAFILES=datafile_name
TRANSPORT_FULL_CHECK	用于在传输表空间模式导入中指定是否进行导入表空间中的对象与非导入表空间对象间依赖关系的检查。语法为：TRANSPORT_FULL_CHECK=[YES|NO]。默认值为 NO
TRANSPORT_TABLESPACES	指定进行传输表空间模式导入及表空间列表。语法为： TRANSPORT_TABLESPACES=tablespace_name [, ...]
VERSION	指定被导入的数据库对象的版本。语法为： VERSION=[COMPATIBLE | LATEST | version_string]。默认值为 COMPATIBLE

4．Impdp 应用实例

（1）命令行方式导入

① 表导入模式。如果 scott 模式下的 emp 表和 dept 表中数据丢失，可以使用逻辑备份文件 emp_dept.dmp 进行恢复。如果表结构存在，则只需要导入数据。可以按下列命令进行：

```
C:\>impdp scott/tiger DIRECTORY=dumpdir DUMPFILE=emp_dept.dmp
    TABLES=emp,dept NOLOGFILE=YES CONTENT=DATA_ONLY
Import: Release 10.2.0.1.0 - Production on 星期六, 14 3月, 2016 14:37:38
Copyright (c) 2003, 2005, Oracle.  All rights reserved.
连接到: Oracle Database 10g Enterprise Edition Release 10.2.0.1.0 - Production
With the Partitioning, OLAP and Data Mining options
已成功加载/卸载了主表 "SCOTT"."SYS_IMPORT_TABLE_01"
启动 "SCOTT"."SYS_IMPORT_TABLE_01":  scott/******** DIRECTORY=dumpdir
DUMPFILE=emp_dept.dmp TABLES=emp,dept NOLOGFILE=Y CONTENT=DATA_ONLY
处理对象类型 TABLE_EXPORT/TABLE/TABLE_DATA
. . 导入了 "SCOTT"."DEPT"                             5.656 KB       4 行
. . 导入了 "SCOTT"."EMP"                              7.820 KB      14 行
作业 "SCOTT"."SYS_IMPORT_TABLE_01" 已于 14:37:44 成功完成
```
如果表结构也不存在了,则应该导入表的定义以及数据。命令为:
```
C:\>impdp scott/tiger DIRECTORY=dumpdir DUMPFILE=emp_dept.dmp
    TABLES=emp,dept NOLOGFILE=Y
```
② 模式导入模式。如果模式所有数据丢失,可以使用该模式的备份进行恢复。例如,如果 scott 模式中所有信息都丢失了,可以使用备份文件 scott.dmp 进行恢复,命令为:
```
C:\>impdp scott/tiger DIRECTORY=dumpdir DUMPFILE=scott.dmp
    SCHEMAS=scott JOB_NAME=imp_scott_schema
```
如果要将一个备份模式的所有对象导入另一个模式中,可以使用 REMAP_SCHEMAN 参数设置。例如,将备份的 scott 模式对象导入 oe 模式中,命令为:
```
C:\>impdp scott/tiger DIRECTORY=dumpdir DUMPFILE=scott.dmp
    LOGFILE=scott.log REMAP_SCHEMAN=scott:oe  JOB_NAME=imp_oe_schema
```
③ 表空间导入模式。如果一个表空间的所有对象及数据都丢失了,可以使用该表空间的逻辑备份进行恢复。例如,利用 EXAMPLE, USERS 表空间的逻辑备份 tsp.dmp 恢复 USERS, EXAMPLE 表空间,命令为:
```
C:\>impdp scott/tiger DIRECTORY=dumpdir DUMPFILE=tsp.dmp
    TABLESPACES=example,users
```
如果要将备份的表空间导入另一个表空间中,可以使用 REMAP_TABLESPACE 参数设置。例如,将 USERS 表空间的逻辑备份导入 IMP_TBS 表空间,命令为:
```
C:\>impdp scott/tiger DIRECTORY=dumpdir DUMPFILE=tsp.dmp
    REMAP_TABLESPACE=users:imptbs
```
④ 传输表空间导入模式。将表空间 USERS 导入数据库链接 source_dblink 所对应的远程数据库中。
```
C:\>impdp scott/tiger DIRECTORY=dumpdir NETWORK_LINK=source_dblink
    TRANSPORT_TABLESPACES=users TRANSPORT_FULL_CHECK=NO
    RANSPORT_DATAFILES='D:\ORACLE\USERS01.DBF'
```
⑤ 数据库导入模式,可以利用完整数据库的逻辑备份恢复数据库。例如:
```
C:\>impdp scott/tiger DIRECTORY=dumpdir DUMPFILE=expfull.dmp FULL=Y
    NOLOGFILE=Y
```
⑥ 按条件查询导入,可以对导入的数据进行选择过滤。例如:
```
C:\>impdp scott/tiger DIRECTORY=dumpdir DUMPFILE=emp_dept.dmp
    TABLES=emp,dept QUERY='emp:"WHERE deptno=20 AND sal>2000"'
    NOLOGFILE=YES
```

⑦ 追加导入。如果表中已经存在数据，可以利用备份向表中追加数据。例如：
```
C:\>impdp scott/tiger DIRECTORY=dumpdir DUMPFILE=emp_dept.dmp TABLES=emp
    TABLE_EXISTS_ACTION=APPEND
```
（2）参数文件方式导入

参数文件方式导入是指将导入参数的设置放入一个文件中，在命令行中通过 PARFILE 参数指定该参数文件。

例如，首先创建一个名为 empdept.txt 的参数文件，并存放到 d:\backup 目录下，其内容为：
```
TABLES=emp,dept
DIRECTORY=dumpdir
DUMPFILE=emp_dept.dmp
PARALLEL=3
```
然后在命令行中执行下列命令就可以实现数据的导入操作了。
```
C:\>impdp scott/tiger PARFILE=d:\empdetp.txt
```
（3）交互命令方式导入

与 Expdp 交互执行方式类似，在 Impdp 命令执行作业导入的过程中，可以使用 Impdp 的交互命令对当前运行的导入作业进行控制管理。Impdp 常用的交互命令见表 9-4。

表 9-4 Impdp 交互命令及其功能

命令名称	功　能
CONTINUE_CLIENT	终端返回到记录模式。如果处于空闲状态，将重新启动作业
EXIT_CLIENT	退出客户机会话并使作业处于运行状态
HELP	总结交互命令
KILL_JOB	分离和删除作业
PARALLEL	更改当前作业的活动进程数目。语法为：PARALLEL=integer
START_JOB	启动/恢复当前作业
STATUS	显示作业的累积状态，以及对操作的描述。语法为：STATUS=integer
STOP_JOB	顺序关闭执行的作业并退出客户机。STOP_JOB=IMMEDIATE 将立即关闭数据泵作业

9.4 利用 RMAN 备份与恢复数据库

9.4.1 RMAN 介绍

RMAN（Recovery Manager）是 Oracle 恢复管理器的简称，是集数据库备份、还原和恢复于一体的 Oracle 数据库备份与恢复工具。RMAN 的运行环境由 RMAN 命令执行器、目标数据库、恢复目录数据库等组件构成。

● RMAN 命令执行器：用于对目标数据库进行备份与恢复操作管理的客户端应用程序。
● 目标数据库：利用 RMAN 进行备份与恢复操作的数据库。
● RMAN 资料档案库：存储进行数据库备份、修复以及恢复操作时需要的管理信息和数据。
● RMAN 恢复目录：建立在恢复目录数据库中的存储对象，存储 RMAN 资料档案库信息。
● RMAN 恢复目录数据库：用于保存 RMAN 恢复目录的数据库，是一个独立于目标数据库的 Oracle 数据库。

9.4.2 RMAN 基本操作

1. 连接数据库

在 RMAN 中可以建立与目标数据库或恢复目录数据库的连接。与目标数据库建立连接时，用户必须具有 SYSDBA 系统权限，以保证可以进行数据库的备份、修复与恢复操作。

可以在操作系统命令提示符下按下列形式输入命令，直接连接目标数据库：

```
RMAN TARGET user/password@net_service_name
```

也可以先在命令提示符下输入 RMAN 启动 RMAN 命令执行器，然后执行下列连接命令：

```
CONNECT TARGET user/password@net_service_name
```

例如：

```
C:\>RMAN TARGET sys/tiger@HUMAN_RESOURCE
```

或者：

```
C:\>RMAN
RMAN>CONNECT TARGET sys/tiger@HUMAN_RESOURCE
```

2. 创建恢复目录

创建恢复目录的步骤如下。

① 创建恢复目录数据库。例如，创建一个名为 ORACLE 的独立数据库。

② 在恢复目录数据库中创建用户。例如：

```
SQL>CREATE USER rman IDENTIFIED BY rman DEFAULT TABLESPACE RECOVERY_CATALOG
    TEMPORARY TABLESAPCE TEMP QUOTA 500M ON RECOVERY_CATALOG;
```

③ 为用户授予 RECOVERY_CATALOG_OWNER 系统权限。例如：

```
SQL>GRANT RECOVERY_CATALOG_OWNER,CONNECT,RESOURCE TO rman;
```

④ 启动 RMAN，连接恢复目录数据库。

```
RMAN>CONNECT CATALOG rman/rman@ORACLE
```

⑤ 创建恢复目录。

```
RMAN>CREATE CATALOG TABLESPACE RECOVERY_CATALOG;
```

3. 注册数据库

RMAN 恢复目录创建后，需要在恢复目录中对目标数据库进行注册。例如：

```
RMAN>REGISTER DATABASE;
```

4. 通道分配

在 RMAN 中对目标数据库进行备份、修复、恢复操作时，必须为操作分配通道。可以根据预定义的配置参数自动分配通道，也可以在需要时手动分配通道。

（1）自动分配通道

RMAN 在执行备份、修复、恢复等操作时，如果没有手动分配通道，那么 RMAN 将根据预定义的配置参数设置为操作自动分配通道。

RMAN 中与自动分配通道相关的预定义配置参数包括：

- CONFIGURE DEFAULT DEVICE TYPE TO disk|sbt
- ONFIGURE DEVICE TYPE disk|sbt PARALLELISM n
- ONFIGURE CHANNEL DEVICE TYPE
- ONFIGURE CHANNEL n DEVICE TYPE

例如，设置自动分配通道的参数。

```
RMAN>CONFIGURE DEFAULT DEVICE TYPE TO sbt;
RMAN>CONFIGURE DEVICE TYPE disk PARALLELISM 2;
```

```
RMAN>CONFIGURE DEVICE TYPE disk PARALLELISM 3;
RMAN>CONFIGURE CHANNEL 3 DEVICE TYPE disk MAXPIECESIZE=50M;
```
（2）手动分配通道

如果不使用自动分配的通道，则可以使用 RUN 命令手动分配通道。语法为：
```
RUN{
    ALLOCATE CHANNEL 通道名称 DEVICE TYPE 设备类型;
    BACKUP…
}
```
例如：
```
RMAN>RUN{
    ALLOCATE CHANNEL ch1 DEVICE TYPE disk FORMAT 'd:/backup/%U';
    BACKUP TABLESPACE users;
}
```

9.4.3 RMAN 备份与恢复概述

使用 RMAN 进行数据库备份与恢复操作时，数据库必须运行在归档模式，且处于加载或打开状态，并且 RMAN 必须与目标数据库建立了连接。

在 RMAN 中，数据库的备份形式分为镜像复制和备份集两类。镜像复制是对数据文件、控制文件或归档日志文件进行精确复制。备份集是 RMAN 创建的一个具有特定格式的逻辑对象，是 RMAN 的最小备份单元。在一个备份集中，可以包括一个或多个数据文件、控制文件、归档日志文件以及服务器初始化参数文件等。

使用 RMAN 进行数据库恢复时，只能使用之前使用 RMAN 生成的备份，可以实现数据库的完全恢复，也可以实现数据库的不完全恢复。

9.4.4 利用 RMAN 备份数据库

在 RMAN 中使用 BACKUP 命令进行数据库的备份，语法为：
```
BACKUP [backup_option] backup_object [PLUS ARCHIVELOG][backup_object_option];
```
在 BACKUP 语句中，可以使用 FORMAT 选项设置备份的存储位置与命名规则。

1. 备份整个数据库

可以使用 BACKUP DATABASE 命令备份整个数据库。例如：
```
RMAN>BACKUP DATABASE FORMAT 'D:\BACKUP\%U.BKP';
```
如果没有其他选项，默认备份包括所有数据文件、控制文件、初始化参数文件，但不包括归档日志文件。

2. 备份表空间

可以使用 BACKUP TABLESPACE 命令备份一个或多个表空间。如果备份 SYSTEM 表空间，而且数据库是使用服务器初始化参数文件启动的，那么 RMAN 将自动备份控制文件和服务器初始化参数文件。例如：
```
RMAN>BACKUP TABLESPACE system,users FORMAT 'D:\BACKUP\%U.BKP';
```

3. 备份数据文件

可以使用 BACKUP DATAFILE 命令备份一个或多个数据文件，可以通过数据文件名称或数据文件编号指定要备份的数据文件。例如：

```
RMAN>BACKUP DATAFILE 'D:\APP\ADMINISTRATOR\ORADATA\ORCL\USERS01.DBF'
    FORMAT 'D:\BACKUP\%U';
```

4. 备份控制文件

如果执行 CONFIGURE CONTROLFILE AUTOBACKUP ON 命令，启动了控制文件自动备份功能，则当执行 BACKUP 命令备份数据库或者数据库结构发生变化时，将自动备份控制文件与服务器初始化参数文件。如果没有启动控制文件的自动备份功能，可以使用 BACKUP CURRENT CONTROLFILE 命令备份控制文件。例如：

```
RMAN>BACKUP CURRENT CONTROLFILE FORMAT 'D:\BACKUP\%U.CTL';
```

5. 备份服务器初始化参数文件

可以使用 BACKUP SPFILE 命令备份当前数据库使用的服务器初始化参数文件。例如：

```
RMAN>BACKUP SPFILE FORMAT 'D:\BACKUP\%U';
```

6. 备份归档日志文件

可以使用 BACKUP ARCHIVELOG 命令备份归档日志文件，也可以在对数据文件、表空间或控制文件进行备份时使用 BACKUP…PLUS ARCHIVELOG 命令，同时对归档日志文件进行备份。

例如：

```
RMAN>BACKUP ARCHIVELOG ALL;
RMAN>BACKUP DATABASE PLUS ARCHIVELOG FORMAT 'D:\BACKUP1\%U';
```

9.4.5 利用 RMAN 恢复数据库

使用 RMAN 恢复数据库包括两个步骤，首先使用 RESTORE 命令进行数据库的修复，然后使用 RECOVER 命令进行数据库的恢复。

RESTORE 命令的基本语法为：

```
RESTORE(restore_object[restore_spc_option])[restore_option];
```

RECOVER 命令的基本语法为：

```
RECOVER [DEVICE TYPE disk|sbt] recover_object [recover_option];
```

1. 整个数据库的完全恢复

如果要对整个数据库进行完全恢复，数据库必须处于加载状态。步骤为：

① 启动 RMAN 并连接到目标数据库。如果使用恢复目录，还需要连接到恢复目录数据库。
② 将目标数据库设置为加载状态。

```
RMAN>SHUTDOWN IMMEDIATE;
RMAN>STARTUP MOUNT;
```

③ 执行数据库的修复与恢复操作。

```
RMAN>RESTORE DATABASE;
RMAN>RECOVER DATABASE;
```

如果没有预先进行通道配置，则无法采用自动分配的通道，需要为修复和恢复操作手动定义通道，并且备份必须存储在通道对应的设备上。例如：

```
RMAN>RUN{
    ALLOCATE CHANNEL ch1 TYPE DISK;
    ALLOCATE CHANNEL ch2 TYPE DISK;
    RESTORE DATABASE;
    RECOVER DATABASE;
}
```

④ 恢复完成后,打开数据库。
```
RMAN>ALTER DATABASE OPEN;
```

2. 数据文件的完全恢复

如果数据库中某个数据文件损坏或丢失,可以对损坏或丢失的数据文件进行完全恢复。步骤为:

① 启动 RMAN 并连接到目标数据库。如果使用恢复目录,还需要连接到恢复目录数据库。
② 将损坏或丢失的数据文件设置为脱机状态。例如:
```
RMAN>SQL "ALTER DATABASE DATAFILE
    'D:\APP\ADMINISTRATOR\ORADATA\ORCL\USERS01.DBF'
        OFFLINE";
```
③ 对损坏或丢失的数据文件进行修复和恢复操作。例如:
```
RMAN>RESTORE DATAFILE 'D:\APP\ADMINISTRATOR\ORADATA\ORCL\USERS01.DBF';
RMAN>RECOVER DATAFILE 'D:\APP\ADMINISTRATOR\ORADATA\ORCL\USERS01.DBF';
```
④ 数据文件恢复结束后将数据文件联机。例如:
```
RMAN>SQL "ALTER DATABASE DATAFILE
    'D:\APP\ADMINISTRATOR\ORADATA\ORCL\USERS01.DBF'
        ONLINE";
```

3. 表空间的完全恢复

如果一个表空间的多个数据文件同时损坏或丢失,可以对整个表空间进行完全恢复。步骤为:
① 启动 RMAN 并连接到目标数据库。如果使用恢复目录,还需要连接到恢复目录数据库。
② 将损坏或丢失的数据文件所属表空间设置为脱机状态。例如:
```
RMAN>SQL "ALTER TABLESPACE users OFFLINE IMMEDIATE";
```
③ 对表空间进行修复和恢复操作。例如:
```
RMAN>RESTORE TABLESPACE users;
RMAN>RECOVER TABLESPACE users;
```
④ 表空间恢复结束后将表空间联机。例如:
```
RMAN>SQL "ALTER TABLESPACE users ONLINE";
```

4. 利用 RMAN 进行不完全恢复

如果需要将数据库恢复到故障之前的某个状态,可以对数据库进行不完全恢复。步骤为:
① 启动 RMAN 并连接目标数据库,如果使用恢复目录,还需要连接到恢复目录数据库。
② 将数据库设置为加载状态。
```
RMAN>SHUTDOWN IMMEDIATE;
RMAN>STARTUP MOUNT;
```
③ 利用 SET UNTIL 命令设置恢复终止标记,然后进行数据库的修复与恢复操作。
```
RMAN>SQL "ALTER SESSION SET NLS_LANGUAGE=""AMERICAN""";
RMAN>SQL "ALTER SESSION SET NLS_DATE_FORMAT=""YYYY-MM-DD HH24:MI:SS""";
#基于时间的不完全恢复
RMAN>RUN{
    SET UNTIL TIME '2013-2-11 10:00:00';
    RESTORE DATABASE;
    RECOVER DATABASE;
    }
#基于 SCN 的不完全恢复
RMAN>RUN{
```

```
        SET UNTIL SCN 1396202;
        RESTORE DATABASE;
        RECOVER DATABASE;
        }
```
#基于日志序列号的不完全恢复
```
RMAN>RUN{
        SET UNTIL SEQUENCE 21;
        RESTORE DATABASE;
        RECOVER DATABASE;
        }
```
④ 完成恢复操作后，以 RESETLOGS 方式打开数据库。
```
RMAN>ALTER DATABASE OPEN RESETLOGS;
```

复 习 题

1. 简述题
（1）什么是备份？什么是恢复？
（2）为什么要对数据库进行备份？
（3）数据库备份的原则与策略有哪些？
（4）数据库恢复的机制是什么？
（5）数据库备份分哪些类型？分别有何不同？
（6）物理备份和逻辑备份的主要区别是什么？分别适用于什么情况？
（7）归档模式下的备份与非归档模式下的备份有何不同？分别在什么情况下使用？
（8）Oracle 数据库的不完全恢复有哪些类型？
（9）Oracle 数据库的逻辑备份和恢复工具有哪些？有什么不同？
（10）简述使用 RMAN 进行数据库备份与恢复时需要预先做好哪些准备工作。

2. 实训题
（1）使用冷物理备份对数据库进行完全备份。
（2）假定丢失了一个数据文件 example01.dbf，试使用前面做过的完全备份对数据库进行恢复，并验证恢复是否成功。
（3）使用热物理备份对表空间 users 的数据文件 user01.dbf 进行备份。
（4）假定丢失了数据文件 user01.dbf，试使用前面做过的热物理备份对数据库进行恢复，并验证恢复是否成功。
（5）分别使用 3 种不完全恢复的方式对数据库进行恢复操作。
（6）使用 EXPDP 命令导出 SCOTT 模式下的所有数据库对象。
（7）将数据库的 USERS 表空间中的所有内容导出。
（8）将数据库 SCOTT 模式下的 EMP，DEPT 表导出。
（9）将 SCOTT 模式下的 EMP，DEPT 表数据删除，利用（8）中的导出文件恢复。
（10）创建一个用户 JOHN，并使用 IMPDP 命令将 SCOTT 模式下的所有数据库对象导入。
（11）利用 RMAN 分别对数据文件、控制文件、表空间、初始化参数文件以及归档日志文件进行备份。
（12）假设 ORCL 数据库的一个数据文件损坏了，利用 RMAN 备份恢复数据文件。

第10章 闪 回 技 术

本章将介绍 Oracle 10g 数据库用于数据恢复的最新技术——闪回技术。闪回技术包括闪回查询、闪回版本查询、闪回事务查询、闪回表、闪回删除及闪回数据库。用户的任何误操作都可以利用闪回技术快速、高效地恢复。

10.1 闪回技术概述

10.1.1 基本概念

在 Oracle 9i 之前的数据库系统中，当发生数据丢失、错误操作等问题时，解决的主要方法是利用预先做好的数据逻辑备份或物理备份进行恢复，而且恢复的程度取决于备份与恢复的策略。这种方法既耗时又使数据库系统不能提供服务，对于一些用户偶然地删除数据这类小错误来说显得有些"大材小用"。那么如何来恢复这种偶然的错误操作造成的数据丢失呢？Oracle 9i 实现了基于回滚段的闪回查询（Flashback Query）技术，即从回滚段中读取一定时间内对表进行操作的数据，恢复错误的 DML 操作。在 Oracle 10g 中，闪回技术得到进一步的发展，除提高了闪回查询功能，实现了闪回版本查询、闪回事务查询外，还实现了闪回表、闪回删除和闪回数据库的功能。

闪回技术是数据库恢复技术历史上一次重大的进步，从根本上改变了数据恢复。传统的恢复技术复杂、低效，为了恢复不正确的数据，整个数据文件或数据库都需要恢复，而且还要测试应该恢复到何种状态，需要很长的时间。采用闪回技术，可以针对行级和事务级发生过变化的数据进行恢复，减少了数据恢复的时间，而且操作简单，通过 SQL 语句就可以实现数据的恢复，大大提高了数据库恢复的效率。

10.1.2 闪回技术分类

在 Oracle 10g 中，闪回技术可以具体分为以下几种。

① 闪回查询（Flashback Query）：查询过去某个时间点或某个 SCN 值时表中的数据信息。
② 闪回版本查询（Flashback Version Query）：查询过去某个时间段或某个 SCN 段内表中数据的变化情况。
③ 闪回事务查询（Flashback Transaction Query）：查看某个事务或所有事务在过去一段时间对数据进行的修改。
④ 闪回表（Flashback Table）：将表恢复到过去的某个时间点或某个 SCN 值时的状态。
⑤ 闪回删除（Flashback Drop）：将已经删除的表及其关联对象恢复到删除前的状态。
⑥ 闪回数据库（Flashback Database）：将数据库恢复到过去某个时间点或某个 SCN 值时的状态。

其中，闪回查询、闪回版本查询、闪回事务查询以及闪回表主要是基于撤销表空间中的回滚信息实现的，而闪回删除、闪回数据库是基于 Oracle 10g 中的回收站（Recycle Bin）和闪回恢复区（Flash Recovery Area）特性实现的。为了使用数据库的闪回技术，必须启用撤销表空间自动管理回滚信息。如果要使用闪回删除技术和闪回数据库技术，还需要启用回收站、闪回恢复区。

10.2 闪回查询技术

闪回查询主要是指,利用数据库回滚段存放的信息查看指定表中过去某个时间点的数据信息，或过去某个时间段数据的变化情况，或某个事务对该表的操作信息等。

为了使用闪回查询功能，需要启动数据库撤销表空间来管理回滚信息。与撤销表空间相关的参数包括 UNDO_MANAGEMENT，UNDO_TABLESPACE 和 UNDO_RETENTION。

- UNDO_MANAGEMENT：指定回滚段的管理方式，如果设置为 AUTO，则采用撤销表空间自动管理回滚信息。
- UNDO_TABLESPACE：指定用于回滚信息自动管理的撤销表空间名。
- UNDO_RETENTION：指定回滚信息的最长保留时间。

可以查看当前数据库中这 3 个参数的设置情况。

```
SQL>SHOW PARAMETER UNDO
NAME                                 TYPE         VALUE
------------------------------------ ----------- -----------
undo_management                      string       AUTO
undo_retention                       integer      900
undo_tablespace                      string       UNDOTBS1
```

可以使用 ALTER SYSTEM 命令修改各个参数值，例如：

```
SQL>ALTER SYSTEM SET UNDO_RETENTION=1200;
```

10.2.1 闪回查询

闪回查询可以返回过去某个时间点已经提交事务操作的结果，基本语法为：

```
SELECT column_name[,…]
FROM table_name
[AS OF SCN|TIMESTAMP expression]
[WHERE condition]
```

其中，AS OF 用于指定闪回查询时查询的时间点或 SCN。

1. 基于 AS OF TIMESTAMP 的闪回查询

下面是一个基于 AS OF TIMESTAMP 的闪回查询及其恢复操作示例。

```
SQL>ALTER SESSION SET NLS_DATE_FORMAT='YYYY-MM-DD HH24:MI:SS';
SQL>SET TIME ON
09:12:50 SQL>SELECT empno,sal FROM scott.emp WHERE empno=7844;
EMPNO    SAL
--------------
7844     1500
09:13:00 SQL>UPDATE scott.emp SET sal=2000 WHERE empno=7844;
09:13:07 SQL>COMMIT;
09:13:12 SQL>UPDATE scott.emp SET sal=2500 WHERE empno=7844;
09:14:28 SQL>UPDATE scott.emp SET sal=3000 WHERE empno=7844;
```

```
09:14:41 SQL>COMMIT;
09:14:50 SQL>UPDATE scott.emp SET sal=3500 WHERE empno=7844;
09:15:43 SQL>COMMIT;
```

(1) 查询 7844 号员工的当前工资值。

```
09:15:48 SQL>SELECT empno,sal FROM scott.emp WHERE empno=7844;
EMPNO      SAL
-----------------
7844       3500
```

(2) 查询 7844 号员工前一个小时的工资值。

```
09:16:00 SQL>SELECT empno,sal FROM scott.emp AS OF TIMESTAMP SYSDATE-1/24
            WHERE empno=7844;
EMPNO      SAL
-----------------
7844       1500
```

(3) 查询第一个事务提交，第二个事务还没有提交时 7844 号员工的工资。

```
09:16:22 SQL>SELECT empno,sal FROM scott.emp AS OF TIMESTAMP
            TO_TIMESTAMP('2016-3-23 09:14:41','YYYY-MM-DD HH24:MI:SS')
            WHERE empno=7844;
EMPNO      SAL
-----------------
7844       2000
```

(4) 查询第二个事务提交，第三个事务还没有提交时 7844 号员工的工资

```
09:17:47 SQL>SELECT empno,sal FROM scott.emp AS OF TIMESTAMP
            TO_TIMESTAMP('2016-3-23 09:15:43','YYYY-MM-DD HH24:MI:SS')
            WHERE empno=7844;
EMPNO      SAL
-----------------
7844       3000
```

(5) 如果需要，可以将数据恢复到过去某个时刻的状态。例如：

```
09:25:23 SQL>UPDATE scott.emp SET sal= (
            SELECT sal FROM scott.emp  AS OF TIMESTAMP
            TO_TIMESTAMP('2016-3-23 9:15:43','YYYY-MM-DD HH24:MI:SS')
            WHERE empno=7844)
            WHERE empno=7844;
09:25:55 SQL>COMMIT;
09:26:13 SQL>SELECT empno,sal FROM scott.emp WHERE empno=7844;
EMPNO      SAL
-----------------
7844       3000
```

2. 基于 AS OF SCN 的闪回查询

如果需要对多个相互有主外键约束的表进行恢复，则使用 AS OF TIMESTAMP 方式，可能会由于时间点的不统一而造成数据恢复失败，使用 AS OF SCN 方式则能够确保约束的一致性。

下面是一个基于 AS OF SCN 的闪回查询示例。

```
09:27:58 SQL>SELECT current_scn FROM v$database;
CURRENT_SCN
```

```
-----------
617244
09:27:58 SQL>SELECT empno,sal FROM scott.emp WHERE empno=7844;
EMPNO     SAL
---------------
7844      3000
09:28:21 SQL>UPDATE scott.emp SET sal=5000 WHERE empno=7844;
09:29:23 SQL>COMMIT;
09:29:31 SQL>UPDATE scott.emp SET sal=5500 WHERE empno=7844;
09:29:55 SQL>COMMIT;
09:30:14 SQL>SELECT current_scn FROM v$database;
CURRENT_SCN
-----------
617317
09:30:37 SQL>SELECT empno,sal FROM scott.emp AS OF SCN 617244
WHERE empno=7844;
EMPNO     SAL
--------------
7844      3000
```

事实上，Oracle 在内部都是使用 SCN 的，即使指定的是 AS OF TIMESTAMP，Oracle 也会将其转换成 SCN。系统时间与 SCN 之间的对应关系可以通过查询 SYS 模式下的 SMON_SCN_TIME 表获得。例如：

```
SQL>SELECT scn,TO_CHAR(time_dp,'YYYY-MM-DD HH24:MI:SS') time_dp
    FROM sys.smon_scn_time;
```

10.2.2 闪回版本查询

利用闪回版本查询，可以查看一行记录在一段时间内的变化情况，即一行记录的多个提交的版本信息，从而可以实现数据的行级恢复。

闪回版本查询的基本语法为：

```
SELECT column_name[,…]
FROM table_name
[VERSIONS BETWEEN
SCN|TIMESTAMP MINVALUE|expression AND MAXVALUE|expression]
[AS OF SCN|TIMESTAMP expression]
WHERE condition
```

其中：
- VERSIONS BETWEEN：用于指定闪回版本查询时查询的时间段或 SCN 段。
- AS OF：用于指定闪回查询时查询的时间点或 SCN。

在闪回版本查询的目标列中，可以使用下列几个伪列返回版本信息。
- VERSIONS_STARTTIME：基于时间的版本有效范围的下界。
- VERSIONS_STARTSCN：基于 SCN 的版本有效范围的下界。
- VERSIONS_ENDTIME：基于时间的版本有效范围的上界。
- VERSIONS_ENDSCN：基于 SCN 的版本有效范围的上界。
- VERSIONS_XID：操作的事务 ID。

- VERSIONS_OPERATION：执行操作的类型，I 表示 INSERT，D 表示 DELETE，U 表示 UPDATE。

下面是一个闪回版本查询及其恢复操作的示例。
```
SQL>UPDATE scott.emp SET sal=6000 WHERE empno=7844;
SQL>UPDATE scott.emp SET sal=6500 WHERE empno=7844;
SQL>UPDATE scott.emp SET sal=7000 WHERE empno=7844;
SQL>COMMIT;
SQL>UPDATE scott.emp SET sal=7500 WHERE empno=7844;
SQL>COMMIT;
SQL>SET LINESIZE 600
SQL>COL STARTTIME FORMAT A30
SQL>COL ENDTIME FORMAT A30
SQL>COL OPERATION FORMAT A10
```

（1）基于 VERSIONS BETWEEN TIMESTAMP 的闪回版本查询。
```
SQL>SELECT versions_xid XID,versions_starttime STARTTIME,
    versions_endtime ENDTIME,versions_operation OPERATION, sal
    FROM scott.emp
    VERSIONS BETWEEN TIMESTAMP MINVALUE AND MAXVALUE
    WHERE  empno=7844
    ORDER BY STARTTIME;
XID              STARTTIME                     ENDTIME                       OPERATION SAL
----------------------------------------------------------------------------------------------
090008004D010000 23-3月 -09 10.21.39 上午       23-3月 -09 10.24.33 上午       U 1000
060017003A010000 23-3月 -09 10.24.33 上午       23-3月 -09 10.25.03 上午       U 6000
04001E002E010000 23-3月 -09 10.25.03 上午       23-3月 -09 10.25.12 上午       U 7000
0100250044010000 23-3月 -09 10.25.12 上午                                     U 7500
                                               23-3月 -09 10.21.39 上午         7000
```

（2）基于 VERSIONS BETWEEN SCN 的闪回版本查询。
```
SQL>SELECT versions_xid XID,versions_startscn STARTSCN,
    versions_endscn ENDSCN,versions_operation OPERATION, sal
    FROM scott.emp
    VERSIONS BETWEEN SCN MINVALUE AND MAXVALUE
    WHERE  empno=7844
    ORDER BY STARTSCN;
XID              STARTSCN     ENDSCN  OPERATION    SAL
--------------------------------------------------------------
090008004D010000  619960      620034     U        1000
060017003A010000  620034      620045     U        6000
04001E002E010000  620045      620076     U        7000
0100250044010000  620076                 U        7500
                  619960                          7000
```

（3）查询当前 7844 号员工的工资。
```
SQL>SELECT empno,sal FROM scott.emp WHERE empno=7844;
EMPNO     SAL
----------------
7844      7500
```

（4）如果需要，可以将数据恢复到过去某个时刻的状态。
```
SQL>UPDATE scott.emp SET sal=(
    SELECT sal FROM scott.emp AS OF TIMESTAMP
    TO_TIMESTAMP('2016-3-23 10:25:03','YYYY-MM-DD HH24:MI:SS')
    WHERE empno=7844) WHERE empno=7844;
SQL>COMMIT;
SQL>SELECT empno,sal FROM scott.emp WHERE empno=7844;
EMPNO      SAL
----------------
7844       6000
```

在进行闪回版本查询时，可以同时使用VERSIONS 短语和AS OF 短语。AS OF短语决定了进行查询的时间点或SCN，VERSIONS 短语决定了可见的行的版本信息。对于在VERSIONS BETWEEN下界之前开始的事务，或在AS OF指定的时间或SCN之后完成的事务，系统返回的版本信息为NULL。

可以将VERSIONS BETWEEN TIMESTAMP与AS OF TIMESTAMP配合使用。例如：
```
SQL>SELECT versions_xid XID,versions_starttime STARTTIME,
    versions_endtime ENDTIME,versions_operation OPERATION, sal
    FROM scott.emp
    VERSIONS BETWEEN TIMESTAMP MINVALUE AND MAXVALUE
    AS OF TIMESTAMP
    TO_TIMESTAMP('2016-3-23 10:24:40','YYYY-MM-DD HH24:MI:SS')
    WHERE  empno=7844
    ORDER BY STARTTIME;
XID              STARTTIME              ENDTIME              OPERATION SAL
----------------------------------------------------------------------------
090008004D010000 23-3月 -09 10.21.39 上午  23-3月 -09 10.24.33 上午  U  1000
060017003A010000 23-3月 -09 10.24.33 上午                            U  6000
                                        23-3月 -09 10.21.39 上午        7000
```
也可以将VERSIONS BETWEEN SCN与AS OF SCN配合使用。例如：
```
SQL>SELECT versions_xid XID,versions_startscn STARTSCN,
    versions_endscn ENDSCN,versions_operation OPERATION, sal
    FROM scott.emp
    VERSIONS BETWEEN SCN MINVALUE AND MAXVALUE
    AS OF SCN 620045
    WHERE  empno=7844
    ORDER BY STARTSCN;
XID                 STARTSCN    ENDSCN OPERATION     SAL
--------------------------------------------------------
090008004D010000    619960      620034 U             1000
060017003A010000    620034      620045 U             6000
04001E002E010000    620045             U             7000
                    619960                           7000
```

10.2.3 闪回事务查询

闪回事务查询提供了一种查看事务级数据库变化的方法。

可以从FLASHBACK_TRANSACTION_QUERY中查看回滚段中存储的事务信息。例如：

```sql
SQL>SELECT operation,undo_sql,table_name FROM FLASHBACK_TRANSACTION_QUERY;
SQL>SELECT operation,undo_sql,table_name
        FROM FLASHBACK_TRANSACTION_QUERY
        WHERE xid=HEXTORAW('04001E002E010000');
SQL>SELECT operation,undo_sql,table_name
      FROM FLASHBACK_TRANSACTION_QUERY
      WHERE start_timestamp>=TO_TIMESTAMP('2016-2-23 10:25:20','YYYY-MM-DD
          HH24:MI:SS') AND
          commit_timestamp<=TO_TIMESTAMP('2016-3-23 10:40:20',
              'YYYY-MM-DD HH24:MI:SS');
```

通常，将闪回事务查询与闪回版本查询相结合，先利用闪回版本查询获取事务 ID 及事务操作结果，然后利用事务 ID 查询事务的详细操作信息。例如：

```
SQL>SELECT versions_xid,sal FROM scott.emp VERSIONS BETWEEN SCN MINVALUE
        AND MAXVALUE WHERE empno=7844;
VERSIONS_XID              SAL
----------------         ----------
0100250044010000          7500
04001E002E010000          7000
060017003A010000          6000
090008004D010000          1000
                          7000

SQL>SELECT operation,undo_sql FROM FLASHBACK_TRANSACTION_QUERY WHERE
        xid=HEXTORAW('04001E002E010000');
OPERATION     UNDO_SQL
---------------------------------------------------------------------
UPDATE        update "SCOTT"."EMP" set "SAL" = '6500' where ROWID =
              'AAAMfPAAEAAAAAgAAJ';
UPDATE        update "SCOTT"."EMP" set "SAL" = '6000' where ROWID =
              'AAAMfPAAEAAAAAgAAJ';
BEGIN
```

10.3 闪回错误操作技术

10.3.1 闪回表

闪回表是将表恢复到过去的某个时间点的状态，为 DBA 提供了一种在线、快速、便捷地恢复对表进行的修改、删除、插入等错误的操作。与闪回查询不同，闪回查询只是得到表在过去某个时间点上的快照，并不改变表的当前状态，而闪回表则是将表及附属对象一起恢复到以前的某个时间点。

利用闪回表技术恢复表中数据的过程，实际上是对表进行DML操作的过程。Oracle自动维护与表相关联的索引、触发器、约束等，不需要DBA参与。

为了使用数据库闪回表功能，必须满足下列条件：

- 用户具有 FLASHBACK ANY TABLE 系统权限，或者具有所操作表的 FLASHBACK 对象权限；

- 用户具有所操作表的 SELECT，INSERT，DELETE，ALTER 对象权限；
- 数据库采用撤销表空间进行回滚信息的自动管理，合理设置 UNDO_RETENTION 参数值，保证指定的时间点或 SCN 对应信息保留在撤销表空间中；
- 启动被操作表的 ROW MOVEMENT 特性，可以采用下列方式进行：
   ```
   ALTER TABLE table ENABLE ROW MOVEMENT;
   ```

闪回表操作的基本语法为：
```
FLASHBACK TABLE [schema.]table TO SCN|TIMESTAMP expression
[ENABLE|DISABLE TRIGGERS]
```

其中：
- SCN：将表恢复到指定的 SCN 时状态；
- TIMESTAMP：将表恢复到指定的时间点；
- ENABLE|DISABLE TRIGGER：在恢复表中数据的过程中，表上的触发器是激活还是禁用（默认为禁用）。

注意：SYS 用户或以 AS SYSDBA 身份登录的用户不能执行闪回表操作。

下面是一个使用闪回表功能的示例。
```
SQL>CONN scott/tiger
SQL>SET TIME ON
09:14:01 SQL>CREATE TABLE test(ID NUMBER PRIMARY KEY, name CHAR(20));
09:14:12 SQL>INSERT INTO test VALUES(1,'ZHANG');
09:14:24 SQL>COMMIT;
09:14:32 SQL>INSERT INTO test VALUES(2,'ZHAO');
09:14:39 SQL>COMMIT;
09:14:43 SQL>INSERT INTO test VALUES(3,'WANG');
09:14:49 SQL>COMMIT;
09:16:31 SQL>SELECT current_scn FROM v$database;
CURRENT_SCN
-----------
675371
09:16:50 SQL>UPDATE test SET name='LIU' WHERE id=1;
09:17:02 SQL>COMMIT;
09:17:05 SQL>SELECT * FROM test;
ID    NAME
-----------
1     LIU
2     ZHAO
3     WANG
09:17:13 SQL>DELETE FROM test WHERE id=3;
09:17:51 SQL>COMMIT;
09:18:02 SQL>SELECT * FROM test;
ID    NAME
-----------
1     LIU
2     ZHAO
```

（1）启动 test 表的 ROW MOVEMENT 特性。
```
09:19:33 SQL>ALTER TABLE test ENABLE ROW MOVEMENT;
```

（2）将 test 表恢复到 2016-3-24 09:17:51 时刻的状态。
```
09:20:06 SQL>FLASHBACK TABLE test TO TIMESTAMP
         TO_TIMESTAMP('2016-3-24 09:17:51','YYYY-MM-DD HH24:MI:SS');
09:20:18 SQL>SELECT * FROM test;
ID    NAME
-----------
1     LIU
2     ZHAO
3     WANG
```
（3）将 test 表恢复到 SCN 为 675371 的状态。
```
09:20:25 SQL>FLASHBACK TABLE test TO SCN 675371;
09:20:50 SQL>SELECT * FROM test;
ID    NAME
-----------
1     ZHANG
2     ZHAO
3     WANG
```

10.3.2 闪回删除

1．闪回删除概述

闪回删除可恢复使用 DROP TABLE 语句删除的表，是一种对意外删除的表的恢复机制。与其他恢复方法相比，闪回删除简单、快速，没有任何事务的丢失。

闪回删除功能的实现主要是通过 Oracle 10g 数据库中的"回收站"（Recycle Bin）技术实现的。在 Oracle 10g 之前的数据库中，当执行 DROP TABLE 操作时，表及其关联对象（索引、约束、触发器等）从数据库中删除，空间被回收，因此必须使用逻辑或物理备份进行恢复。而在 Oracle 10g 数据库中，当执行 DROP TABLE 操作时，并不立即回收表及其关联对象的空间，而是将它们重命名后放入一个称为"回收站"的逻辑容器中保存，直到用户决定永久删除它们或存储该表的表空间存储空间不足时，表才真正被删除。因此，在 Oracle 10g 中利用"回收站"中的信息，可以很容易地恢复被意外删除的表，即闪回删除。

为了使用闪回删除技术，必须开启数据库的"回收站"。

2．回收站管理

（1）启动"回收站"

要使用数据库的闪回删除功能，需要启动数据库的"回收站"，即将参数 RECYCLEBIN 设置为 ON。在 Oracle 10g 中，在默认情况下"回收站"已启动。
```
SQL>SHOW PARAMETER RECYCLEBIN
NAME                        TYPE        VALUE
------------------------------------------------
recyclebin                  string      on
```
如果 RECYCLEBIN 值为 OFF，则可以执行 ALTER SYSTEM 语句进行设置。
```
SQL>ALTER SYSTEM SET RECYCLEBIN=ON;
```
（2）查看"回收站"

当执行 DROP TABLE 操作时，表及其关联对象被命名后保存在"回收站"中，可以通过查询 USER_RECYCLEBIN、DBA_RECYCLEBIN 视图获得被删除的表及其关联对象信息。

```
SQL>DROP TABLE test;
SQL>SELECT OBJECT_NAME,ORIGINAL_NAME,TYPE  FROM USER_RECYCLEBIN;
OBJECT_NAME                        ORIGINAL_NAME    TYPE
--------------------------------------------------------
BIN$i+nXRT6iTp6Gb3zoP/R5Fw==$0 SYS_C005424      INDEX
BIN$CNt6ngcJQvCOmbLWix3+QQ==$0 TEST             TABLE
```

其中，OBJECT_NAME 列对应被删除对象在"回收站"中的名字，该名字在整个数据库中是唯一的，而 ORIGINAL_NAME 列对应于对象删除前的名字。之所以对对象重命名，是为了避免用户删除一个表后又重建同名表，或两个用户同时删除同名表的情况发生。

可以查询"回收站"中的表，但必须使用表在"回收站"中的新名字（OBJECT_NAME），而不是原来的名字（ORIGINAL_NAME）。例如：

```
SQL> SELECT * FROM "BIN$CNt6ngcJQvCOmbLWix3+QQ==$0";
ID      NAME
-----------------
1       ZHANG
2       ZHAO
3       WANG
```

如果在删除表时使用了 PURGE 短语，则表及其关联对象被直接释放，空间被回收，相关信息不会进入"回收站"中。

```
SQL>CREATE TABLE test_purge(ID NUMBER PRIMARY KEY, name CHAR(20));
SQL>DROP TABLE test_purge PURGE;
SQL>SELECT OBJECT_NAME,ORIGINAL_NAME,TYPE  FROM USER_RECYCLEBIN;
```

（3）清除回收站

由于被删除表及其关联对象的信息保存在"回收站"中，其存储空间并没有释放，因此需要定期清空"回收站"，或清除"回收站"中没用的对象（表、索引、表空间），释放其所占的磁盘空间。

可以使用 PURGE 命令删除"回收站"中的对象，并释放其占用的空间。语法为：

```
PURGE [TABLE table | INDEX index]|
      [RECYCLEBIN | DBA_RECYCLEBIN]|
      [TABLESPACE tablespace [USER user]]
```

其中：

- TABLE：从"回收站"中清除指定的表，并回收其磁盘空间。
- INDEX：从"回收站"中清除指定的索引，并回收其磁盘空间。
- RECYCLEBIN：清空用户"回收站"，并回收所有对象的磁盘空间。
- DBA_RECYCLEBIN：清空整个数据库系统的"回收站"，只有具有 SYSDBA 权限的用户才可以使用。
- TABLESPACE：清除"回收站"中指定的表空间，并回收磁盘空间。
- USER：清除"回收站"中指定表空间中特定用户的对象，并回收磁盘空间。

例如：

```
SQL>PURGE INDEX "BIN$i+nXRT6iTp6Gb3zoP/R5Fw==$0";
SQL>PURGE TABLE TEST;
SQL>PURGE RECYCLEBIN;
```

3. 闪回删除操作

闪回删除的基本语法为：

```
FLASHBACK TABLE [schema.]table TO BEFORE DROP [RENAME TO table]
```

注意：只有采用本地管理的、非系统表空间中的表可以使用闪回删除操作。

例如：

```
SQL>CREATE TABLE example(ID NUMBER PRIMARY KEY,NAME CHAR(20));
SQL>INSERT INTO example VALUES(1,'BEFORE DROP');
SQL>COMMIT;
SQL>DROP TABLE example;
SQL>FLASHBACK TABLE example TO BEFORE DROP RENAME TO new_example;
SQL>SELECT * FROM new_example;
ID      NAME
--------------
1       BEFORE DROP
```

10.3.3 闪回数据库

1. 闪回数据库概述

闪回数据库技术是将数据库快速恢复到过去的某个时间点或 SCN 值时的状态，以解决由于用户错误操作或逻辑数据损坏引起的问题。闪回数据库操作可以达到与传统数据库恢复相同的效果，但是闪回数据库操作不需要使用备份重建数据文件，而只需要应用闪回日志文件和归档日志文件，因此大大简化了恢复操作的过程，提高了数据库恢复的速度。

为了使用数据库闪回技术，需要预先设置数据库的闪回恢复区和闪回日志保留时间。闪回恢复区用于保存数据库运行过程中产生的闪回日志文件，而闪回日志保留时间是指闪回恢复区中的闪回日志文件保留的时间，即数据库可以恢复到过去的最大时间。

在数据库运行过程中，周期性地将每个数据文件中发生改变的数据块的副本镜像写入闪回日志文件中。利用这些数据块的副本镜像可以重建数据文件的内容，使其回到闪回日志保存时间内的任一时刻。当执行闪回数据库操作，将数据库恢复到某个目标时刻时，系统先使用闪回日志重建数据库到目标时刻之前的某个状态，然后利用归档重做日志文件，将数据库恢复到指定的目标时刻。

2. 闪回数据库的限制

因为闪回数据库是在现有数据文件基础上进行的回滚操作，因此具有下列一些限制。

① 数据文件损坏或丢失等介质故障不能使用闪回数据库进行恢复，闪回数据库只能基于当前正常运行的数据文件。

② 闪回数据库功能启动后，如果发生数据库控制文件重建或利用备份恢复控制文件，则不能使用闪回数据库。

③ 不能使用闪回数据库进行数据文件收缩操作。

④ 不能使用闪回数据库将数据库恢复到在闪回日志中可获得最早的 SCN 之前的 SCN，因为闪回日志文件在一定条件下被删除，而不是始终保存在闪回恢复区中。因此，需要合理设置闪回恢复区的大小以及闪回日志保留时间。

3. 启动闪回数据库的条件

在 Oracle 10g 数据库中，要具有闪回数据库功能，需要满足下列 3 个条件：
- 数据库必须处于归档模式（ARCHIVELOG）；
- 数据库设置了闪回恢复区；
- 数据库启用了 FLASHBACK DATABASE 特性。

（1）设置数据库的归档模式

首先查看数据库的运行模式，如果不是处于归档模式，可以参考 3.5.2 节的介绍，将数据库设置为归档模式。例如：

```
SQL> CONN SYS/TIGER AS SYSDBA
SQL> ARCHIVE LOG LIST;
数据库日志模式          非存档模式
自动存档               禁用
存档终点               USE_DB_RECOVERY_FILE_DEST
最早的联机日志序列       4
当前日志序列            6
SQL> SHUTDOWN IMMEDIATE
SQL> STARTUP MOUNT
SQL> ALTER DATABASE ARCHIVELOG;
SQL> ALTER DATABASE OPEN;
SQL> ALTER SYSTEM ARCHIVE LOG START;
SQL> ARCHIVE LOG LIST;
数据库日志模式          存档模式
自动存档               启用
存档终点               USE_DB_RECOVERY_FILE_DEST
最早的联机日志序列       4
下一个存档日志序列       6
当前日志序列            6
```

（2）设置数据库的闪回恢复区

在 Oracle 10g 数据库安装过程中，默认情况下已设置了数据库的闪回恢复区。可以通过参数查询数据闪回恢复区及其空间大小。例如：

```
SQL> SHOW PARAMETER DB_RECOVERY_FILE
NAME                            TYPE            VALUE
------------------------------------------------------------
db_recovery_file_dest           string          D:\oracle\product\10.2.0/flash
                                                        _recovery_area
db_recovery_file_dest_size      big integer     2G
```

（3）启动数据库 FLASHBACK 特性

为了使用闪回数据库，还需要启动数据库的 FLASHBACK 特性，生成闪回日志文件。在默认情况下，数据库的 FLASHBACK 特性是关闭的。可以在数据库处于 MOUNT 状态时执行 ALTER DATABASE FLASHBACK ON 命令，启动数据库的 FLASHBACK 特性；也可以执行 ALTER DATABASE FLASHBACK OFF 命令，关闭数据库的 FLASHBACK 特性。

此外，还需要通过参数 DB_FLASHBACK_RETENTION_TARGET 设置闪回日志保留时间，该参数默认值为 1440 分钟，即一天。

例如：
```
SQL>SHUTDOWN IMMEDIATE
SQL>STARTUP MOUNT
SQL>ALTER DATABASE FLASHBACK ON;
SQL>ALTER DATABASE OPEN;
SQL>ALTER SYSTEM SET DB_FLASHBACK_RETENTION_TARGET=2880;
```

4．闪回数据库操作

闪回数据库基本语法为：
```
FLASHBACK [STANDBY] DATABASE [database] TO
[SCN|TIMESTAMP expression]|[BEFORE SCN|TIMESTAMPexpression]
```
其中：
- **STANDBY**：指定执行闪回的数据库为备用数据库。
- **TO SCN**：将数据库恢复到指定 SCN 的状态。
- **TO TIMESTAMP**：将数据库恢复到指定的时间点。
- **TO BEFORE SCN**：将数据库恢复到指定 SCN 的前一个 SCN 状态。
- **TO BEFORE TIMESTAMP**：将数据库恢复到指定时间点前一秒的状态。

下面以一个闪回数据库操作的例子说明闪回数据库操作方法。

（1）查询数据库系统当前时间和当前 SCN。
```
SQL>SELECT SYSDATE FROM DUAL;
SYSDATE
-------------------
2016-03-25 12:36:19
SQL>SELECT CURRENT_SCN FROM V$DATABASE;
CURRENT_SCN
-----------
735884
```

（2）查询数据库中当前最早的闪回 SCN 和时间。
```
SQL>SELECT OLDEST_FLASHBACK_SCN,OLDEST_FLASHBACK_TIME
    FROM V$FLASHBACK_DATABASE_LOG;
OLDEST_FLASHBACK_SCN OLDEST_FLASHBACK_TI
-------------------- -------------------
730955               2016-03-25 10:26:50
```

（3）改变数据库的当前状态。
```
SQL>SET TIME ON
12:37:38 SQL>CREATE TABLE test_flashback(ID NUMBER,NAME CHAR(20));
12:37:45 SQL>INSERT INTO test_flashback VALUES(1,'DATABASE');
12:37:52 SQL>COMMIT;
```

（4）进行闪回数据库恢复，将数据库恢复到创建表之前的状态。
```
12:37:56 SQL>SHUTDOWN IMMEDIATE
12:38:49 SQL>STARTUP MOUNT EXCLUSIVE
12:43:42 SQL>FLASHBACK DATABASE TO TIMESTAMP(TO_TIMESTAMP('2016-3-25
          11:00:00','YYYY-MM-DD HH24:MI:SS'));
12:44:38 SQL>ALTER DATABASE OPEN RESETLOGS;
```

（5）验证数据库的状态（test_flashback 表应该不存在）。
```
12:44:58 SQL>SELECT * FROM test_flashback;
SELECT * FROM test_flashback
              *
第 1 行出现错误：
ORA-00942：表或视图不存在
```

复 习 题

1．简答题

（1）比较利用闪回技术进行数据恢复与采用传统方法进行数据恢复的优缺点。
（2）说明闪回查询与闪回版本查询之间有何不同。
（3）说明如何利用闪回版本查询与闪回事务查询相结合来恢复数据。
（4）说明进行闪回表操作时用户需要具有哪些权限。
（5）说明闪回删除操作实现的基本原理。
（6）说明 DROP TABLE 语句在 Oracle 9i 和 Oracle 10g 中的执行有何不同。
（7）说明闪回数据库操作实现的基本原理。
（8）说明闪回数据库操作需要满足的条件。

2．实训题

（1）检查当前数据库系统是否满足闪回查询的条件。如果不满足，则进行适当操作，保证可以执行闪回查询操作。
（2）检查数据库系统是否满足闪回删除操作的条件，如果不满足，则进行适当设置，使其满足闪回删除的条件。
（3）检查当前数据库系统是否满足闪回数据库操作的条件。如果不满足，则进行适当操作，保证可以执行闪回数据库操作。
（4）假设 2016-3-25 日在数据库中执行了下列操作。
```
16:33:10 SQL>CREATE TABLE exercise(
                sno NUMBER PRIMARY KEY,
                sname CHAR(20));
16:34:10 SQL>INSERT INTO exercise VALUES(100,'zhangsan');
16:35:10 SQL>COMMIT;
16:36:10 SQL>INSERT INTO exercise VALUES(200,'lisi');
16:37:10 SQL>COMMIT;
16:38:10 SQL>INSERT INTO exercise VALUES(300,'wangwu');
16:39:10 SQL>COMMIT;
16:40:10 SQL>UPDATE exercise SET sname='newname' WHERE sno=100;
16:41:10 SQL>COMMIT;
16:42:10 SQL>DELETE FROM exercise WHERE sno=200;
16:43:10 SQL>COMMIT;
```
（5）利用闪回查询，查询 16:40:10 时 exercise 中的数据。
（6）利用闪回版本查询，查询 16:35:10-16:42:10 之间 sno=100 的记录版本信息。

（7）利用闪回表技术，将 exercise 表恢复到删除操作进行之前的状态。
（8）执行"DROP TABLE exercise"语句，然后利用闪回删除技术恢复 exercise 表。
（9）将数据库中的闪回日志保留时间设置为 3 天（4320 分钟）。
（10）利用闪回数据库技术，将数据库恢复到创建表之前的状态。

第四篇　应用开发篇

本篇主要介绍 Oracle 数据库的应用开发，包括 SQL 语言基础、PL/SQL 语言基础及程序设计和基于 Oracle 数据库的应用开发实例。通过本篇的学习，读者可以掌握 Oracle 数据库的基本开发知识，包括利用 PL/SQL 程序开发数据库服务器应用程序和 Oracle 数据库应用的实际开发过程。

本篇由以下 4 章组成：
- 第 11 章　SQL 语言基础
- 第 12 章　PL/SQL 语言基础
- 第 13 章　PL/SQL 程序设计
- 第 14 章　基于 Oracle 数据库的应用开发

第 11 章　SQL 语言基础

SQL（Structured Query Language）语言是在 Oracle 数据库中定义和操作数据的基本语言，是用户与数据库之间交互的接口。本章将主要介绍 SQL 语言应用基础，包括数据查询、数据操作（数据的插入、修改、删除）、事务处理和 SQL 函数。

11.1　SQL 语言概述

11.1.1　SQL 语言介绍

SQL（Structured Query Language）语言是 1974 年由 Boyce 和 Chamberlin 提出的。1975—1979 年，IBM 公司的 San Jose Research Laboratory 研制出了著名的关系数据库管理系统的原型 System R，并实现了这种语言。经过各公司的不断修改、扩充和完善，1986 年 10 月，美国国家标准学会（American National Standard Institute，ANSI）颁布了 SQL 语言的美国标准，1987 年 6 月国际标准化组织将其采纳为国际标准，SQL 语言成为关系数据库的标准语言。随着数据库技术的发展，SQL 标准也在不断地进行扩展和修正，国际标准化组织（International Organization for Standardization，ISO）相继颁布了 SQL-89 标准、SQL-92 标准和 SQL-99 标准。Oracle 数据库完全遵循 SQL 标准，将最新的 SQL-99 标准集成到了 Oracle 10g 产品中，并进行了部分功能扩展。

SQL 语言是关系数据库操作的基础语言，将数据查询、数据操纵、数据定义、事务控制、系统控制等功能集于一体，使得数据库应用开发人员、数据库管理员等都可以通过 SQL 语言实现对数据库的访问和操作。

11.1.2　SQL 语言的分类

根据 SQL 语言实现功能的不同，Oracle 数据库中的 SQL 语言可以分为以下 6 类。

① 数据定义语言（Data Definition Language，DDL）：用于定义、修改、删除数据库对象，包括 CREATE、ALTER、DROP、GRANT、REVOKE、AUDIT 和 NOAUDIT 等。

② 数据操纵语言（Data Manipulation Language，DML）：用于改变数据库中的数据，包括数据插入（INSERT）、数据修改（UPDATE）和数据删除（DELETE）。

③ 数据查询语言（Data Query Language，DQL）：用于数据检索，包括 SELECT。

④ 事务控制（Transaction Control）：用于将一组 DML 操作组合起来，形成一个事务并进行事务控制。包括事务提交（COMMIT）、事务回滚（ROLLBACK）、设置保存点（SAVEPOINT）和设置事务状态（SET TRANSACTION）。

⑤ 系统控制（System Control）：用于设置数据库系统参数，包括 ALTER SYSTEM。

⑥ 会话控制（Session Control）：用于设置用户会话相关参数，包括 ALTER SESSION。

本章主要介绍数据查询、数据操纵和事务控制语句在 Oracle 数据库中的应用。

11.1.3 SQL 语言的特点

SQL 语言之所以能成为关系数据库的标准语言,并得到广泛的应用,其原因在于 SQL 语句具有以下特点。

① 功能一体化:几乎涵盖了对数据库的所有操作,语言风格统一。

② 高度的非过程化:在使用 SQL 语言操作数据库时,用户只需要说明"做什么",而不需要说明"怎样做"。用户任务的实现对用户而言是透明的,由系统自动完成。这大大减轻了用户的负担,同时降低了对用户的技术要求。

③ 面向集合的操作方式:SQL 语言采用集合操作方式,不仅查询结果可以是多条记录的集合,而且一次插入、删除、修改操作的对象也可以是多条记录的集合。面向集合的操作方式极大地提高了对数据操作的效率。

④ 多种使用方式:SQL 语句既是自含式语言,又是嵌入式语言。SQL 语言可以直接以命令方式与数据库进行交互,也可以嵌入其他的高级语言中使用。

⑤ 简洁、易学:SQL 语言命令数量有限,语法简单,接近于自然语言(英语),因此容易学习和掌握。

11.2 数 据 查 询

11.2.1 数据查询基础

在 Oracle 数据库中,利用 SELECT 语句可以完成不同类型的复杂数据查询任务。SELECT 语句的基本语法为:

```
SELECT [ALL|DISTINCT]column_name[,expression…]
FROM   table1_name[,table2_name,view_name,…]
[WHERE condition]
[GROUP BY column_name1[,column_name2,…] [HAVING group_condition]]
[ORDER BY column_name2 [ASC|DESC][,column_name2,…]];
```

当执行一条 SELECT 语句时,系统会根据 WHERE 子句的条件表达式 condition,从 FROM 子句指定的基本表或视图中找出满足条件的记录,再按 SELECT 子句中的目标列或目标表达式,形成结果表。如果有 GROUP BY 子句,则将结果按特定列进行分组;如果 GROUP 子句带有 HAVING 子句,则只有满足指定条件 group_condition 的组才会返回;如果有 ORDER BY 子句,则对返回的结果进行排序。

11.2.2 基本查询

基本查询主要指对单个表或视图进行无条件查询、有条件查询、查询排序和查询统计等。

1. 无条件查询

在 SELECT 语句中,SELECT 子句后的目标列可以是表中的所有列、部分列,也可以是表达式,包括算术表达式、字符串常量、函数等。

(1)查询所有列

如果查询表或视图中所有列的数据,可以用"*"表示目标列。例如:

```
SQL>SELECT * FROM emp;
```

（2）查询指定列

如果查询特定列的数据,可以在目标列中列出相应列名,用逗号分隔。例如:

  SQL>SELECT deptno,dname FROM dept;

（3）使用算术表达式

如果需要对查询目标列进行计算,那么可以在目标列表达式中使用算数表达式。例如:

  SQL>SELECT empno,sal*0.8 FROM emp;

（4）使用字符常量

如果需要在查询结果中加入字符,可以在目标列表达式中使用字符常量。例如:

  SQL>SELECT empno, 'Name is: ', ename FROM emp;

（5）使用函数

可以在目标列表达式中采用函数对查询结果进行运算。例如:

  SQL>SELECT empno,UPPER(ename) FROM emp;

（6）改变列标题

可以为查询的目标列或目标表达式起别名,即改变列标题。例如:

  SQL>SELECT ename employeename,sal salary FROM emp;

（7）使用连接字符串

可以使用"||"运算符将查询的目标列或目标表达式连接起来。例如:

  SQL>SELECT '员工号：'||empno||'员工名'||ename FROM emp;

（8）清除重复行

如果不希望在查询结果中出现重复记录,可以使用 DISTINCT 语句。例如:

  SQL>SELECT DISTINCT deptno FROM emp;

2. 有条件查询

在执行无条件查询时,由于没有任何指定的限制条件,所以会检索表或视图中的所有记录。在实际操作过程中,对数据的检索通常是有限制的,即有条件查询。有条件查询是指在 SELECT 语句中使用 WHERE 子句设置查询条件,只有满足查询条件的记录才会返回。例如,查询 10 号部门的员工信息,语句为:

  SQL>SELECT * FROM emp WHERE deptno=10;

在 WHERE 子句中常用的运算符见表 11-1。

表 11-1 在 WHERE 子句中常用的运算符

查询条件	运算符
关系运算	=, >, <, >=, <=, <>, !=
确定范围	BETWEEN AND, NOT BETWEEN AND
确定集合	IN, NOT IN
字符匹配	LIKE, NOT LIKE
空值判断	IS NULL, IS NOT NULL
逻辑操作	NOT, AND, OR

（1）关系运算

在 WHERE 条件中可以使用关系运算表达式,例如:

  SQL>SELECT empno,ename,sal FROM emp WHERE deptno!=10;
  SQL>SELECT empno,ename,sal FROM emp WHERE sal>1500;

（2）确定范围

在 WHERE 条件表达式中可以使用 BETWEEN…AND 指定特定的范围,也可以用 NOT BETWEEN…AND 指定在特定范围之外。例如:

  SQL>SELECT * FROM emp WHERE deptno BETWEEN 10 AND 20;
  SQL>SELECT * FROM emp WHERE sal NOT BETWEEN 1000 AND 2000;

（3）确定集合

如果查询条件中涉及多个等于或不等于运算,可以使用 IN 或 NOT IN 运算符。例如:

  SQL>SELECT empno,ename,sal FROM emp WHERE deptno IN(10,30);

（4）字符匹配

如果要进行模糊查询，可以在 WHERE 条件中使用 LIKE 或 NOT LIKE 运算符。为了实现模糊查询，Oracle 数据库中使用 "%"（百分号）和"_"（下划线）两个通配符，其中，"%"代表 0 个或多个字符，"_"代表单个字符。

【例 11-1】查询名字中含有"S"的员工信息。

```
SQL>SELECT * FROM emp WHERE ename LIKE '%S%';
```

【例 11-2】查询名字的第二个字母为"A"的员工信息。

```
SQL>SELECT * FROM emp WHERE ename LIKE '_A%';
```

如果要查询的信息中本身包含"%"或"_"，则可以使用 ESCAPE 定义一个用于表示转义的字符。

【例 11-3】查询名字中包含"_"字符的员工信息。

```
SQL>SELECT * FROM emp WHERE ename LIKE '%x_%' ESCAPE 'x';
```

（5）空值判断

如果要判断列或表达式的结果是否为空，则需要使用 IS NULL 或 IS NOT NULL 运算符。例如：

```
SQL>SELECT * FROM emp WHERE deptno IS NULL;
SQL>SELECT * FROM emp WHERE comm IS NOT NULL;
```

（6）逻辑操作

如果查询条件有多个，那么这些查询条件之间还要进行逻辑运算。常用的逻辑运算符包括 NOT，AND，OR，其中 NOT 的优先级最高，OR 的优先级最低。

【例 11-4】查询 10 号部门中工资高于 1500 的员工信息。

```
SQL>SELECT * FROM emp WHERE deptno=10 AND sal >1500;
```

【例 11-5】查询工资高于 1500 的 10 号部门和 20 号部门的员工信息。

```
SQL>SELECT * FROM emp WHERE (deptno=10 OR deptno=20)AND sal>1500;
```

注意：使用 BETWEEN…AND，NOT BETWEEN…AND，IN，NOT IN 运算符的查询条件都可以转换为 NOT，AND，OR 的逻辑运算。例如，下面两个语句是等价的：

```
SQL>SELECT * FROM emp WHERE sal>1000 AND sal<2000;
SQL>SELECT * FROM emp WHERE sal BETWEEN 1000 AND 2000;
```

3．查询排序

在执行查询操作时，可以使用 ORDER BY 子句对查询的结果进行排序。可以按升序或降序排序，可以针对一列或多列进行排序，也可以按表达式、别名等进行排序。

（1）升序、降序排序

当使用 ORDER BY 子句对查询结果排序时，可以使用 ASC 或 DESC 设置按升序或降序排序，默认为升序排序。例如：

```
SQL>SELECT empno,ename,sal FROM emp ORDER BY sal;
SQL>SELECT empno,ename,sal FROM emp ORDER BY sal DESC;
```

（2）多列排序

对查询结果进行排序，不仅可以基于单列或单个表达式进行，而且可以基于多列或多个表达式进行。当按多列或多个表达式排序时，首先按照第一列或表达式进行排序；当第一列或表达式的数据相同时，以第二列或表达式进行排序，以此类推。例如，查询员工信息，按员工所在部门号升序、工资降序排序，语句为：

```
SQL>SELECT * FROM emp ORDER BY deptno,sal DESC;
```

（3）按表达式排序

对查询结果排序时，多数情况下按特定的目标列进行排序，但是也可以按特定的表达式进行排序。例如，查询员工信息，并按员工年工资排序，语句为：

```
SQL>SELECT empno,ename,sal FROM emp ORDER BY sal*12;
```

（4）使用别名排序

如果为目标列或表达式定义了别名，那么排序时可以使用目标列或表达式的别名。例如：

```
SQL>SELECT empno,sal*12 salary FROM emp ORDER BY salary;
```

（5）使用列位置编号排序

当执行排序操作时，不仅可以指定列名、表达式、别名等，也可以按照目标列或表达式的位置编号进行排序。如果列名或表达式名称很长，那么使用位置排序可以缩短排序语句的长度。此外，如果使用 UNION，INTERSECT，MINUS 等集合查询，且目标列名称不同，那么必须使用列位置排序。例如：

```
SQL>SELECT empno,sal*12 salary FROM emp ORDER BY 2;
```

4．查询统计

在数据查询过程中，经常涉及对查询信息的统计。对查询信息的统计通常使用内置的聚集函数（又称为分组函数）实现。表 11-2 列出了最常用的聚集函数。

表 11-2 常用的聚集函数

函 数	格 式	功 能
COUNT	COUNT([DISTINCT|ALL] *)	返回结果集中记录个数
COUNT	COUNT([DISTINCT|ALL] column)	返回结果集中非空记录个数
AVG	AVG([DISTINCT|ALL] column)	返回列或表达式的平均值
MAX	MAX([DISTINCT|ALL] column)	返回列或表达式的最大值
MIN	MIN([DISTINCT|ALL] column)	返回列或表达式的最小值
SUM	SUM([DISTINCT|ALL] column)	返回列或表达式的总和
STDDEV	STDDEV(column)	返回列或表达式的标准差
VARIANCE	VARIANCE(column)	返回列或表达式的方差

使用聚集函数时需要注意以下几点。

① 除了 COUNT(*)函数外，其他的统计函数都不考虑返回值或表达式为 NULL 的情况。

② 聚集函数只能出现在目标列表达式、**ORDER BY** 子句、**HAVING** 子句中，不能出现在 **WHERE** 子句和 **GROUP BY** 子句中。

③ 默认对所有的返回行进行统计，包括重复的行；如果要统计不重复的行信息，则可以使用 DISTINCT 选项。

④ 如果对查询结果进行了分组，则聚集函数的作用范围为各个组，否则聚集函数作用于整个查询结果。

【例 11-6】统计 10 号部门员工的人数、平均工资、最高工资、最低工资。

```
SQL>SELECT count(*),avg(sal),max(sal),min(sal) FROM emp WHERE deptno=10;
```

【例 11-7】统计所有员工的平均奖金和奖金总额。

```
SQL>SELECT avg(comm),sum(comm) FROM emp;
```

【例 11-8】 从员工表中查询所有的部门个数。
```
SQL>SELECT count(DISTINCT deptno) FROM emp;
```
【例 11-9】 统计员工工资的方差和标准差。
```
SQL>SELECT variance(sal),stddev(sal) FROM emp;
```

11.2.3 分组查询

在数据查询过程中，经常需要将数据进行分组，以便对各个组进行统计分析。在 Oracle 数据库中，分组统计是由 GROUP BY 子句、集合函数、HAVING 子句共同实现的。分组查询的基本语法为：
```
SELECT column, group_function,…
FROM table
[WHERE condition]
[GROUP [BY ROOLUP|CUBE|GROUPING SETS] group_by_expression]
[HAVING group_condition]
[ORDER BY column[ASC|DESC]];
```

注意：
① GROUP BY 子句用于指定分组列或分组表达式。
② 集合函数用于对分组进行统计。如果未对查询分组，则集合函数将作用于整个查询结果；如果对查询结果分组，则集合函数将作用于每一个组，即每一个分组都有一个集合函数。
③ HAVING 子句用于限制分组的返回结果。
④ WHERE 子句对表中的记录进行过滤，而 HAVING 子句对分组后形成的组进行过滤。
⑤ 在分组查询中，SELECT 子句后面的所有目标列或目标表达式要么是分组列，要么是分组表达式，要么是集合函数。

1. 单列分组查询

单列分组查询是指将查询出来的记录按照某一个指定的列进行分组，分组列的值相等的记录为一组，然后对每一个组进行统计。例如，查询每个部门的部门号、人数和平均工资，语句为：
```
SQL>SELECT deptno,count(*),avg(sal) FROM emp GROUP BY deptno;
```
查询结果为：
```
DEPTNO   COUNT(*)      AVG(SAL)
-----------------------------
10       4             2583.33333
20       5             1835
30       6             1183.33333
```

注意： 目标列中出现的 deptno 为分组列，count 和 avg 是聚集函数，如果还有其他非分组的列或非聚集函数，则将导致错误。

例如：
```
SQL>SELECT ename,count(*),avg(sal) FROM emp GROUP BY deptno;
```
执行结果为：
```
SELECT ename,count(*),avg(sal) FROM emp GROUP BY deptno
       *
ERROR 位于第 1 行:
ORA-00979: 不是 GROUP BY 表达式
```

2. 多列分组查询

多列分组是指在 GROUP BY 子句中指定了两个或多个分组列。在多列分组统计时，系统根据分组列组合的不同值进行查询分组并进行统计。例如，查询各个部门中不同工种的员工人数和平均工资，语句为：

```
SQL>SELECT deptno,job,count(*),avg(sal) FROM emp  GROUP BY deptno,job;
```

查询结果为：

```
    DEPTNO JOB            COUNT(*)    AVG(SAL)
    ---------------------------------------------
        10 CLERK                 1         900
        10 MANAGER               1        2150
        10 PRESIDENT             1        4700
        20 CLERK                 2         550
        20 ANALYST               2        2700
        20 MANAGER               1        2675
        30 CLERK                 1         550
        30 MANAGER               1        2550
        30 SALESMAN              4        1000
```

3. 使用 HAVING 子句限制返回组

如果需要对分组后的查询结果做进一步限制，可以使用 HAVING 子句，只有满足条件的组才会返回。例如，查询部门平均工资高于 1500 的部门号、部门人数和部门平均工资，语句为：

```
SQL>SELECT deptno,count(*),avg(sal) FROM emp
    GROUP BY deptno HAVING avg(sal)>1500;
```

查询结果为：

```
DEPTNO  COUNT(*)    AVG(SAL)
------  ----------  ----------
    10        4     2583.33333
    20        5     1835
```

> **注意**：HAVING 子句作用于组，而 WHERE 子句作用于记录。先根据 WHERE 条件查询记录，最后根据 HAVING 条件决定哪些组返回。

例如，统计 10 号部门中各个工种的员工人数和平均工资，并返回平均工资高于 1000 的工种人数和平均工资，语句为：

```
SQL>SELECT job,count(*),avg(sal) FROM emp WHERE deptno=10
    GROUP BY job HAVING avg(sal)>1000;
```

查询结果为：

```
JOB         COUNT(*)    AVG(SAL)
---------   ----------  ----------
MANAGER          1          2150
PRESIDENT        1          4700
```

4. 使用 ROLLUP 和 CUBE 选项

当直接使用 GROUP BY 子句进行多列分组时，只能生成简单的分组统计结果。如果在 GROUP BY 子句中使用 ROLLUP 选项，则还可以生成横向统计和不分组统计；如果在 GROUP BY 子句中使用 CUBE 选项，则还可以生成横向统计、纵向统计和不分组统计。

【例 11-10】 查询各个部门中各个工种的平均工资、每个部门的平均工资和所有员工的平均工资。查询结果的形式见表 11-3。

```
SQL>SELECT deptno,job,avg(sal) FROM emp GROUP BY ROLLUP(deptno,job);
```

查询结果为：

```
    DEPTNO    JOB           AVG(SAL)
    ------    -------       ---------
    10        CLERK         900
    10        MANAGER       2150
    10        PRESIDENT     4700
    10                      2583.33333
    20        CLERK         550
    20        ANALYST       2700
    20        MANAGER       2675
    20                      1835
    30        CLERK         550
    30        MANAGER       2550
    30        SALESMAN      1000
    30                      1183.33333
                            1716.07143
```

表 11-3 利用 ROLLUP 分组查询的结果

部门号\工种	CLERK	MANAGER	PRESIDENT	ANALYST	SALESMAN	横向统计
10	900	2150	4700			2583
20	550	2675		2700		1835
30	550	2550			1000	1183
合计						1716

【例 11-11】 查询各个部门中各个工种的平均工资、每个部门的平均工资、每个工种的平均工资和所有员工的平均工资。查询结果的形式见表 11-4。

```
SQL>SELECT deptno,job,avg(sal) FROM emp GROUP BY CUBE(deptno,job);
```

查询结果为：

```
    DEPTNO    JOB           AVG(SAL)
    ------    -------       ---------
                            1716.07143
              CLERK         637.5
              ANALYST       2700
              MANAGER       2458.33333
              SALESMAN      1000
              PRESIDENT     4700
    10                      2583.33333
    10        CLERK         900
    10        MANAGER       2150
    10        PRESIDENT     4700
    20                      1835
    20        CLERK         550
```

·191·

```
20      ANALYST                  2700
20      MANAGER                  2675
30                          1183.33333
30      CLERK                     550
30      MANAGER                  2550
30      SALESMAN                 1000
```

表 11-4 利用 CUBE 分组查询结果

工 种 部 门 号	CLERK	MANAGER	PRESIDENT	ANALYST	SALESMAN	横向统计
10	900	2150	4700			2583
20	550	2675		2700		1835
30	550	2550			1000	1183
合计	637	2458	4700	2700	1000	1716

5. 合并分组查询

在 Oracle 10g 中，可以将几个单独的分组查询合并成一个分组查询。合并分组查询需要在 **GROUP BY** 子句中使用 **GROUPING SETS**。例如，查询各个部门的平均工资和各个工种的平均工资，语句为：

```
SQL>SELECT deptno,job,avg(sal) FROM emp GROUP BY GROUPING SETS
(deptno,job);
```

查询结果为：

```
DEPTNO    JOB              AVG(SAL)
-----------------------------------
10                         2583.33333
20                               1835
30                         1183.33333
          ANALYST                2700
          CLERK                 637.5
          MANAGER          2458.33333
          PRESIDENT              4700
          SALESMAN               1000
```

11.2.4 连接查询

在数据库中，相关数据可能存储在不同的表中，因此需要从两个或多个表中获取数据。连接查询就是指从多个表或视图中查询信息。

在 Oracle 数据库中，连接查询分为交叉连接、内连接、外连接 3 种类型。其中，交叉连接结果是所有其他连接结果的超集，而外连接结果又是内连接结果的超集。

1. 交叉连接

交叉连接又称为笛卡儿积连接，是两个或多个表之间的无条件连接。一个表中所有记录分别与其他表中所有记录进行连接。如果进行连接的表中分别有 n_1, n_2, n_3, …条记录，那么交叉连接的结果集中将有 $n_1 \times n_2 \times n_3 \times \cdots$条记录。例如，emp 表中有 14 条记录，dept 表中有 4 条记录，那么两个表交叉连接后有 56 条记录，语句为：

```
SQL>SELECT empno,ename,sal,dname,loc FROM emp,dept;
```

2. 内连接

内连接是根据指定的连接条件进行连接查询，只有满足连接条件的数据才会出现在结果集中。

当执行两个表内连接查询时，首先在第一个表中查找到第一个记录，然后从头开始扫描第二个表，逐一查找满足连接条件的记录，找到后将其与第一个表中的第一个记录拼接形成结果集中的一个记录。当第二个表被扫描一遍后，再从第一个表中查询第二个记录，然后再从头扫描第二个表，逐一查找满足连接条件的记录，找到后将其与第一个表中的第二个记录拼接形成结果集中的一个记录。重复执行，直到第一个表中的全部记录都处理完毕为止。

在 Oracle 数据库中，内连接的表示方式有两种。

- 标准 SQL 语句的连接方式

    ```
    SELECT table1.column,talbe2.column[,…]
    FROM table1 [INNER] JOIN table2 [JOIN …] ON condition;
    ```

- Oracle 扩展的连接方式

    ```
    SELECT table1.column,talbe2.column[,…]
    FROM table1,table2[,…] WHERE condition;
    ```

根据连接条件不同，内连接可以分为相等内连接、不相等内连接两类。如果是在同一个表或视图中进行连接查询，则称为自身连接。

（1）相等内连接

相等内连接是指使用等号（"="）指定连接条件的连接查询。进行比较的不同表中列的名称可以不同，但类型必须是匹配的。如果连接的表中有相同名称的列，则需要在列名前加表名，以区分是哪个表中的列。例如，查询 10 号部门员工的员工号、员工名、工资、部门号和部门名，语句为：

```
SQL>SELECT empno,ename,sal,emp.deptno,dname FROM emp JOIN dept
    ON emp.deptno=10 AND emp.deptno=dept.deptno;
```

或

```
SQL>SELECT empno,ename,sal,emp.deptno,dname FROM emp,dept
    WHERE emp.deptno=10 AND emp.deptno=dept.deptno;
```

查询结果为：

```
EMPNO  ENAME    SAL       DEPTNO   DNAME
-----  -----    -----     ------   ----------
7782   CLARK    4387.05   10       ACCOUNTING
7839   KING     8120.5    10       ACCOUNTING
7934   MILLER   2703.33   10       ACCOUNTING
```

（2）不相等内连接

如果连接条件中的运算符不是等号而是其他关系运算符，则称为不相等内连接。例如，查询 10 号部门员工的工资等级，语句为：

```
SQL>SELECT empno,ename,sal,grade FROM emp JOIN salgrade
    ON sal>losal AND sal<hisal AND deptno=10;
```

或

```
SQL>SELECT empno,ename,sal,grade FROM emp,salgrade
    WHERE sal>losal AND sal<hisal AND deptno=10;
```

查询结果为：

```
EMPNO    ENAME    SAL       GRADE
-------  -----    --------  -------
7934     MILLER   900       1
```

```
7782      CLARK         2150           4
7839      KING          4700           5
```

（3）自身连接

自身连接是指在同一个表或视图中进行连接，相当于同一个表作为两个或多个表使用。例如，查询所有员工的员工号、员工名和该员工领导的员工名、员工号，语句为：

```
SQL>SELECT work.empno,work.ename,manager.empno,manager.ename
FROM emp work JOIN emp manager ON work.mgr=manager.empno;
```

或

```
SQL>SELECT work.empno,work.ename,manager.empno,manager.ename
FROM emp work,emp manager WHERE work.mgr=manager.empno;
```

查询结果为：

```
EMPNO    ENAME      EMPNO    ENAME
---------------------------------
7369     SMITH      7902     FORD
7499     ALLEN      7698     BLAKE
7521     WARD       7698     BLAKE
......
```

3. 外连接

外连接是指在内连接的基础上，将某个连接表中不符合连接条件的记录加入结果集中。根据结果集中所包含不符合连接条件的记录来源的不同，外连接分为左外连接、右外连接、全外连接 3 种。

（1）左外连接

左外连接是指在内连接的基础上，将连接操作符左侧表中不符合连接条件的记录加入结果集中，与之对应的连接操作符右侧表列用 NULL 填充。

在 Oracle 数据库中，左外连接的表示方式有两种。

① 标准 SQL 语句的连接方式

```
SELECT table1.column, table2.column[,…]
FROM table1 LEFT JOIN table2[,]
ON table1.column <operator> table2.column[,…];
```

② Oracle 扩展的连接方式

```
SELECT table1.column, table2.column[,…]
FROM table1, table2[,…]
WHERE table1.column <operator> table2.column(+)[…];
```

例如，查询 10 号部门的部门名、员工号、员工名和所有其他部门的名称，语句为：

```
SQL>SELECT dname,empno,ename FROM dept LEFT JOIN emp
    ON dept.deptno=emp.deptno AND dept.deptno=10;
```

或

```
SQL>SELECT dname,empno,ename FROM dept,emp
    WHERE dept.deptno=emp.deptno(+) AND emp.deptno(+)=10;
```

查询结果为：

```
DNAME              EMPNO ENAME
----------         ------------
ACCOUNTING         7782 CLARK
ACCOUNTING         7839 KING
```

```
ACCOUNTING              7934 MILLER
RESEARCH
SALES
OPERATIONS
```

（2）右外连接

右外连接是指在内连接的基础上，将连接操作符右侧表中不符合连接条件的记录加入结果集中，与之对应的连接操作符左侧表列用 NULL 填充。

在 Oracle 数据库中，右外连接的表示方式有两种。

① 标准 SQL 语句的连接方式

```
SELECT table1.column, table2.column[,…]
FROM table1 RIGHT JOIN table2[,…]
ON table1.column <operator> table2.column[…];
```

② Oracle 扩展的连接方式

```
SELECT table1.column, table2.column[,…] FROM table1, table2[,…]
WHERE table1.column (+)<operator> table2.column[…];
```

例如，查询 20 号部门的部门名称及其员工号、员工名，和所有其他部门的员工名、员工号，语句为：

```
SQL>SELECT empno,ename,dname FROM dept RIGHT JOIN emp
    ON dept.deptno=emp.deptno AND dept.deptno=20;
```

或

```
SQL>SELECT empno,ename,dname FROM dept,emp
    WHERE dept.deptno(+)=emp.deptno AND dept.deptno(+)=20;
```

查询结果为：

```
EMPNO   ENAME     DNAME
------- -----     --------
7369    SMITH
7698    BLAKE
7782    CLARK     ACCOUNTING
7839    KING      ACCOUNTING
7934    MILLER    ACCOUNTING
……
```

（3）全外连接

全外连接是指在内连接的基础上，将连接操作符两侧表中不符合连接条件的记录加入结果集中。

在 Oracle 数据库中，全外连接的表示方式为：

```
SELECT table1.column, table2.column[,…]
FROM table1 FULL JOIN table2[,…]
ON  table1.column1 = table2.column2[…];
```

例如，查询所有的部门名和员工名，语句为：

```
SQL>SELECT dname,ename FROM emp FULL JOIN dept ON emp.deptno=dept.deptno;
```

查询结果为：

```
DNAME         ENAME
----------    -----------
ACCOUNTING    MILLER
ACCOUNTING    KING
```

```
ACCOUNTING      CLARK
RESEARCH        SCOTT
RESEARCH        JONES
OPERATIONS
......
```

> **注意**：(+) 操作符仅适用于左外连接和右外连接，而且如果 WHERE 子句中包含多个条件，则必须在所有条件中都包含 (+) 操作符。

11.2.5 子查询

子查询是指嵌套在其他 SQL 语句中的 SELECT 语句，也称为嵌套查询。在执行时，由里向外，先处理子查询，再将子查询的返回结果用于其父语句（外部语句）的执行。

通常，子查询可以起下列作用：

- 在 INSERT 或 CREATE TABLE 语句中使用子查询，可以将子查询的结果写入目标表中；
- 在 UPDATE 语句中使用子查询可以修改一个或多个记录的数据；
- 在 DELETE 语句中使用子查询可以删除一个或多个记录；
- 在 WHERE 和 HAVING 子句中使用子查询可以返回一个或多个值。

> **注意**：在 DDL 语句中的子查询可以带有 ORDER BY 子句，而在 DML 语句和 DQL 语句中使用子查询时不能带有 ORDER BY 子句。

根据返回结果的不同，子查询可以分为单行单列子查询、多行单列子查询、单行多列子查询和多行多列子查询 4 类。根据与外部父语句的关系，子查询又可分为无关子查询和相关子查询两类。

1. 单行单列子查询

单行单列子查询是指子查询只返回一行数据，而且只返回一列的数据。当在 WHERE 子句中使用单行单列子查询时，可以使用单行比较运算符，如=，>，<，>=，<=，!=等。例如，查询比 7934 号员工工资高的员工的员工号、员工名、员工工资信息，语句为：

```
SQL>SELECT empno,ename,sal FROM emp
        WHERE sal>(SELECT sal FROM emp WHERE empno=7934);
```

2. 多行单列子查询

多行单列子查询是指返回多行数据，且只返回一列的数据。当在 WHERE 子句中使用多行单列子查询时，必须使用多行比较运算符，包括 IN, NOT IN, >ANY, =ANY, <ANY, >ALL, <ALL 等，其含义见表 11-5。

表 11-5 多行比较运算符

运算符	含义
IN	与子查询返回结果中任何一个值相等
NOT IN	与子查询返回结果中任何一个值都不等
>ANY	比子查询返回结果中某一个值大
=ANY	与子查询返回结果中某一个值相等
<ANY	比子查询返回结果中某一个值小
>ALL	比子查询返回结果中所有值都大
<ALL	比子查询返回结果中任何一个值都小
EXISTS	子查询至少返回一行时条件为 TRUE
NOT EXISTS	子查询不返回任何一行时条件为 TRUE

【例 11-12】查询与 10 号部门某个员工工资相等的员工信息。
```
SQL>SELECT empno,ename,sal FROM emp
    WHERE sal IN (SELECT sal FROM emp WHERE deptno=10);
```
【例 11-13】查询比 10 号部门某个员工工资高的员工信息。
```
SQL>SELECT empno,ename,sal FROM emp
    WHERE sal >ANY (SELECT sal FROM emp WHERE deptno=10);
```
【例 11-14】查询比 10 号部门所有员工工资高的员工信息。
```
SQL>SELECT empno,ename,sal FROM emp
    WHERE sal >ALL (SELECT sal FROM emp WHERE deptno=10);
```

3. 单行多列子查询

单行多列子查询是指子查询返回一行数据,但是包含多列数据。多列数据进行比较时,可以成对比较,也可以非成对比较。成对比较要求多个列的数据必须同时匹配,而非成对比较则不要求多个列的数据同时匹配。

【例 11-15】查询与 7844 号员工的工资、工种都相同的员工的信息。
```
SQL>SELECT empno,ename,sal,job FROM emp
    WHERE (sal,job)= (SELECT sal,job FROM emp WHERE empno=7844);
```
【例 11-16】查询与 10 号部门某个员工工资相同,工种也与 10 号部门的某个员工相同的员工的信息。
```
SQL>SELECT empno,ename,sal,job FROM emp WHERE sal IN (SELECT sal FROM emp
    WHERE deptno=10) AND job IN (SELECT job FROM emp WHERE deptno=10);
```

4. 多行多列子查询

多行多列子查询是指子查询返回多行数据,并且是多列数据。例如,查询与 10 号部门某个员工的工资和工种都相同的员工的信息,语句为:
```
SQL>SELECT empno,ename,sal,job FROM emp
    WHERE (sal,job) IN(SELECT sal,job FROM emp WHERE deptno=10);
```

5. 相关子查询

在前面介绍的各种查询中,子查询在执行时并不需要外部父查询的信息,这种查询称为无关子查询。如果子查询在执行时需要引用外部父查询的信息,那么这种查询就称为相关子查询。

在相关子查询中经常使用 EXISTS 或 NOT EXISTS 谓词来实现。如果子查询返回结果,则条件为 TRUE,如果子查询没有返回结果,则条件为 FALSE。

【例 11-17】查询没有任何员工的部门号、部门名。
```
SQL>SELECT deptno,dname,loc FROM dept
    WHERE NOT EXISTS(SELECT * FROM emp WHERE emp.deptno=dept.deptno);
```
【例 11-18】查询比本部门平均工资高的员工信息。
```
SQL>SELECT empno,ename,sal FROM emp e
    WHERE sal>( SELECT avg(sal) FROM emp WHERE deptno=e.deptno);
```

6. 在 FROM 子句中使用子查询

当在 FROM 子句中使用子查询时,该子查询被作为视图对待,必须为该子查询指定别名。

【例 11-19】查询各个员工的员工号、员工名及其所在部门的平均工资。
```
SQL>SELECT empno,ename,d.avgsal FROM emp,
    (SELECT deptno,avg(sal) avgsal FROM emp GROUP BY deptno) d
    WHERE emp.deptno=d.deptno;
```

【例 11-20】 查询各个部门的部门号、部门名、部门人数及部门平均工资。
```
SQL>SELECT dept.deptno,dname, d.amount,d.avgsal FROM dept,
    (SELECT deptno,count(*)amount,avg(sal) avgsal FROM emp GROUP BY deptno)d
    WHERE dept.deptno=d.deptno;
```

7. 在 DDL 语句中使用子查询

可以在 CREATE TABLE 和 CREATE VIEW 语句中使用子查询来创建表和视图。例如：

```
SQL>CREATE TABLE emp_subquery
    AS
    SELECT empno,ename,sal FROM emp;

SQL>CREATE VIEW emp_view_subquery
    AS
    SELECT * FROM emp WHERE sal>2000;
```

8. 使用 WITH 子句的子查询

如果在一个 SQL 语句中多次使用同一个子查询，可以通过 WITH 子句给子查询指定一个名字，从而可以实现通过名字引用该子查询，而不必每次都完整写出该子查询。

例如，查询人数最多的部门的信息。

```
SQL>SELECT * FROM dept WHERE deptno IN (SELECT deptno FROM emp GROUP BY deptno
    HAVING count(*)>=ALL(SELECT count(*) FROM emp GROUP BY deptno));
```

相同的子查询连续出现了两次，因此可以按下列方式编写查询语句。

```
SQL>WITH deptinfo AS(SELECT deptno,count(*) num FROM emp GROUP BY deptno)
    SELECT * FROM dept WHERE deptno IN(SELECT deptno FROM deptinfo WHERE
    num=(SELECT max(num) FROM deptinfo));
```

11.2.6 合并查询

在查询过程中，可以使用集合运算符 UNION，UNION ALL，INTERSECT，MINUS 将多个查询的结果集合并，语法为：

```
SELECT query_statement1 [UNION|UNION ALL|INTERSECT|MINUS]
SELECT query_statement2;
```

> **注意：**
> ① 当要合并几个查询的结果集时，这几个查询的结果集必须具有相同的列数与数据类型。
> ② 如果要对最终的结果集排序，则只能在最后一个查询之后用 ORDER BY 子句指明排序列。

1. UNION

UNION 运算符用于获取几个查询结果集的并集，将重复的记录只保留一个，并且默认按第一列进行排序。例如，查询 10 号部门的员工号、员工名、工资和部门号以及工资大于 2000 的所有员工的员工号、员工名、工资和部门号，语句为：

```
SQL>SELECT empno,ename,sal,deptno FROM emp WHERE deptno=10
    UNION
    SELECT empno,ename,sal,deptno FROM emp WHERE sal>2000
    ORDER BY deptno;
```

查询结果为：

```
EMPNO ENAME         SAL        DEPTNO
----- -----         ---------  ---------
7782  CLARK         4387.05    10
7839  KING          8120.5     10
7788  SCOTT         5892.3     20
……
```

在该结果集中，10 号部门中工资大于 2000 的员工信息并没有重复出现。如果要保留所有的重复记录，则需要使用 UNION ALL 运算符。使用 UNION ALL 获得的最终结果集是无序的。例如：

```
SQL>SELECT empno,ename,sal,deptno FROM emp WHERE deptno=10
   UNION ALL
   SELECT empno,ename,sal,deptno FROM emp WHERE sal>2000
   ORDER BY deptno;
```

查询结果为：

```
EMPNO ENAME         SAL        DEPTNO
----- ------        --------   ---------
7782  CLARK         4387.05    10
7839  KING          8120.5     10
7839  KING          8120.5     10
7788  SCOTT         5892.3     20
……
```

2. INTERSECT

INTERSECT 用于获取几个查询结果集的交集，只返回同时存在于几个查询结果集中的记录。同时，返回的最终结果集默认按第一列进行排序。

例如，查询 30 号部门中工资大于 2000 的员工号、员工名、工资和部门号，语句为：

```
SQL>SELECT empno,ename,sal,deptno FROM emp WHERE deptno=30
   INTERSECT
   SELECT empno,ename,sal,deptno FROM EMP WHERE sal>2000;
```

查询结果为：

```
EMPNO   ENAME       SAL         DEPTNO
-----   -----       ---------   -------
7499    ALLEN       2942.56     30
7521    WARD        2430.13     30
7654    MARTIN      2430.13     30
7698    BLAKE       4772.69     30
```

3. MINUS

MINUS 用于获取几个查询结果集的差集，即返回在第一个结果集中存在，而在第二个结果集中不存在的记录。同时，返回的最终结果集默认按第一列进行排序。

例如，查询 30 号部门中工种不是"SALESMAN"的员工号、员工名和工种名称，语句为：

```
SQL>SELECT empno,ename,job FROM emp WHERE deptno=30
   MINUS
   SELECT empno,ename,job FROM EMP WHERE job='SALESMAN';
```

查询结果为：

```
EMPNO    ENAME       JOB
-----    -----       ----------
```

```
7698    BLAKE    MANAGER
7900    JAMES    CLERK
```

11.3 数据操作

数据操作主要指对表或视图进行的数据插入（INSERT）、修改（UPDATE）和删除（DELETE）。

11.3.1 插入数据

在 Oracle 数据库中，使用 INSERT 语句向表或视图中插入数据。可以每次插入一行记录，也可以利用子查询一次插入多行记录。在 Oracle 10g 数据库中，还可以同时向多个表中插入数据。

1．插入单行记录

使用 INSERT INTO…VALUES 语句向表或视图中插入单行记录，语法为：

```
INSERT INTO table_name|view_name[(column1[,column2…])]
VALUES(value1[,values,…]);
```

注意：
① 如果在 INTO 子句中没有指明任何列名，则 VALUES 子句中列值的个数、顺序、类型必须与表中列的个数、顺序、类型相匹配。
② 如果在 INTO 子句中指定了列名，则 VALUES 子句中提供的列值的个数、顺序、类型必须与指定列的个数、顺序、类型按位置对应。
③ 向表或视图中插入的数据必须满足表的完整性约束。
④ 字符型和日期型数据在插入时要加单引号。日期型数据需要按系统默认格式输入，或使用 TO_DATE 函数进行日期转换。

【例 11-21】向 dept 表中插入一行记录。

```
SQL>INSERT INTO dept VALUES(50, 'IM', 'dalian');
```

【例 11-22】向 emp 表中插入一行记录。

```
SQL>INSERT INTO emp(empno,ename,sal,hiredate)
VALUES(1234, 'JOAN',2500, '20-4月-2007');
```

2．利用子查询插入数据

利用 INSERT INTO…VALUES 语句每次只能插入一行记录，而利用子查询则可以将子查询得到的结果集一次插入一个表中，其语法为：

```
INSERT INTO table_name|view_name[(column1[,column2,…])]subquery;
```

注意：INTO 子句中指定的列的个数、顺序、类型必须与子查询中列的个数、顺序和类型相匹配。

【例11-23】统计各个部门的部门号、部门最高工资和最低工资，并将统计的结果写入到表 emp_salary（假设该表已经创建）中。

```
SQL>INSERT INTO emp_salary SELECT deptno,max(sal),min(sal) FROM emp
    GROUP BY deptno;
```

【例11-24】向 emp 表中插入一行记录，其员工名为 FAN，员工号为 1235，其他信息与员工名为 SCOTT 的员工信息相同。

```
SQL>INSERT INTO emp SELECT 1235,'FAN',job,mgr,hiredate,sal,comm,deptno
    FROM emp WHERE ename='SCOTT';
```
如果要将大量数据插入表中，可以利用子查询直接装载的方式进行。由于直接装载数据的操作过程不写入日志文件，因此数据插入操作的速度大大提高。当利用子查询装载数据时，需要在 INSERT INTO 语句中使用/*+APPEND*/关键字，其语法为：

```
INSERT /*+APPEND*/ INTO table_name |view_name[(column1[,column2,…]) subquery;
```

例如，复制 emp 表中 empno，ename，sal，deptno 四列的值，并插入到 new_emp 表中，语句为：

```
SQL>INSERT /*+APPEND*/ INTO new_emp(empno,ename,sal,deptno)
    SELECT empno,ename,sal,deptno from emp;
```

11.3.2 修改数据

修改数据库中的数据应该使用 UPDATE 语句，可以一次修改一条记录，也可以一次修改多条记录，还可以利用子查询来修改数据。UPDATE 语句的基本语法为：

```
UPDATE table_name|view_name
SET column1=value1[,column2=value2…]
[WHERE condition];
```

【例 11-25】将员工号为 7844 的员工工资增加 100，奖金修改为 200。

```
SQL>UPDATE emp SET sal=sal+100,comm=200 WHERE empno=7844;
```

【例 11-26】将 20 号部门的所有员工的工资增加 150。

```
SQL>UPDATE emp SET sal=sal+150 WHERE deptno=20;
```

【例 11-27】将 30 号部门的员工工资设置为 10 号部门的平均工资加 300。

```
SQL>UPDATE emp SET sal=300+(SELECT avg(sal) FROM emp WHERE deptno=10)
    WHERE deptno=30;
```

11.3.3 MERGE 语句

利用 MERGE 语句可以同时完成数据的插入与更新操作。将源表的数据分别与目标表中的数据根据特性条件进行比较（每次只比较一条记录），如果匹配，则利用源表中的记录更新目标表中的记录，如果不匹配，则将源表中的记录插入目标表中。

使用 MERGE 语句操作时，用户需要具有源表的 SELECT 对象权限以及目标表的 INSERT、UPDATE 对象权限。

MERGE 语句在数据仓库应用中使用较广。因为在数据仓库应用中经常需要同时读取多个数据源，而有很多数据是重复的，故可以使用 MERGE 语句有条件地进行行的添加或修改。

MERGE 语句的基本语法为：

```
MERGE INTO [schema.]target_table [target_alias]
USING [schema.]source_table|source_view|source_subquery [source_alias]
ON (condition)
WHEN MATCHED THEN UPDATE SET
  column1=expression1[,column2=expression2…]
  [where_clause][DELETE where_clause]
WHEN NOT MATCHED THEN INSERT
  [(column2[,column2…])] VALUES (expresstion1[,expression2…]) [where_clause];
```

其中：
- INTO：指定进行数据更新或插入的目标表；
- USING：指定用于目标表数据更新或插入的源表或视图或子查询；
- ON：决定 MERGE 语句执行更新操作还是插入操作的条件。对于目标表中满足条件的记录，则利用源表中的相应记录进行更新；而源表中不满条件的记录将被插入目标表中；
- where_clause：只有当该条件为真时才进行数据的更新或插入操作；
- DELETE where_clause：当目标表中更新后的记录满足该条件时，则删除该记录。

【例 11-28】现有表 source_emp 和 target_emp，表中数据如下。利用 source_emp 表中的数据更新 target_emp 表中的数据，对 target_emp 表中存在的员工信息进行更新，对不存在的员工进行信息插入。

```
SQL> SELECT * FROM source_emp;
EMPNO     ENAME          DEPTNO
-------------------------------
100       JOAN           10
110       SMITH          20
120       TOM            30


SQL> SELECT * FROM target_emp;
EMPNO     ENAME          DEPTNO
-------------------------------
100       MARRY          20
20        JACK           40

SQL>MERGE INTO target_emp t
    USING source_emp s
    ON (t.empno=s.empno)
    WHEN MATCHED THEN UPDATE SET
        t.ename=s.ename,t.deptno=s.deptno
    WHEN NOT MATCHED THEN INSERT
        VALUES(s.empno,s.ename,s.deptno);

SQL> SELECT * FROM target_emp;
EMPNO     ENAME          DEPTNO
-------------------------------
100       JOAN           10
20        JACK           40
110       SMITH          20
120       TOM            30
```

【例 11-29】

```
SQL>CREATE TABLE t_emp AS SELECT empno,sal,deptno FROM emp
    WHERE deptno=30;

SQL>SELECT * FROM t_emp;
EMPNO     SAL            DEPTNO
-------------------------------
7499      1700           30
```

```
7521         1350           30
7654         1350           30
7698         2950           30
7844         6100           30
7900         1050           30

SQL>MERGE INTO t_emp t
    USING (SELECT * FROM emp) s
    ON (t.empno=s.empno)
    WHEN MATCHED THEN UPDATE SET
       t.sal=t.sal+s.sal DELETE WHERE(s.sal>2000)
    WHEN NOT MATCHED THEN INSERT(empno,sal,deptno)
       VALUES(s.empno,s.sal,s.deptno) WHERE (s.sal<3000);

SQL>SELECT * FROM t_emp;
EMPNO       SAL            DEPTNO
-------------------------------
7499         3400           30
7521         2700           30
7654         2700           30
7900         2100           30
7369          900           20
7782         2550           10
7876         1200           20
7934         1400           10
```

11.3.4 删除数据

可以使用 DELETE 语句删除数据库中的一条或多条记录，也可以使用带有子查询的 DELETE 语句。DELETE 语句的语法为：

```
DELETE FROM table|view [WHERE condition];
```

【例 11-30】删除员工号为 7844 的员工信息。

```
SQL>DELETE FROM emp WHERE empno=7844;
```

【例 11-31】删除 10 号部门所有员工的信息。

```
SQL>DELETE FROM emp WHERE deptno=10;
```

【例 11-32】删除比员工号为 7900 的员工工资高的员工信息。

```
SQL>DELETE FROM emp WHERE sal>(SELECT sal FROM emp WHERE empno=7900);
```

利用 DELETE 语句删除数据，实际上是将数据标记为 UNUSED，并不释放空间，同时将操作过程写入日志文件，因此 DELETE 操作可以进行回滚。但是，如果要删除的数据量非常大，则 DELETE 操作效率较低。为此，Oracle 10g 中提供了另一种删除数据的方法，即 TRUNCATE 语句，执行该语句时将释放存储空间，并且不写入日志文件，因此执行效率较高，但该操作不可回滚。

用 TRUNCATE 删除表中数据的方法为：

```
TRUNCATE TABLE table_name;
```

11.4 事务处理

11.4.1 事务概述

事务是一些数据库操作的集合，这些操作由一组相关的 SQL 语句组成（只能是 DML 语句），它们是一个有机的整体，要么全部成功执行，要么全部不执行。事务是数据库并发控制和恢复技术的基本单位。

通常，事务具有 A，C，I，D 共 4 个特性，具体表现为以下几点。

① 原子性（Atomicity）：事务是数据库的逻辑工作单位，事务中的所有操作要么都做，要么都不做，不存在其他情况。

② 一致性（Consistency）：事务执行的结果必须是使数据库从一个一致性状态转变到另一个一致性状态，不存在中间的状态。

③ 隔离性（Isolation）：数据库中一个事务的执行不受其他事务干扰，每个事务都感觉不到还有其他事务在并发执行。

④ 持久性（Durability）：一个事务一旦提交，则对数据库中数据的改变是永久性的，以后的操作或故障不会对事务的操作结果产生任何影响。

11.4.2 Oracle 事务处理

1. 事务提交

在 Oracle 数据库中，事务提交有两种方式。一种方式是用户执行 COMMIT 命令，另一种方式是执行特定操作时系统自动提交。

当事务提交后，用户对数据库修改操作的日志信息由日志缓冲区写入重做日志文件中，释放该事务所占据的系统资源和数据库资源。此时，其他会话可以看到该事务对数据库的修改结果。

当执行 CREATE，ALTER，DROP，RENAME，REVOKE，GRANT，CONNECT，DISCONNECT 等命令时，系统将自动提交。

2. 事务回滚

如果要取消事务中的操作，则可以使用 ROLLBACK 命令。执行该命令后，事务中的所有操作都被取消，数据库恢复到事务开始之前的状态，同时事务所占用的系统资源和数据库资源被释放。

如果只想取消事务中的部分操作，而不是取消全部操作，则可以在事务内部设置保存点，将一个大的事务划分为若干个组成部分，这样就可以将事务回滚到指定的保存点。

可以使用 SAVEPOINT 语句设置保存点。例如，一个事务中包含 3 个插入操作、1 个更新操作和 2 个保存点，语句为：

```
SQL>INSERT INTO dept VALUES(50, 'CS', 'dalian');
SQL>INSERT INTO dept VALUES(60, 'PHY', 'shenyang');
SQL>SAVEPOINT A;
SQL>UPDATE dept SET loc='beijing' WHERE deptno=60;
SQL>SAVEPOINT B;
SQL>INSERT INTO dept VALUES(70, 'MA', 'shanghai' );
```

在该事务提交之前，可以执行 ROLLBACK 命令全部或部分回滚事务中的操作。语句为：

```
SQL>ROLLBACK TO B;（回滚最后一个 INSERT 操作）
SQL>ROLLBACK TO A;（回滚后面的 INSERT 操作和 UPDATE 操作）
SQL>ROLLBACK;（回滚全部操作）
```
事务回滚的过程示意图如图 11-1 所示。

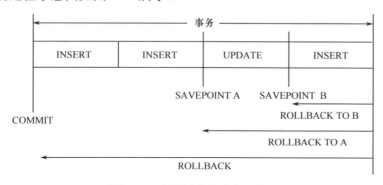

图 11-1　事务回滚的过程示意图

11.5　SQL 函 数

11.5.1　SQL 函数分类

SQL 函数根据参数的不同，可以分为单行函数和多行函数。其中，单行函数指输入是一行，输出也是一行；多行函数指输入多行数据，输出一个结果。在执行时，单行函数检索一行处理一次，而多行函数将检索出来的数据分成组后再进行处理。

根据函数参数不同，SQL 函数又分为数值函数、字符函数、日期函数、转换函数、聚集函数等多种。

11.5.2　数值函数

数值函数指函数的输入、输出都是数值型数据。常用的数值函数见表 11-6。

表 11-6　常用的 SQL 数值函数

函　　数	说　　明
ABS(n)	返回 n 的绝对值
CEIL(n)	返回大于或等于 n 的最小整数
EXP(n)	返回 e 的 n 次幂（e = 2.718 281 83 …）
FLOOR(n)	返回小于或等于 n 的最大整数
LN(n)	返回以 e 为底的 n 的对数
LOG(m,n)	返回以 m 为底的 n 的对数
MOD(m,n)	返回 m 除以 n 的余数
POWER(m,n)	返回 m 的 n 次方
SIGN(n)	判断 n 的正负（n 大于 0 则返回 1；n 等于 0 则返回 0；n 小于 0 则返回-1）
SQRT(n)	返回 n 的平方根
TRUNC(m[,n])	对 m 进行截取操作（当 n 大于 0 时，表示截取到小数点右边第 n 位；当 n 省略时，表示截取 m 的小数部分；当 n 小于 0 时，表示截取到小数点左侧第 n 位
WIDTH_BUCKET(x, min,max,num_buckets)	范围 min 到 max 被分为 num_buckets 节，每节有相同的大小。返回 x 所在的那一节。如果 x 小于 min，将返回 0，如果 x 大于或等于 max，将返回 num_buckets+1

【例 11-33】
```
SQL>SELECT sal/22 daysal,round(sal/22,1),trunc(sal/22,1),
    round(sal/22,-1),trunc(sal/22,-1) from emp;
DAYSAL   ROUND(SAL/22,1) TRUNC(SAL/22,1) ROUND(SAL/22,-1) TRUNC(SAL/22,-1)
---------- --------------- --------------- ---------------- ----------------
45.4545455       45.5            45.4             50              40
90.9090909       90.9            90.9             90              90
54.5454545       54.5            54.5             50              50
86.3636364       86.4            86.3             90              80
70.4545455       70.5            70.4             70              70
146.590909      146.6           146.5            150             140
......
```

【例 11-34】
```
SQL>SELECT sal,width_bucket(sal,1000,5000,10) FROM emp WHERE deptno=30;
SAL          WIDTH_BUCKET(SAL,1000,5000,10)
----------   ------------------------------
1700                       2
1350                       1
2950                       5
6100                      11
1050                       1
```

【例 11-35】
```
SQL>SELECT floor(3.5),ceil(3.5),mod(5,3),remainder(5,3),
    mod(4,3),remainder(4,3) FROM dual;
FLOOR(3.5) CEIL(3.5)  MOD(5,3) REMAINDER(5,3)  MOD(4,3) REMAINDER(4,3)
---------- ---------- -------- -------------- -------- --------------
    3          4         2          -1            1           1
```

11.5.3 字符函数

字符函数是指对字符类型数据进行处理的函数,其输入、输出类型大多数是字符类型。常用的字符函数见表 11-7。

表 11-7 常用的 SQL 字符函数

函数	说明
ASCII(char)	返回字符串 char 首字符的 ASCII 码值
CHR(n)	返回 ASCII 码值为 n 的字符
CONCAT(char1,char2)	用于字符串连接,返回字符串 char2 与字符串 char1 连接后的字符串
INITCAP(char)	将字符串 char 中每个单词的首字母大写,其他字母小写
INSTR(char1,char2,[m[,n]])	返回指定字符串 char2 在字符串 char1 中的位置,其中 m 表示起始搜索位置,n 表示字符串 char2 在字符串 char1 中出现的次数
LENGTH(char)	计算字符串 char 的长度
LOWER(char)	将字符串 char 中所有的大写字母转换为小写字母
LPAD(char1,n[,char2])	在字符串 char1 左侧填充字符串 char2 使其长度达到 n。如果字符串 char1 长度大于 n,则返回字符串 char1 左侧的 n 个字符
LTRIM(char[,set])	去掉字符串 char 左侧包含在 set 中的任何字符,直到第一个不在 set 中出现的字符为止
REPLACE(char1,char2,char3)	把字符串 char1 中的字符串 char2 用字符串 char3 取代

续表

函数	说明
RPAD(char1,*n*[,char2])	在字符串 char1 右侧填充字符串 char2 使其长度达到 *n*。如果字符串 char1 长度大于 *n*，则返回字符串 char1 右侧 *n* 个字符
RTRIM(char[,set])	去掉字符串 char 右侧包含在 set 中的任何字符，直到第一个不在 set 中出现的字符为止
SUBSTR(char,*m*[,*n*])	用于获取字符串 char 的子串，*m* 表示子串的起始位置，*n* 表示子串的长度
TRANSLATE(char , 'from_string', 'to_string')	将字符串 char 的字符按照 from_string 和 to_string 的对应关系进行转换
TREAT(expr AS [REF] schema.type)	改变 expr 表达式的声明类型
TRIM([leading|trailing|both]char FROM string)	从字符串 string 的头、尾或两端截掉字符 char
UPPER(char)	将字符串 char 中的所有小写字母转换为大写字母

【例 11-36】

```
SQL>SELECT lpad('abc',5,'#') leftpad,rpad('abc',5,'#') rightpad,
    ltrim('abcd','a') lefttrim,rtrim('abcde','e') righttrim,
    substr('abcd',2,3) substring FROM dual;
LEFTPAD  RIGHTPAD    LEFTTRIM     RIGHTTRIM    SUBSTRING
-------  ----------  -----------  ------------ ---------
##abc    abc##       bcd          abcd         bcd
```

【例 11-37】

```
SQL>SELECT concat(concat(ename, '''s job category is '),job) "Job"
    FROM emp WHERE empno=7844;
Job
-------------------------------------
TURNER's job category is SALESMAN
```

【例 11-38】

```
SQL>SELECT instr('abcde','b') position,replace('oracle9i','9i','10g')
    newstring,soundex('hello') sound FROM dual;
POSITION  NEWSTRING       SOUND
--------------------------------
2         oracle10g       H400
```

11.5.4 日期函数

　　日期函数是指对日期进行处理的函数，函数输入为 DATE 或 TIMESTAMP 类型的数据，输出为 DATE 类型的数据（除 MONTH_BETWEEN 函数返回整数以外）。

　　Oracle 数据库中日期的默认格式为 DD-MON-YY。可以通过设置 NLS_DATE_FORMAT 参数设置当前会话的日期格式，通过 NLS_LANGUAGE 参数设置表示日期的字符集。例如：

```
SQL>ALTER SESSION SET NLS_DATE_FORMAT='YYYY-MM-DD HH24:MI:SS';
SQL>ALTER SESSION SET NLS_LANGUAGE='AMERICAN';
```

在 Oracle 数据库中常用的日期函数见表 11-8。

表 11-8 常用的 SQL 日期函数

函　　数	说　　明
ADD_MONTHS(d,n)	返回日期 d 添加 n 个月所对应的日期时间。n 为正数表示 d 之后的日期，n 为负数则表示 d 之前的日期
CURRENT_DATE	返回当前会话时区所对应的日期时间
CURRENT_TIMESTAMP[(p)]	返回当前会话时区所对应的日期时间，p 表示精度，可以取 0~9 之间的一个整数，默认值为 6
DBTIMEZONE	返回数据库所在的时区
EXTRACT(depart FROM d)	从日期时间 d 中获取 depart 对应部分的内容，depart 可以取值为 YEAR、MONTH、DAY、HOUR、MINUTE、SECOND 等
LAST_DAY(d)	返回日期 d 所在月份的最后一天的日期
LOCALTIMESTAMP[(p)]	返回当前会话时区所对应的日期时间
MONTHS_BETWEEN($d1,d2$)	返回 $d1$ 和 $d2$ 两个日期之间相差的月数
NEXT_DAY(d,string)	返回日期 d 后由 string 指定的第一个工作日所对应的日期
ROUND(d,[fmt])	返回日期 d 的四舍五入结果
SESSIONTIMEZONE	返回当前会话所在的时区
SYSDATE	返回当前系统的日期时间
SYSTIMESTAMP	返回 TIMESTAMP WITH TIME ZONE 类型的系统日期和时间
TO_CHAR (d, [,fmt][, 'nlsparam'])	将日期时间 d 转换为符合特定格式的字符串
TRUNC(d,[fmt])	返回截断日期时间数据

【例 11-39】

```
SQL>SELECT SYSDATE,add_months(sysdate,2) ADDM,next_day(sysdate,2)
    NEXTD,Last_day(sysdate) LASTD, round(sysdate, 'MONTH') ROUNDM,
    trunc(sysdate, 'MONTH' ) TRUNCM FROM DUAL;
SYSDATE    ADDM       NEXTD      LASTD      ROUNDM     TRUNCM
---------- ---------- ---------- ---------- ---------- ----------
2009-03-27 2009-05-27 2009-03-30 2009-03-31 2009-04-01 2009-03-01
```

【例 11-40】

```
SQL>SELECT extract(YEAR FROM SYSDATE) YEAR,extract(DAY FROM SYSDATE) DAY ,
  extract(HOUR FROM SYSTIMESTAMP) HOUR,extract(MINUTE FROM
  SYSTIMESTAMP) MINUTE FROM DUAL;
YEAR       DAY        HOUR       MINUTE
---------- ---------- ---------- ----------
2009       28         14         44
```

【例 11-41】

```
SQL>SELECT dbtimezone,localtimestamp, numtoyminterval(20,'MONTH')
    DAY_SECOND FROM dual;
DBTIMEZONE     LOCALTIMESTAMP                       YEAR_MONTH
-------------------------------------------------------------------
+00:00         28-3月-09 10.56.04.882000 下午       +000000001-08
```

11.5.5 转换函数

转换函数主要用于将一种类型的数据转换为另一种类型的数据。在某些情况下，Oracle

会隐含地转换数据类型。

Oracle 数据库中常用的转换函数见表 11-9。

表 11-9 常用的 SQL 转换函数

函　　数	说　　明
CAST(expr AS datatype)	将表达式 expr 按指定的类型返回
TO_CHAR(char)	将 NCHAR 或 NVARCHAR2 或 CLOB 或 NCLOB 类型的参数 char 转换为数据库字符集字符串
TO_CHAR(d[,fmt][, ' nlsparam '])	将日期 d 按指定格式转换为 VARCHAR2 类型字符串
TO_CHAR(num[,fmt][, ' nlsparam '])	将数值 num 按指定格式转换为 VARCHAR2 类型字符串
TO_CLOB(char)	将字符串 char 转换为 CLOB 类型值
TO_DATE(char[,fmt][, ' nlsparam '])	将符合特定格式的字符串 char 转换为日期

【例 11-42】

```
SQL>SELECT to_date('09-3-28', 'yy-mm-dd') CHARTODATE, to_char(sysdate,
    'yyyy-mm-dd hh:mi:ss') DATETOCHAR, to_char(123, '$9999.99')
    NUMTOCHAR,   to_number('$1234.56','$9999.99') CHARTONUMBER FROM DUAL;
CHARTODATE    DATETOCHAR                NUMTOCHAR  CHARTONUMBER
---------------------------------------------------------------
28-3月 -09    2009-03-29 12:53:54       $123.00    1234.56
```

【例 11-43】

```
SQL> SELECT timestamp_to_scn(systimestamp)
    SCN,scn_to_timestamp(2790424) TIMESTAMP FROM dual;
SCN         TIMESTAMP
-------------------------------------------
2790484     29-3月 -09 12.58.20.000000000 上午
```

11.5.6 其他函数

除了上述介绍的函数外，Oracle 还提供了一些其他的常用函数，见表 11-10。

表 11-10 其他常用的 SQL 函数

函　　数	说　　明
COALESCE(expr1[,expr2][,expr3]…)	返回参数列表中第一个非空表达式的结果
DECODE(expr,search1,result1 [,search2,result2,…][,default])	返回与 expr 相匹配的结果，如果 search1=expr，则返回 result1，如果 search2=expr，则返回 result2，以此类推；如果都不匹配，则返回 default
NULLIF(expr1,expr2)	如果 expr1 与 expr2 相等，则函数返回 NULL，否则返回 expr1
NVL(expr1,expr2)	如果 expr1 为 NULL，则返回 expr2，否则返回 expr1
NVL2(expr1,expr2,expr3)	如果 expr1 为 NULL，则返回 expr3，否则返回 expr2
UID	返回当前会话的用户 ID
USER	返回当前会话的数据库用户名

【例 11-44】 查询 10 号部门各个员工的员工号、员工名以及工资与奖金之和。

```
SQL>SELECT empno, sal,comm,sal+nvl(comm,0) salary
    FROM emp WHERE deptno=30;
```

```
EMPNO      SAL       COMM      SALARY
----------------------------------------
7499       1600      300       1900
7521       1250      500       1750
7654       1250      1400      2650
7698       2850                2850
7844       3000      0         3000
7900       950                 950
```

【例 11-45】 询员工号为 7844 的员工名、部门号，并输出部门描述信息。

```
SQL>SELECT ename,deptno,decode(deptno,10,'ACCOUNT',20,'RESEARCH',30,
    'SALES','OPERATION')dname FROM emp WHERE empno=7844;
ENAME    DEPTNO    DNAME
------   ------    -----
TURNER   30        SALES
```

复 习 题

1. 根据 Oracle 数据库 scott 模式下的 emp 表和 dept 表，完成下列操作。

（1）查询 20 号部门的所有员工信息。

（2）查询所有工种为 CLERK 的员工的员工号、员工名和部门号。

（3）查询奖金（COMM）高于工资（SAL）的员工信息。

（4）查询奖金高于工资的 20%的员工信息。

（5）查询 10 号部门中工种为 MANAGER 和 20 号部门中工种为 CLERK 的员工的信息。

（6）查询所有工种不是 MANAGER 和 CLERK，且工资大于或等于 2000 的员工的详细信息。

（7）查询有奖金的员工的不同工种。

（8）查询所有员工工资与奖金的和。

（9）查询没有奖金或奖金低于 100 的员工信息。

（10）查询各月倒数第 2 天入职的员工信息。

（11）查询工龄大于或等于 10 年的员工信息。

（12）查询员工信息，要求以首字母大写的方式显示所有员工的姓名。

（13）查询员工名正好为 6 个字符的员工的信息。

（14）查询员工名字中不包含字母"S"的员工。

（15）查询员工姓名的第 2 个字母为"M"的员工信息。

（16）查询所有员工姓名的前 3 个字符。

（17）查询所有员工的姓名，如果包含字母"s"，则用"S"替换。

（18）查询员工的姓名和入职日期，并按入职日期从先到后进行排序。

（19）显示所有员工的姓名、工种、工资和奖金，按工种降序排序，若工种相同则按工资升序排序。

（20）显示所有员工的姓名、入职的年份和月份，按入职日期所在的月份排序，若月份相同则按入职的年份排序。

（21）查询在 2 月份入职的所有员工信息。

（22）查询至少有一个员工的部门信息。
（23）查询工资比 SMITH 员工工资高的所有员工信息。
（24）查询所有员工的姓名及其直接上级的姓名。
（25）查询入职日期早于其直接上级领导的所有员工信息。
（26）查询所有部门及其员工信息，包括那些没有员工的部门。
（27）查询所有员工及其部门信息，包括那些还不属于任何部门的员工。
（28）查询所有工种为 CLERK 的员工的姓名及其部门名称。
（29）查询最低工资大于 2500 的各种工作。
（30）查询平均工资低于 2000 的部门及其员工信息。
（31）查询在 SALES 部门工作的员工的姓名信息。
（32）查询工资高于公司平均工资的所有员工信息。
（33）查询与 SMITH 员工从事相同工作的所有员工信息。
（34）列出工资等于 30 号部门中某个员工工资的所有员工的姓名和工资。
（35）查询工资高于 30 号部门中工作的所有员工的工资的员工姓名和工资。
（36）查询每个部门中的员工数量、平均工资和平均工作年限。
（37）查询各个部门的详细信息以及部门人数、部门平均工资。
（38）查询各个部门中不同工种的最高工资。
（39）查询 10 号部门员工及其领导的信息。
（40）查询工资为某个部门平均工资的员工的信息。
（41）查询工资高于本部门平均工资的员工的信息。
（42）查询工资高于本部门平均工资的员工的信息及其部门的平均工资。
（43）查询工资高于 20 号部门某个员工工资的员工的信息。
（44）统计各个工种的员工人数与平均工资。
（45）统计每个部门中各工种的人数与平均工资。
（46）查询工资、奖金与 10 号部门某员工工资、奖金都相同的员工的信息。
（47）查询部门人数大于 5 的部门的员工信息。
（48）查询所有员工工资都大于 2000 的部门的信息。
（49）查询所有员工工资都大于 2000 的部门的信息及其员工信息。
（50）查询所有员工工资都在 2000～3000 之间的部门的信息。
（51）查询所有工资在 2000～3000 之间的员工所在部门的员工信息。
（52）查询人数最多的部门信息。
（53）查询 30 号部门中工资排序前 3 名的员工信息。
（54）查询所有员工中工资排序在 5~10 名之间的员工信息。
（55）向 emp 表中插入一条记录，员工号为 1357，员工名字为 oracle，工资为 2050，部门号为 20，入职日期为 2002 年 5 月 10 日。
（56）向 emp 表中插入一条记录，员工名为 FAN，员工号为 8000，其他信息与 SMITH 员工的信息相同。
（57）将各部门员工的工资修改为该员工所在部门平均工资加 1000。

2．选择题

（1）Which single-row function could you use to return a specific portion of a character string?

A. INSERT   B. SUBSTR   C. LPAD   D. LEAST

(2) Which function(s) accept arguments of any datatype?Select all that apply.

A. SUBSTR   B. NVL   C. ROUND   D. DECODE   E. SIGN

(3) What will be returned from SIGN(ABS(NVL(-23,0)))?

A. 1   B. 32   C. -1   D. 0   E. NULL

(4) Which functions could you use to strip leading characters from a character string? Select two.

A. LTRIM   B. SUBSTR   C. RTRIM   D. INSERT   E. MOD

(5) Which line of code has an error?

A. SELECT dname,ename   B. FROM emp e,dept d
C. WHERE emp.deptno=dept.deptno   D. ORDER BY 1,2

(6) Which of the following statements will not implicitly begin a transaction?

A. INSERT   B. UPDATE   C. DELETE   D. SELECT FOR UPDATE

E. None of the above,they all implicitly begin a transction.

(7) Consider the following query:

SELECT dname，ename FROM dept d，emp e WHERE d.deptno=e.deptno

ORDER BY dname，ename;

What type of join is shown?

A. Self-join   B. Equijoin   C. Outer join   D. Non-equijoin

(8) When using multiple tables to query information, in which clause do you specify the table names?

A. HAVING   B. GROUP BY   C. WHERE   D. FROM

(9) Which two operators are not allowed when using an outer join between two tables?

A. OR   B. AND   C. IN   D. =

(10) If you are selecting data from table A(with three rows) and table B(with four rows) using "select * from a,b", how many rows will be returned?

A. 7   B. 1   C. 0   D. 12

(11) You need to load information about new customers from the NEW_CUST table into the tables CUST and CUST_SPECIAL. If a new customer has a credit limit greater than 10000, then the details have to be inserted into CUST_SPECIAL. All new customer details have to be inserted into the CUST table. Which technique should be used to load the data most efficiently?

A. external table   B. the MERGE command
C. the multitable INSERT command   D. INSERT using WITH CHECK OPTION

(12) Evaluate the following SQL statement:

ALTER TABLE hr.emp SET UNUSED (mgr_id);

Which statement is true regarding the effect of the above SQL statement?

A. Any synonym existing on the EMP table would have to be recreated.

B. Any constraints defined on the MGR_ID column would be removed by the above command.

C. Any views created on the EMP table that include the MGR_ID column would have to be dropped and recreated.

D. Any index created on the MGR_ID column would continue to exist until the DROP UNUSED COLUMNS command is executed.

(13) In which scenario would you use the ROLLUP operator for expression or columns within a GROUP BY clause?

A. to find the groups forming the subtotal in a row
B. to create group wise grand totals for the groups specified within a GROUP BY clause
C. to create a grouping for expressions or columns specified within a GROUP BY clause in one direction, from right to left for calculating the subtotals
D. to create a grouping for expressions or columns specified within a GROUP BY clause in all possible directions, which is cross tabular report for calculating the subtotals

(14) Which two statements are true regarding the execution of the correlated subqueries? (Choose two.)

A. The nested query executes after the outer query returns the row.
B. The nested query executes first and then the outer query executes.
C. The outer query executes only once for the result returned by the inner query.
D. Each row returned by the outer query is evaluated for the results returned by the inner query

(15) OE and SCOTT are the users in the database. The ORDERS table is owned by OE. Evaluate the statements issued by the DBA in the following sequence:

CREATE ROLE r1;
GRANT SELECT, INSERT ON oe.orders TO r1;
GRANT r1 TO scott;
GRANT SELECT ON oe.orders TO scott;
REVOKE SELECT ON oe.orders FROM scott;

What would be the outcome after executing the statements?

A. SCOTT would be able to query the OE.ORDERS table.
B. SCOTT would not be able to query the OE.ORDERS table.
C. The REVOKE statement would remove the SELECT privilege from SCOTT as well as from the role R1.
D. The REVOKE statement would give an error because the SELECT privilege has been granted to the role R1.

(16) EMPDET is an external table containing the columns EMPNO and ENAME. Which command would work in relation to the EMPDET table?

A. UPDATE empdet SET ename = 'Amit' WHERE empno = 1234;
B. DELETE FROM empdet WHERE ename LIKE 'J%';
C. CREATE VIEW empvu AS SELECT * FROM empdet;
D. CREATE INDEX empdet_idx ON empdet(empno);

第 12 章   PL/SQL 语言基础

PL/SQL（Procedural Language extensions to SQL）是 Oracle 对标准 SQL 语言的过程化扩展，是专门用于各种环境下对 Oracle 数据库进行访问和开发的语言。本章将介绍 PL/SQL 程序设计语言基础，包括 PL/SQL 语言特点、程序结构、词法单元、数据类型、变量、控制结构、游标及异常处理机制。

12.1   PL/SQL 概述

12.1.1   PL/SQL 特点

PL/SQL 语言是 Oracle 数据库专用的一种高级程序设计语言，是对标准 SQL 语言进行了过程化扩展的语言。

由于 SQL 语言将用户操作与实际的数据结构、算法等分离，无法对一些复杂的业务逻辑进行处理。因此，Oracle 数据库对标准的 SQL 语言进行了扩展，将 SQL 语言的非过程化与第三代开发语言的过程化相结合，产生了 PL/SQL 语言。在 PL/SQL 语言中，既可以通过 SQL 语言实现对数据库的操作，也可以通过过程化语言中的复杂逻辑结构完成复杂的业务逻辑。例如：

```
DECLARE
    v_deptno emp.deptno%type;
BEGIN
    SELECT deptno INTO v_deptno FROM emp WHERE empno=7844;
    IF v_deptno=10  THEN
        UPDATE emp SET sal=sal+100 WHERE empno=7844;
    ELSE
        UPDATE emp SET sal=sal+200 WHERE empno=7844;
    END IF;
END;
```

在该程序中，SELECT 语句和两个 UPDATE 语句是非过程化的 SQL 语言，完成对数据库的操作；而变量的声明、IF 语句的逻辑判断则是过程化语言的应用。

在 PL/SQL 程序中，引入了变量、控制结构、函数、过程、包、触发器等一系列数据库对象，为进行复杂的数据库应用程序开发提供了可能。

PL/SQL 语言具有以下特点。

① 与 SQL 语言紧密集成，所有的 SQL 语句在 PL/SQL 中都可以得到支持。

② 减小网络流量，提高应用程序的运行性能。在 PL/SQL 中，一个块内部可以包含若干个 SQL 语句，当客户端应用程序与数据库服务器交互时，可以一次将包含若干个 SQL 语句的 PL/SQL 块发送到服务器端。因此将 PL/SQL 程序嵌入应用程序中，可以降低网络流量，提高应用程序的性能。图 12-1 显示了 SQL 语句与 PL/SQL 的网络传输比较。

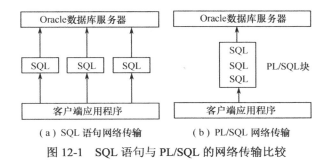

图 12-1　SQL 语句与 PL/SQL 的网络传输比较

③ 模块化的程序设计功能，提高了系统可靠性。PL/SQL 程序以块为单位，每个块就是一个完整的程序，实现特定的功能。块与块之间相互独立。应用程序可以通过接口从客户端调用数据库服务器端的程序块。

④ 服务器端程序设计可移植性好。PL/SQL 程序主要用于开发 Oracle 数据库服务器端的应用程序，以编译的形式存储在数据库中，可以在任何平台的 Oracle 数据库上运行。

12.1.2　PL/SQL 功能特性

PL/SQL 是对 SQL 的过程化扩展，在 SQL 语言的基础上引入了过程化的程序设计因素，包括变量、数据类型、流程控制（条件语句、循环语句）、游标、异常处理和块结构等。将这些过程化因素与 SQL 语言结合，就可以开发特定的 Oracle 程序，创建存储过程、函数、包、触发器等数据库对象，为复杂数据库应用程序的开发和数据库的管理提供了支持。

12.1.3　PL/SQL 执行过程与开发工具

PL/SQL 程序的编译与执行是通过 PL/SQL 引擎来完成的。PL/SQL 引擎可以安装在数据库服务器端，也可以安装在应用开发工具中，如 Oracle Form 和 Oracle Reports。通常，Oracle 数据库服务器端都安装有 PL/SQL 引擎，而与开发工具无关。

下面以数据库服务器端的 PL/SQL 引擎为例说明 PL/SQL 程序的执行过程，如图 12-2 所示。客户端应用程序向数据库服务器提交 PL/SQL 块（块内部由过程化语句与 SQL 语句构成）和单独的 SQL 语句，服务器接收到应用程序的内容后，将 SQL 语句直接传递给服务器内部的 SQL 语句执行器，进行分析执行；而将 PL/SQL 块传递给 PL/SQL 引擎，PL/SQL 引擎负责处理 PL/SQL 块中的过程化语句，如变量定义、过程调用等；同时，PL/SQL 引擎将 PL/SQL 块中的 SQL 语句传递给 SQL 语句执行器。

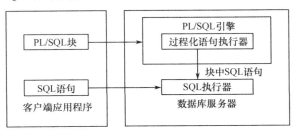

图 12-2　PL/SQL 程序执行过程

常用的 PL/SQL 开发工具有 PL/SQL Developer，Procedure Builder，SQL*Plus，Oracle Form，Oracle Reports 等。本书将采用 SQL*Plus 作为开发工具。

12.2 PL/SQL 基础

本节将介绍 PL/SQL 程序设计的基础知识，包括 PL/SQL 程序结构、词法单元、数据类型、变量和流程控制结构等。

12.2.1 PL/SQL 程序结构

1. PL/SQL 块的组成

PL/SQL 程序的基本单元是语句块，所有的 PL/SQL 程序都是由语句块构成的，语句块之间可以相互嵌套，每个语句块完成特定的功能。

一个完整的 PL/SQL 语句块由 3 个部分组成。

```
DECLARE
    声明部分，定义变量、常量数据类型、游标、异常、局部子程序等
BEGIN
    执行部分，实现块的功能
EXCEPTION
    异常处理部分，处理程序执行过程中产生的异常
END;
```

（1）声明部分

声明部分以关键字 DECLARE 开始，以 BEGIN 结束。主要用于声明变量、常量、数据类型、游标、异常处理名称和本地（局部）子程序定义等。

（2）执行部分

执行部分是 PL/SQL 块的功能实现部分，以关键字 BEGIN 开始，以 EXCEPTION 或 END 结束（如果 PL/SQL 块中没有异常处理部分，则以 END 结束）。该部分通过变量赋值、流程控制、数据查询、数据操纵、数据定义、事务控制、游标处理等操作实现块的功能。

（3）异常处理部分

异常处理部分以关键字 EXCEPTION 开始，以 END 结束。该部分用于处理该块执行过程中产生的异常。

注意：
① 执行部分是必需的，而声明部分和异常部分是可选的；
② 可以在一个块的执行部分或异常处理部分嵌套其他的 PL/SQL 块；
③ 所有的 PL/SQL 块都是以 "END;" 结束的。

【例 12-1】定义一个包含声明部分、执行部分和异常处理部分的 PL/SQL 块。

```
DECLARE
  v_ename VARCHAR2(10);
BEGIN
  SELECT ename INTO v_ename FROM emp WHERE empno=7844;
  DBMS_OUTPUT.PUT_LINE(v_ename);
EXCEPTION
  WHEN NO_DATA_FOUND THEN
    DBMS_OUTPUT.PUT_LINE('There is not such a employee');
END;
```

【例12-2】定义一个只包含执行部分的 PL/SQL 块。
```
BEGIN
  DBMS_OUTPUT.PUT_LINE('HELLO');
END;
```
【例12-3】定义一个包含子块的 PL/SQL 块。
```
DECLARE
  v_sal NUMBER(6,2);
  v_deptno NUMBER(2);
BEGIN
  BEGIN
    SELECT deptno INTO v_deptno FROM emp WHERE empno=7844;
  END;
  SELECT avg(sal) INTO v_sal FROM emp WHERE deptno=v_deptno;
  DBMS_OUTPUT.PUT_LINE(v_sal);
END;
```

注意：若要在 SQL*Plus 环境中看到 DBMS_OUTPUT.PUT_LINE 方法的输出结果，必须将环境变量 SERVEROUTPUT 设置为 ON，方法为：

```
SQL>SET SERVEROUTPUT ON
```

2. PL/SQL 块分类

PL/SQL 块可以分为两类，一类称为匿名块，另一类称为命名块。匿名块是指动态生成，只能执行一次的块，不能由其他应用程序调用，前面 3 个示例程序都是匿名块。命名块是指一次编译可多次执行的 PL/SQL 程序，包括函数、存储过程、包、触发器等。它们编译后放在服务器中，由应用程序或系统在特定条件下调用执行。例如：

```
CREATE OR REPLACE PROCEDURE showavgsal(p_deptno NUMBER)
AS
  v_sal NUMBER(6,2);
BEGIN
  SELECT avg(sal) INTO v_sal FROM emp WHERE deptno=p_deptno;
  DBMS_OUTPUT.PUT_LINE(v_sal);
END showavgsal;
```

12.2.2 词法单元

所有的 PL/SQL 程序都由词法单元构成，所谓词法单元就是一个字符序列，字符序列中的字符取自 PL/SQL 语言所允许的字符集。PL/SQL 中的词法单元包括标识符、分隔符、常量值、注释等。

1. 字符集

PL/SQL 的字符集的内容如下。
- 所有大小写字母：包括 A～Z 和 a～z。
- 数字：包括 0～9。
- 空白符：包括制表符、空格和回车符。
- 符号：包括+, -, *, /, <, >, =, ~, !, @, #, $, %, ^, &, *, (,), _, |, {, }, [,], ?, ;,:, ,, ., ", '。

注意：PL/SQL 字符集不区分大小写。

2. 标识符

标识符用于定义 PL/SQL 变量、常量、异常、游标名称、游标变量、参数、子程序名称和其他的程序单元名称等。

在 PL/SQL 程序中，标识符是以字母开头的，后边可以跟字母、数字、美元符号（$）、井号（#）或下画线（_），其最大长度为 30 个字符，并且所有字符都是有效的。

例如，X，v_empno，v_$等都是有效的标识符，而 X+y，_temp 则是非法的标识符。

注意：如果标识符区分大小写、使用预留关键字或包含空格等特殊符号，则需要用""括起来，称为引证标识符。例如标识符"my book"和"exception"。

3. 分隔符

分隔符是指有特定含义的单个符号或组合符号，见表 12-1。

表 12-1 PL/SQL 中的分隔符

符 号	说 明	符 号	说 明
+	算术加或表示为正数	-	算术减或表示为负数
*	算术乘	/	算术除
=	关系等	:=	赋值运算符号
<	关系小于	>	关系大于
<=	关系小于等于	>=	关系大于等于
<>	关系不等于	!=	关系不等于
~=	关系不等于	^=	关系不等于
(	括号运算符开始	)	括号运算符结束
/*	多行注释开始符	*/	多行注释结束符
<<	起始标签	>>	终结标签
%	游标属性指示符或代表任意个字符的通配符	;	语句结束符
:	主机变量指示符	.	表示从属关系符号
'	字符串标识符号	"	引证标识符号
..	范围操作符	@	数据库链接符
--	单行注释符	||	字符串连接操作符
=>	位置定位符号	**	幂运算符
_	代表某一个字符的通配符		

4. 常量值

所谓常量是指不能作为标识符的字符型、数字型、日期型和布尔型值。

① 字符型文字：即以单引号引起来的字符串，在字符串中的字符区分大小写。如果字符串中本身包含单引号，则用两个连续的单引号进行转义，例如'STUDENT''BOOK'。

② 数字型文字：分为整数与实数两类。其中，整数没有小数点，如 123；而实数有小数点，如 123.45。可以用科学计数法表示数字型文字，如 123.45 可以表示为 1.2345E2。

③ 布尔型文字：指预定义的布尔型变量的取值，包括 TRUE，FALSE，NULL 三个值。

④ 日期型文字：表示日期值，其格式随日期类型格式不同而不同。

5. 注释

PL/SQL 程序中的注释分为单行注释和多行注释两种。其中，单行注释可以在一行的任何地方以"--"开始，直到该行结尾；多行注释以"/*"开始，以"*/"结束，可以跨越多行。例如：

```
DECLARE
  v_department CHAR(10); -- variable to hold the department name
BEGIN
    /* query the department name which department number is 10
      ouput the department name into v_department*/
SELECT dname INTO v_department FROM dept WHERE deptno=10;
END;
```

12.2.3 数据类型

PL/SQL 数据类型包括基本类型、基本类型子类型、用户自定义类型 3 类。常用的 PL/SQL 数据类型包括如下几种。

- 数字类型：BINARY_INTEGER，PLS_INTEGER 和 NUMBER。
- 字符类型：CHAR，NCHAR，VARCHAR2，NVARCHAR2，VARCHAR。
- 日期/区间类型：DATE，TIMESTAMP，INTERVAL。
- 行标识类型：ROWID，UROWID。
- 布尔类型：BOOLEAN。
- 原始类型：RAW，LONG RAW。
- LOB 类型：CLOB，BLOB，NCLOB，BFILE。
- 引用类型：REF CURSOR，REF object_type。
- 记录类型：RECORD。
- 集合类型：TABLE。

1. 数字类型

NUMBER 类型以十进制形式存储整数和浮点数，语法为 NUMBER（p,s）。其中，p 为精度，即所有有效数字位数；s 为刻度范围，即小数位数。p 的取值范围为 1～38。

BINARY_INTEGER 类型用于表示从-2147483647～+2147483647 之间的整数，以二进制形式存储。当发生溢出时，将自动转换成 NUMBER 类型。

PLS_INTEGER 类型表示范围与 BINARY_INTEGER 相同，但发生溢出时会产生错误。

下面的程序显示在溢出时 PLS_INTEGER 与 BINARY_INTEGER 的不同。

```
DECLARE
  v_BinInt BINARY_INTEGER;
BEGIN
  v_BinInt := 2147483647;
  v_BinInt := v_BinInt + 1 - 1;
END;
/
PL/SQL 过程已成功完成
```

```
DECLARE
  v_PLSInt PLS_INTEGER;
BEGIN
  v_PLSInt := 2147483647;
  v_PLSInt := v_PLSInt + 1 - 1;
END;
/
ERROR 位于第 1 行：
ORA-01426：数字溢出
ORA-06512：在 line 5
```

2. 字符类型

PL/SQL 中的字符类型与 Oracle 数据库中的字符类型类似，但是允许字符串的长度有所不同，见表 12-2。

表 12-2 PL/SQL 字符类型与 Oracle 数据库中字符类型比较

类　　型	PL/SQL 中最大字节数	Oracle 中最大字节数
VARCHAR2	32767	4000
NVARCHAR2	32767	4000
CHAR	32767	2000
NCHAR	32767	2000
LONG	32760	2GB

其中，VARCHAR2，CHAR 主要用于存储来自本地数据库字符集的字符，而 NCHAR，NVARCHAR2 用于存储来自国家字符集的字符串。

3. 日期/区间类型

（1）DATE

PL/SQL 中的 DATE 类型与数据库中的 DATE 类型相同，存储日期和时间信息，包括世纪、年、月、日、小时、分和秒，不包括秒的小数部分。

（2）TIMESTAMP

TIMESTAMP 类型与 DATE 类型相似，但包括秒的小数部分，有以下 3 种形式。

① TIMESTAMP[(p)]：其中 p 为秒字段的小数部分精度。

② TIMESTAMP[(p)]WITH TIME ZONE：返回当前时区的时间戳。

③ TIMESTAMP[(p)]WITH LOACL TIME ZONE：返回数据库时区的时间戳。

（3）INTERVAL

INTERVAL 类型用于存储两个时间戳之间的时间间隔，有下面两种形式。

① INTERVAL YEAR [(p)]TO MONTH：两个时间戳相差的年数和月数。

② INTERVAL DAY[(dp)] TO SECOND[(sp)]：两个时间戳相差的天数和秒数。

4. 行标识类型

PL/SQL 中的行标识类型包括 ROWID 和 UROWID 两种，其用法与 Oracle 数据库中的行标识类型相同。ROWID 表示行的物理地址，而 UROWID 既可以表示行的物理地址，也可以表示行的逻辑地址。

5. 布尔类型

BOOLEAN 类型只能在 PL/SQL 中使用，其取值为逻辑值，包括 TRUE（逻辑真）、FALSE（逻辑假）、NULL（空）3 个。

6. 原始类型

PL/SQL 中的原始类型与 Oracle 数据库中的原始类型相似，但是范围不同，见表 12-3。

表 12-3 PL/SQL 与 Oracle 中的原始类型比较

类　　型	PL/SQL 中最大字节数	Oracle 中最大字节数
RAW	32767	2000
LONG RAW	32767	2G

7. LOB 类型

LOB 类型包括 BLOB，CLOB，NCLOB 和 BFILE 四种类型。其中 BLOB 存放二进制数据，CLOB，NCLOB 存放文本数据，而 BFILE 存放指向操作系统文件的指针。LOB 类型变量可以存储 4GB 的数据量。

8. 引用类型

引用类型类似于其他高级语言中的指针类型。在 PL/SQL 中，引用类型包括游标的引用类型和对象的引用类型，即 REF CURSOR 和 REF object_type。

使用引用类型定义的变量称为引用变量。通过使用引用变量，可以使应用程序共享相同的存储空间，提高程序运行的效率，特别是数据交换的效率。

9. 记录类型

前面介绍的数据类型都是标量类型，是系统预定义的。而复合类型，如记录类型、集合类型等需要用户自己定义。

在 PL/SQL 中，记录类型类似于 C 语言中的结构体，是一个包含若干个成员分量的复合类型。在使用记录类型时，需要先在声明部分定义记录类型和记录类型的变量，然后在执行部分引用该记录类型变量或其成员分量。

10. 集合类型

集合类型也是复合类型，包括索引表类型、嵌套表类型和可变数组类型。集合类型与记录类型的区别在于，记录类型中的成员分量可以是不同类型的，类似于结构体，而集合类型中所有的成员分量必须具有相同的数据类型，类似于数组。

11. %TYPE 与 %ROWTYPE

如果要定义一个类型与某个变量的数据类型或数据库表中某个列的数据类型一致（不知道该变量或列的数据类型）的变量，可以利用%TYPE 来实现。如果要定义一个与数据库中某个表结构一致的记录类型的变量，可以使用%ROWTYPE 来实现。例如：

```
DECLARE
  v_sal emp.sal%TYPE;
  v_emp emp%ROWTYPE;
BEGIN
  SELECT sal INTO v_sal FROM emp WHERE empno=7844;
  SELECT * INTO v_emp FROM emp WHERE empno=7900;
  DBMS_OUTPUT.PUT_LINE(v_sal);
  DBMS_OUTPUT.PUT_LINE(v_emp.ename||v_emp.sal);
END;
```

注意：
① 变量的类型随参照的变量类型、数据库表列类型、表结构的变化而变化；
② 如果数据库表列中有 NOT NULL 约束，则%TYPE 与%ROWTYPE 返回的数据类型没有此限制。

12.2.4 变量与常量

1. 变量与常量的定义

如果要在 PL/SQL 程序中使用变量或常量，则必须先在声明部分定义该变量或常量。定义变量或常量的语法为：

```
    variable_name [CONSTANT] datatype [NOT NULL] [DEFAULT|:=expression];
```
说明：
- 变量或常量名称是一个 PL/SQL 标识符，应符合标识符命名规范；
- 每行只能定义一个变量；
- 如果加上关键字 CONSTANT，则表示所定义的是一个常量，必须为它赋初值；
- 如果定义变量时使用了 NOT NULL 关键字，则必须为变量赋初值；
- 如果变量没有赋初值，则默认为 NULL；
- 使用 DEFAULT 或 ":=" 运算符为变量初始化。

例如：
```
DECLARE
    v1 NUMBER(4);
    v2 NUMBER(4) NOT NULL :=10;
    v3 CONSTANT NUMBER(4) DEFAULT 100;
BEGIN
    IF v1 IS NULL THEN
      DBMS_OUTPUT.PUT_LINE('V1 IS NULL! ');
    END IF;
    DBMS_OUTPUT.PUT_LINE(v2||' '||v3);
END;
```

2. 变量的作用域

变量的作用域是指变量的有效作用范围，从变量声明开始，直到块结束。如果 PL/SQL 块相互嵌套，则在内部块中声明的变量是局部的，只能在内部块中引用，而在外部块中声明的变量是全局的，既可以在外部块中引用，也可以在内部块中引用。如果内部块与外部块中定义了同名变量，则在内部块中引用外部块的全局变量时需要使用外部块名进行标识。例如：

```
<<OUTER>>
DECLARE
  v_ename  CHAR(15);
  v_outer  NUMBER(5);
BEGIN
  v_outer :=10;
  DECLARE
    v_ename CHAR(20);
    v_inner DATE;
  BEGIN
    v_inner:=sysdate;
    v_ename:= 'INNER V_ENAME';
    OUTER.v_ename:= 'OUTER V_ENAME';
  END;
  DBMS_OUTPUT.PUT_LINE(v_ename);
END;
```

12.2.5 PL/SQL 记录

在 PL/SQL 中，用户可以根据需要先定义记录类型，然后利用该记录类型定义变量，也可以通过 %ROWTYPE 直接获取表或显式游标所对应的记录类型来定义变量。

1. 用户定义记录类型及变量

定义记录类型的语法为：

```
TYPE record_type IS RECORD(
    field1 datatype1 [NOT NULL][DEFAULT|:=expr1],
    field2 datatype2 [NOT NULL][DEFAULT|:=expr2],
    ……
    fieldn datatypen [NOT NULL][DEFAULT|:=exprn]);
```

例如，利用记录类型以及记录类型变量，保存员工信息。程序为：

```
DECLARE
  TYPE t_emp IS RECORD(
    empno NUMBER(4),
    ename CHAR(10),
    sal   NUMBER(6,2));
  v_emp t_emp;
BEGIN
  SELECT empno,ename,sal INTO v_emp FROM emp WHERE empno=7844;
  DBMS_OUTPUT.PUT_LINE(v_emp.ename||' '||v_emp.sal);
END;
```

2. 利用%ROWTYPE获取记录类型定义变量

在 PL/SQL 中，可以通过%ROWTYPE 直接获取记录类型来定义变量，例如：

```
DECLARE
  v_emp1 emp%ROWTYPE;
  v_emp2 emp%ROWTYPE;
  CURSOR c_emp IS SELECT empno,ename FROM emp WHERE deptno=10;
  v_emp10 c_emp%ROWTYPE;
BEGIN
  SELECT * INTO v_emp1 FROM emp WHERE empno=7844;
  OPEN c_emp;
  LOOP
    FETCH c_emp INTO v_emp10;
    EXIT WHEN c_emp%NOTFOUND;
    DBMS_OUTPUT.PUT_LINE(v_emp10.empno||' '||v_emp10.ename);
  END LOOP;
  CLOSE c_emp;
END;
```

注意：
① 相同记录类型的变量可以相互赋值，如 v_emp2:=v_emp1；
② 不同记录类型的变量，即使成员完全相同也不能相互赋值；
③ 记录类型只能应用于定义该记录类型的 PL/SQL 块中，即记录类型是局部的。

3. 记录类型变量的应用

（1）在 SELECT 语句中使用记录类型变量

① 在 SELECT INTO 语句中使用记录类型变量，例如：

```
DECLARE
  v_emp emp%ROWTYPE;
BEGIN
  SELECT * INTO v_emp FROM emp WHERE empno=7844;
```

```
      DBMS_OUTPUT.PUT_LINE(v_emp.empno||' '||v_emp.ename||' '||v_emp.sal);
    END;
```

注意：记录类型变量中分量的个数、顺序、类型应该与查询列表中列的个数、顺序、类型完全匹配。

② 在 SELECT INTO 语句中使用记录类型变量成员，例如：

```
DECLARE
  v_emp emp%ROWTYPE;
BEGIN
  SELECT empno,ename,sal INTO v_emp.empno,v_emp.ename,v_emp.sal
  FROM emp WHERE empno=7844;
  DBMS_OUTPUT.PUT_LINE(v_emp.empno||v_emp.ename||v_emp.sal);
END;
```

（2）在 INSERT 语句中使用记录类型变量

① 在 VALUES 子句中使用记录类型变量，例如：

```
DECLARE
  v_dept dept%ROWTYPE;
BEGIN
  v_dept.deptno:=50;
  v_dept.loc:='BEIJING';
  V_dept.dname:='COMPUTER';
  INSERT INTO DEPT VALUES v_dept;
END;
```

注意：记录类型变量中分量的个数、顺序、类型应该与表中列的个数、顺序、类型完全匹配。

② 在 VALUES 子句中使用记录类型变量成员，例如：

```
DECLARE
  v_emp emp%ROWTYPE;
BEGIN
  SELECT * INTO v_emp FROM emp WHERE empno=7844;
  NSERT INTO emp(empno,ename,mgr,sal)VALUES(1234,'TOM',v_emp.mgr,v_emp.sal);
END;
```

（3）在 UPDATE 语句中使用记录类型变量

① 在 SET 子句中使用记录类型变量（使用 ROW 关键字），例如：

```
DECLARE
  v_dept dept%ROWTYPE;
BEGIN
  v_dept.deptno:=50;
  v_dept.loc:='TIANJIN';
  V_dept.dname:='COMPUTER';
  UPDATE dept SET ROW=v_dept WHERE deptno=50;
END;
```

注意：记录类型变量中分量的个数、顺序、类型应该与表中列的个数、顺序、类型完全匹配。

② 在 SET 子句中使用记录类型变量成员，例如：

```
DECLARE
```

```
    v_emp emp%ROWTYPE;
  BEGIN
    SELECT * INTO v_emp FROM emp WHERE empno=7844;
    UPDATE emp SET sal=v_emp.sal,comm=v_emp.comm WHERE empno=7369;
  END;
```

（4）在 DELETE 语句中使用记录类型变量

例如：

```
  DECLARE
    v_emp emp%ROWTYPE;
  BEGIN
    SELECT * INTO v_emp FROM emp WHERE empno=7844;
    DELETE FROM emp WHERE deptno=v_emp.deptno;
  END;
```

12.2.6　编译指示

编译指示是对编译程序发出的特殊指令，也称为伪指令，不会改变程序含义。它只是向编译程序传递信息，类似于嵌入在 SQL 中的注释。

在 PL/SQL 中使用 PRAGMA 关键字通知编译程序，PL/SQL 语句的剩余部分是一个编译指示或命令。编译指示在编译时被处理，而不会在运行时被执行，类似于 C 语言中的#define。

PL/SQL 提供以下 4 种编译指示。

① EXCEPTION_INIT：告诉编译程序将一个特定的错误号与程序中所声明的异常标识符关联起来。

② RESTRICT_REFERENCES：告诉编译程序打包程序的纯度，即对函数中可以使用的 SQL 语句和包变量进行限制。

③ SERIALLY_REUSEABLE：告诉 PL/SQL 运行引擎时，在数据引用之间不要保持包级数据。

④ AUTONOMOUS_TRANSACTION：告诉编译程序，该程序块为自治事务，即该事务的提交和回滚是独立进行的。

例如：

```
  DECLARE
    no_such_sequence  EXCEPTION;
    PRAGMA EXCEPTION_INIT(no_such_sequence,-2289);
  BEGIN
  ……
  END;
```

12.2.7　PL/SQL 中的 SQL 语句

由于 PL/SQL 执行采用早期绑定，即在编译阶段对变量进行绑定，识别程序中标识符的位置，检查用户权限、数据库对象等信息，因此在 PL/SQL 中只允许出现查询语句（SELECT）、DML 语句（INSERT，UPDATE，DELETE）和事务控制语句（COMMIT，ROLLBACK，SAVEPOINT），因为它们不会修改数据库模式对象及其权限。

通常，利用 SQL 语句对数据库进行操作时，各种相关量都在代码中以常量的形式指定，而在 PL/SQL 中可以通过变量动态指定各种相关量的值，从而实现对数据库的动态操作。

例如，根据员工号修改员工工资，如果使用普通的 SQL 语句，则执行时必须以常量的形式指明员工号，语句为：

```
UPDATE emp SET sal=sal+100 WHERE empno=7844;
```

如果在 PL/SQL 中执行，则可以使用变量来指定员工号，程序为：

```
DECLARE
  v_empno NUMBER(4);
BEGIN
  v_empno:=&x;
  UPDATE emp SET sal=sal+100 WHERE empno=v_empno;
END;
```

下面分别介绍可以在 PL/SQL 程序中使用的 SQL 语句。

1. SELECT

在 PL/SQL 程序中，使用 SELECT…INTO 语句查询一个记录的信息，其语法为：

```
SELECT select_list_item INTO variable_list|record_variable FROM table WHERE condition;
```

例如，根据员工名或员工号查询员工信息，程序为：

```
DECLARE
v_emp emp%ROWTYPE;
  v_ename emp.ename%type;
  v_sal   emp.sal%type;
BEGIN
SELECT * INTO v_emp FROM emp WHERE ename='SMITH';
  DBMS_OUTPUT.PUT_LINE(v_emp.empno||' '||v_emp.sal);
  select ename,sal INTO v_ename,v_sal FROM emp WHERE empno=7900;
  DBMS_OUTPUT.PUT_LINE(v_ename||' '||v_sal);
END;
```

注意：
① SELECT…INTO 语句只能查询一个记录的信息，如果没有查询到任何数据，会产生 NO_DATA_FOUND 异常；如果查询到多个记录，则会产生 TOO_MANY_ROWS 异常。
② INTO 句子后的变量用于接收查询的结果，变量的个数、顺序应该与查询的目标数据相匹配，也可以是记录类型的变量。

下面的例子用 SELECT…INTO 语句查询 10 号部门所有员工信息，由于 10 号部门有多个员工，所以程序运行出现异常。

```
DECLARE
   v_emp emp%ROWTYPE;
 BEGIN
   SELECT * INTO v_emp FROM emp WHERE deptno=10;
 END;
 /
 *
ERROR 位于第 1 行：
ORA-01422: 实际返回的行数超出请求的行数
ORA-06512: 在 line 4
```

2. DML 语句

PL/SQL 中 DML 语句对标准 SQL 语句中的 DML 语句进行了扩展，允许使用变量。例如：

```
DECLARE
   v_empno emp.empno%TYPE :=7500;
BEGIN
   INSERT INTO emp(empno,ename,sal,deptno)
           VALUES(v_empno,'JOAN',2300,20);
   UPDATE emp SET sal=sal+100 WHERE empno=v_empno;
   DELETE FROM emp WHERE empno=v_empno;
END;
```

3. WHERE

（1）标识符的区分

在 PL/SQL 程序中，查询操作或 DML 操作允许 WHERE 条件中出现变量，同时也允许出现列名，那么如何区分标识符是变量还是列名呢？当执行时，系统首先查看 WHERE 子句中的标识符是否与表中的列名相同，如果相同，则该标识符被解释为列名；如果没有同名列，则系统检查该标识符是不是 PL/SQL 语句块的变量。

（2）字符串比较

在 WHERE 条件中经常出现字符串比较。在 PL/SQL 中有两种字符串比较方法。

① 填充比较：通过在短字符串后添加空格，使两个字符串达到相同长度，然后根据每个字符的 ASCII 码进行比较。

② 非填充比较：根据每个字符的 ASCII 码进行比较，最先结束的字符串为小。

例如，两个字符串'abc'，'abc '，如果采用填充比较，则两个字符串相等；如果采用非填充比较，则字符串'abc '大于字符串'abc'。

那么何时采用填充比较，何时采用非填充比较呢？

PL/SQL 中规定，对定长的字符串（CHAR 类型的字符串和字符串常量）采用填充比较；如果比较的字符串中有一个是变长字符串（VARCHAR2 类型的字符串），则采用非填充比较。

例如，已知 emp 表中 ename 列类型为 VARCHAR2（10），执行下面的代码。

```
DECLARE
    v_ename CHAR(10):='TURNER';
    --v_ename VARCHAR2(20);
    --v_ename emp.ename%TYPE:='TURNER';
    v_sal   emp.sal%TYPE;
BEGIN
    SELECT sal INTO v_sal FROM emp WHERE ename=v_ename;
    dbms_output.put_line(v_sal);
END;
    /
DECLARE
*
第 1 行出现错误：
ORA-01403：未找到数据
ORA-06512：在 line 6
```

产生错误的原因是 VARCHAR2（10）类型与 CHAR（10）类型比较时采用非填充比较，因此无法查询到员工名为"TURNER"的员工。可以将 v_ename 变量类型修改为 VARCHAR2（10）类型，也可以直接采用 emp.ename%TYPE 方式定义。

因此，为了保证程序的正确执行，一定要使 PL/SQL 语句块中的变量与要比较的数据库列拥有相同的数据类型，可以使用%TYPE 或%ROWTYPE 来定义变量。

4．RETURNING

如果要查询当前 DML 语句操作的记录信息，可以在 DML 语句末尾使用 RETURNING 语句返回该记录的信息。

RETURNING 语句的基本语法与 SELECT…INTO 语句相似：

```
RETURNING select_list_item INTO variable_list|record_variable;
```

例如，将员工号为 7844 的员工工资提高 100，同时返回修改后的工资。

```
DECLARE
    v_sal emp.sal%TYPE;
BEGIN
    UPDATE emp SET sal=sal+100 WHERE empno=7844 RETURNING sal INTO v_sal;
    DBMS_OUTPUT.PUT_LINE(v_sal);
END;
```

12.3 控 制 结 构

在 PL/SQL 中引入了控制结构，包括选择结构、循环结构和跳转结构。

12.3.1 选择结构

在 PL/SQL 中，选择结构可以通过 IF 语句来实现，也可以通过 CASE 语句（Oracle 9i 中）来实现。

1．IF 语句

利用 IF 语句实现选择控制的语法为：

```
IF condition1 THEN statements1;
[ELSIF condition2 THEN statements2;]
……
[ELSE else_statements];
END IF;
```

例如，输入一个员工号，修改该员工的工资，如果该员工为 10 号部门，则工资增加 100；若为 20 号部门，则工资增加 150；若为 30 号部门，则工资增加 200；否则增加 300。

```
DECLARE
v_deptno emp.deptno%type;
  v_increment NUMBER(4);
  v_empno  emp.empno%type;
BEGIN
  v_empno:=&x;
  SELECT deptno INTO v_deptno FROM emp WHERE empno=v_empno;
  IF v_deptno=10 THEN v_increment:=100;
  ELSIF v_deptno=20 THEN v_increment:=150;
  ELSIF v_deptno=30 THEN v_increment:=200;
  ELSE  v_increment:=300;
  END IF;
  UPDATE emp SET sal=sal+v_increment WHERE empno=v_empno;
END;
```

由于 PL/SQL 中的逻辑运算结果有 TRUE，FALSE 和 NULL 三种，因此在进行选择条件判断时，要考虑条件为 NULL 的情况。例如，下面两个程序，如果不考虑条件为 NULL 的情况，则运行结果是一致的，但是若考虑条件为 NULL 的情况，则结果就不同了。

```
DECLARE
  v_number1 NUMBER;
  v_number2 NUMBER;
  v_result  VARCHAR2(10);
BEGIN
  ……
  IF v_number1<v_number2 THEN
    v_result:='YES';
  ELSE
    v_result:='NO';
  END IF;
END;
```

```
DECLARE
  v_number1 number;
  v_number2 number;
  v_result varchar2(10);
BEGIN
  ……
  IF v_number1>=v_number2 THEN
    v_result:='NO';
  ELSE
    v_result:='YES';
  END IF;
END;
```

为了避免条件为 NULL 时出现歧义，应该在程序中进行条件是否为 NULL 的检查。

```
DECLARE
  v_number1 NUMBER;
  v_number2 NUMBER;
  v_result VARCHAR2(10);
BEGIN
  ……
  IF v_number1 IS NULL OR
    v_number2 IS NULL THEN
    v_result:='UNKNOW';
  ELSIF v_number1<v_number2 THEN
    v_result:='YES';
  ELSE
    v_result:='NO';
  END IF;
END;
```

```
DECLARE
  v_number1 NUMBER;
  v_number2 NUMBER;
  v_result VARCHAR2(10);
BEGIN
  ……
  IF v_number1 IS NULL OR
    v_number2 IS NULL THEN
    v_result:='UNKNOW';
  ELSIF v_number1>=v_number2 THEN
    v_result:='NO';
  ELSE
    v_result:='YES';
  END IF;
END;
```

2. CASE 语句

在 Oracle 10g 中提供了另一种选择控制结构，即 CASE 语句。CASE 语句有两种形式，一种只进行等值比较，另一种可以进行多种条件的比较。

（1）只进行等值比较的 CASE 语句

只进行等值比较的 CASE 语句的语法为：

```
CASE test_value
  WHEN value1 THEN statements1;
  WHEN value2 THEN statements2;
  ……
  WHEN valuen THEN statementsn;
  [ELSE   else_statements;]
END CASE;
```

CASE 语句判断 test_value 的值是否与 value 值相等。如果相等，则执行其后的语句；如果 test_value 与任何 value 值都不等,则执行 ELSE 后的语句。

例如,将前面使用 IF 语句的程序改写为 CASE 语句的形式:

```
DECLARE
    v_deptno emp.deptno%type;
    v_increment NUMBER(4);
    v_empno  emp.empno%type;
BEGIN
  v_empno:=&x;
  SELECT deptno INTO v_deptno FROM emp WHERE empno=v_empno;
  CASE v_deptno
    WHEN 10 THEN v_increment:=100;
    WHEN 20 THEN v_increment:=150;
    WHEN 30 THEN v_increment:=200;
    ELSE v_increment:=300;
  END CASE;
  UPDATE emp SET sal=sal+v_increment WHERE empno=v_empno;
END;
```

(2)可以进行多种条件比较的 CASE 语句

可以进行多种条件比较的 CASE 语句,也称为搜索式 CASE 语句,其语法为:

```
CASE
  WHEN condition1 THEN statements1;
  WHEN condition2 THEN statements2;
  ……
  WHEN conditionn THEN statementsn;
    [ELSE    else_statements;]
END CASE;
```

CASE 语句对每一个 WHEN 条件进行判断,当条件为真时,执行其后的语句;如果所有条件都不为真,则执行 ELSE 后的语句。

例如,根据输入的员工号,修改该员工工资。如果该员工工资低于 1000 元,则工资增加 200 元;如果工资在 1000～2000 元之间,则增加 150 元;如果工资在 2000～3000 元之间,则增加 100 元;否则增加 50 元。程序为:

```
DECLARE
    v_sal emp.sal%type;
    v_increment NUMBER(4);
    v_empno  emp.empno%type;
BEGIN
  v_empno:=&x;
  SELECT sal INTO v_sal FROM emp WHERE empno=v_empno;
  CASE
    WHEN v_sal<1000 THEN v_increment:=200;
    WHEN v_sal<2000 THEN v_increment:=150;
    WHEN v_sal<3000 THEN v_increment:=100;
    ELSE v_increment:=50;
  END CASE;
  UPDATE emp SET sal=sal+v_increment WHERE empno=v_empno;
END;
```

> **注意**：在 CASE 语句中，当第一个 WHEN 条件为真时，执行其后的操作，操作完后结束 CASE 语句。其他的 WHEN 条件不再判断，其后的操作也不执行。

12.3.2 循环结构

在 PL/SQL 中，循环结构有 3 种形式，分别为简单循环、WHILE 循环和 FOR 循环。

1. 简单循环

PL/SQL 中简单循环是将循环条件包含在循环体中的循环，语法为：

```
LOOP
    sequence_of_statement;
    EXIT [WHEN condition];
END LOOP;
```

> **注意**：在循环体中一定要包含 EXIT 语句，否则程序会进入死循环。

例如，执行 CREATE TABLE temp_table(num_col NUMBER，info_col CHAR(10)) 语句创建 temp_table 表，然后利用循环向 temp_table 表中插入 50 条记录。程序为：

```
DECLARE
  v_counter BINARY_INTEGER := 1;
BEGIN
  LOOP
    INSERT INTO temp_table VALUES (v_Counter, 'Loop index');
    v_counter := v_counter + 1;
    EXIT WHEN v_counter > 50;
  END LOOP;
END;
```

2. WHILE 循环

利用 WHILE 语句进行循环时，先判断循环条件，只有满足循环条件才能进入循环体进行循环操作，其语法为：

```
WHILE condition LOOP
  sequence_of_statement;
END LOOP;
```

例如，利用 WHILE 循环向 temp_table 表中插入 50 条记录。程序为：

```
DECLARE
  v_counter BINARY_INTEGER :=1;
BEGIN
  WHILE v_counter <= 50 LOOP
    INSERT INTO temp_table VALUES (v_counter, 'Loop index');
    v_counter := v_counter + 1;
  END LOOP;
END;
```

3. FOR 循环

在简单循环和 WHILE 循环中，需要定义循环变量，不断修改循环变量的值，以达到控制循环次数的目的；而在 FOR 循环中，不需要定义循环变量，系统自动定义一个循环变量，每次循环时该变量值自动增 1 或减 1，以控制循环的次数。FOR 循环的语法为：

```
FOR loop_counter IN [REVERSE] low_bound..high_bound LOOP
    sequence_of_statement;
```

```
        END LOOP;
```
其中，loop_counter 为循环变量，low_bound 为循环变量的下界（最小值），high_bound 为循环变量的上界（最大值）。

> 注意：
> ① 循环变量不需要显式地定义，系统隐含地将它声明为 BINARY_INTEGER 变量；
> ② 系统默认时，循环变量从下界往上界递增计数，如果使用 REVERSE 关键字，则表示循环变量从上界向下界递减计数；
> ③ 循环变量只能在循环体中使用，不能在循环体外使用。

例如，利用 FOR 循环向 temp_table 表中插入 50 条记录。程序为：
```
BEGIN
  FOR v_counter IN 1..50 LOOP
    INSERT INTO temp_table VALUES (v_counter, 'Loop Index');
  END LOOP;
END;
```

12.3.3 跳转结构

所谓跳转结构是指利用 GOTO 语句实现程序流程的强制跳转。例如：
```
DECLARE
    v_counter BINARY_INTEGER :=1;
BEGIN
    <<LABEL>>
    INSERT INTO temp_table VALUES (v_counter, 'Loop index');
    v_counter := v_Counter + 1;
    IF v_counter<=50 THEN
       GOTO  LABEL;
    END IF;
END;
```

> 注意：
> ① PL/SQL 块内部可以跳转，内层块可以跳到外层块，但外层块不能跳到内层块。
> ② 不能从 IF 语句外部跳到 IF 语句内部，不能从循环体外跳到循环体内，不能从子程序外部跳到子程序内部。
> ③ 由于 GOTO 语句破坏了程序的结构化，因此建议尽量少用甚至不用 GOTO 语句。

12.4 游　　标

12.4.1 游标的概念及类型

当在 PL/SQL 块中执行查询语句（SELECT）和数据操纵语句（DML）时，Oracle 会在内存中分配一个缓冲区，缓冲区中包含了处理过程的必需信息，包括已经处理完的行数、指向被分析行的指针和查询情况下的活动集，即查询语句返回的数据行集。该缓冲区域称为上下文区。游标是指向该缓冲区的句柄或指针。

为了处理 SELECT 语句返回多行数据的情况，在 Oracle 10g 中可以使用游标处理多行数据，也可以使用 SELECT...BULK COLLECT INTO 语句处理多行数据。本节将介绍利用游标处理 SELECT 语句返回的多行数据。

PL/SQL 中的游标分为两类:

(1) 显式游标——由用户定义、操作,用于处理返回多行数据的 SELECT 查询。

(2) 隐式游标——由系统自动进行操作,用于处理 DML 语句和返回单行数据的 SELECT 查询。

12.4.2 显式游标

1. 显式游标的操作

利用显式游标处理 SELECT 查询返回的多行数据,需要先定义显式游标,然后打开游标,检索游标,最后关闭游标。如图 12-3 所示。

图 12-3 显式游标的操作过程

(1) 定义游标

根据要查询的数据情况,在 PL/SQL 块的声明部分定义游标,语法为:

```
CURSOR cursor_name IS select_statement;
```

注意:

① 游标必须在 PL/SQL 块的声明部分进行定义。

② 游标定义时可以引用 PL/SQL 变量,但变量必须在游标定义之前定义。

③ 定义游标时并没有生成数据,只是将定义信息保存到数据字典中。

④ 游标定义后,可以使用 cursor_name%ROWTYPE 定义记录类型的变量。

(2) 打开游标

为了在内存中分配缓冲区,并从数据库中检索数据,需要在 PL/SQL 块的执行部分打开游标,语法为:

```
OPEN cursor_name;
```

当执行打开游标操作后,系统首先检查游标定义中变量的值,然后分配缓冲区,执行游标定义时的 SELECT 语句,将查询结果在缓冲区中缓存。同时,游标指针指向缓冲区中结果集的第一个记录。

注意:

① 只有在打开游标时,才能真正创建缓冲区,并从数据库检索数据。

② 游标一旦打开,就无法再次打开,除非先关闭。

③ 如果游标定义中的变量值发生变化,则只能在下次打开游标时才起作用。

(3) 检索游标

打开游标,将查询结果放入缓冲区后,需要将游标中的数据以记录为单位检索出来,然后在 PL/SQL 中实现过程化的处理。检索游标使用 FETCH...INTO 语句,其语法为:

```
FETCH cursor_name INTO variable_list|record_variable;
```

注意:

① 在使用 FETCH 语句之前必须先打开游标,保证缓冲区中有数据。

② 对游标第一次使用 FETCH 语句时，游标指针指向第一条记录，因此操作的对象是第一条记录。操作完后，游标指针指向下一条记录。

③ 游标指针只能向下移动，不能回退。如果想检索完第二条记录后又回到第一条记录，则必须关闭游标，然后重新打开游标。

④ INTO 子句中变量个数、顺序、数据类型必须与缓冲区中每个记录的字段数量、顺序以及数据类型相匹配，也可以是记录类型的变量。

由于游标对应的缓冲区中可能有多个记录，因此检索游标的过程是一个循环的过程。

（4）关闭游标

游标对应缓冲区的数据处理完后，应该及时关闭游标，以释放它所占用的系统资源。关闭游标的语法为：

```
CLOSE cursor_name;
```

例如，根据输入的部门号查询某个部门的员工信息，部门号在程序运行时指定。由于某个部门的人数是不定的，可能有多个，因此需要采用游标来处理。程序为：

```
DECLARE
    v_deptno emp.deptno%TYPE;
    CURSOR c_emp IS SELECT * FROM emp WHERE deptno=v_deptno;
    v_emp c_emp%ROWTYPE;
BEGIN
    v_deptno:=&x;
    OPEN c_emp;
    LOOP
        FETCH c_emp INTO v_emp;
        EXIT WHEN c_emp%NOTFOUND;
        DBMS_OUTPUT.PUT_LINE(v_emp.empno||' '||v_emp.ename||' '||
                            v_emp.sal ||' '|| v_deptno);
    END LOOP;
    CLOSE c_emp;
END;
```

2. 显式游标的属性

无论显式游标还是隐式游标，都具有%ISOPEN、%FOUND、%NOTFOUND 和%ROWCOUNT 五个属性，利用游标属性可以判断当前游标状态。

显式游标的属性及其含义如下所述。

① %ISOPEN：布尔型，用于检查游标是否已经打开。如果游标已经打开，则返回 TRUE，否则返回 FALSE。

② %FOUND：布尔型，判断最近一次使用 FETCH 语句时是否从缓冲区中检索到数据。如果检索到数据，则返回 TRUE，否则返回 FALSE。

③ %NOTFOUND：布尔型，判断最近一次使用 FETCH 语句时是否从缓冲区中检索到数据。与%FOUND 相反，如果没有检索到数据，则返回 TURE，否则返回 FALSE。

④ %ROWCOUNT：数值型，返回到目前为止从游标缓冲区检索的记录的个数。

⑤ %BULK_ROWCOUNT（i）：数值型，用于取得 FORALL 语句执行批绑定操作时第 i 个元素所影响的行数。

注意：游标属性只能在 PL/SQL 块中使用，不能在 SQL 命令中使用。

3. 参数化显式游标

参数化显式游标是指定义游标时使用参数,当使用不同的参数值打开游标时,可以生成不同的结果集。参数化显示游标的定义语法为:

```
CURSOR cursor_name(parameter1 datatype[,parameter2 datatype…])
IS select_statement;
```

在执行时打开参数化显式游标的语法为:

```
OPEN cursor_name(parameter1[,parameter2…]);
```

注意:
① 定义游标时,只能指定参数的类型,而不能指定参数的长度、精度、刻度。
② 打开带参数的游标时,实参的个数和数据类型等必须与游标定义时的形参个数和数据类型等相匹配。

例如,查询并输出某个部门的员工信息。程序为:

```
DECLARE
  CURSOR c_emp(p_deptno emp.deptno%TYPE)IS
  SELECT * FROM emp WHERE deptno=p_deptno;
  v_emp   c_emp%ROWTYPE;
BEGIN
  OPEN c_emp(10);
  LOOP
    FETCH c_emp INTO v_emp;
    EXIT WHEN c_emp%NOTFOUND;
    DBMS_OUTPUT.PUT_LINE(v_emp.empno||' '||v_emp.ename);
  END LOOP;
  CLOSE c_emp;
  OPEN c_emp(20);
  LOOP
    FETCH c_emp INTO v_emp;
    EXIT WHEN c_emp%NOTFOUND;
    DBMS_OUTPUT.PUT_LINE(v_emp.empno||' '||v_emp.ename);
  END LOOP;
  CLOSE c_emp;
END;
```

4. 显式游标的检索

由于游标对应的缓冲区中可能有多行记录,而 PL/SQL 中每次只能处理一行记录,因此需要采用循环的方式从缓冲区中检索数据进行处理。根据循环方法的不同,检索游标有 3 种方法。

(1) 利用简单循环检索游标

利用简单循环检索游标的基本方式为:

```
DECLARE
    CURSOR cursor_name IS SELECT…;
BEGIN
  OPEN cursor_name;
    LOOP
      FETCH…INTO…;
      EXIT WHEN cursor_name%NOTFOUND;
```

```
      ......
      END LOOP;
      CLOSE cursor_name;
    END;
```

注意：EXIT WHEN 子句应该是 FETCH…INTO 语句的下一条语句。

例如，利用简单循环统计并输出各个部门的平均工资。程序为：

```
DECLARE
   CURSOR c_dept_stat IS SELECT deptno,avg(sal) avgsal
   FROM emp GROUP BY deptno;
   v_dept c_dept_stat%ROWTYPE;
BEGIN
   OPEN c_dept_stat;
   LOOP
     FETCH c_dept_stat INTO v_dept;
     EXIT WHEN c_dept_stat%NOTFOUND;
     DBMS_OUTPUT.PUT_LINE(v_dept.deptno||' '||v_dept.avgsal);
   END LOOP;
   CLOSE c_dept_stat;
END;
```

（2）利用 WHILE 循环检索游标

利用 WHILE 循环检索游标的基本方法为：

```
DECLARE
     CURSOR cursor_name IS SELECT…;
BEGIN
    OPEN cursor_name;
    FETCH…INTO…;
    WHILE cursor_name%FOUND LOOP
       FETCH…INTO…;
       ......
    END LOOP;
    CLOSE cursor;
END;
```

注意：在循环体外进行一次 FETCH 操作，作为第一次循环的条件。

例如，利用 WHILE 循环统计并输出各个部门的平均工资。程序为：

```
DECLARE
  CURSOR c_dept_stat IS SELECT deptno,avg(sal) avgsal FROM emp GROUP BY deptno;
  v_dept c_dept_stat%ROWTYPE;
BEGIN
  OPEN c_dept_stat;
  FETCH c_dept_stat INTO v_dept;
  WHILE c_dept_stat%FOUND LOOP
    DBMS_OUTPUT.PUT_LINE(v_dept.deptno||' '||v_dept.avgsal);
    FETCH c_dept_stat INTO v_dept;
  END LOOP;
  CLOSE c_dept_stat;
END;
```

（3）利用 FOR 循环检索游标

利用 FOR 循环检索游标时，系统会自动打开、检索和关闭游标。用户只需要考虑如何处理从游标缓冲区中检索出来的数据。其方法为：

```
DECLARE
    CURSOR cursor_name IS SELECT…;
BEGIN
    FOR loop_variable IN cursor_name LOOP
    ……
    END LOOP;
END;
```

利用 FOR 循环检索游标时，系统首先隐含地定义一个数据类型为 cursor_name%ROWTYPE 的循环变量 loop_variable，然后自动打开游标，从游标缓冲区中提取数据并放入 loop_variable 变量中，同时进行%FOUND 属性检查以确定是否检索到数据。当游标缓冲区中所有的数据都检索完毕或循环中断时，系统自动关闭游标。

例如，利用 FOR 循环统计并输出各个部门的平均工资。

```
DECLARE
    CURSOR c_dept_stat IS SELECT deptno,avg(sal) avgsal
    FROM emp GROUP BY deptno;
BEGIN
    FOR v_dept IN c_dept_stat LOOP
        DBMS_OUTPUT.PUT_LINE(v_dept.deptno||' '||v_dept.avgsal);
    END LOOP;
END;
```

由于用 FOR 循环检索游标时，游标的打开、数据的检索、是否检索到数据的判断以及游标的关闭都是自动进行的，因此，可以不在声明部分定义游标，而在 FOR 语句中直接使用子查询。例如，上面的程序可以改写为：

```
BEGIN
    FOR v_dept IN  (SELECT deptno,avg(sal) avgsal FROM emp GROUP BY deptno)
    LOOP
        DBMS_OUTPUT.PUT_LINE(v_dept.deptno||' '||v_dept.avgsal);
    END LOOP;
END;
```

5．利用游标更新或删除数据

利用显式游标，不仅可以处理 SELECT 语句返回的多个记录，还可以在处理游标中当前行数据的同时，修改该行所对应数据库中的数据。

（1）如果要利用游标更新或删除数据库中的数据，则需要在游标定义中使用 FOR UPDATE 子句，对要修改或删除的数据加行锁。语法为：

```
CURSOR cursor_name IS
SELECT select_list_item FROM table FOR UPDATE
[OF column_reference] [NOWAIT];
```

注意：

① 打开游标时对相应的表加锁（通常 SELECT 操作不在数据上设置任何锁），其他用户不能对该表进行 DML 操作。

② 若数据对象已经被其他会话加锁，则当前会话挂起等待（默认状态），若指定了 NOWAIT 子句，则不等待，返回 Oracle 错误。

③ 对于多表查询时，可以通过 OF 子句指定某个要加锁的表的列的形式，对特定的表加锁，而其他表不加锁；否则所有表都加锁。例如，下面的游标定义表示在打开游标时只对 emp 表加锁，而不对 dept 表加锁。

```
CURSOR c1 IS SELECT ename, dname FROM emp, dept
             WHERE emp.deptno = dept.deptno FOR UPDATE OF salary;
```

④ 当用户执行 COMMIT 或 ROLLBACK 操作时，数据上的锁会自动被释放。

（2）若定义游标时使用 FOR UPDATE 子句，则在执行时，可以在 UPDATE 语句或 DELETE 语句中使用 WHERE CURRENT OF 子句，以修改或删除游标中当前行所对应的数据库中的数据。语法为：

```
WHERE CURRENT OF cursor_name;
```

注意：如果游标定义时没有使用 FOR UPDATE 子句，则不能利用该游标修改或删除数据库中的数据。

例如，修改员工的工资，如果员工的部门号为 10，则工资提高 100 元；如果部门号为 20，则工资提高 150 元；如果部门号为 30 元，则工资提高 200 元；否则工资提高 250 元。程序为：

```
DECLARE
  CURSOR c_emp IS SELECT * FROM emp FOR UPDATE;
  v_increment NUMBER;
BEGIN
  FOR v_emp IN c_emp LOOP
    CASE v_emp.deptno
      WHEN 10 THEN v_increment:=100;
      WHEN 20 THEN v_increment:=150;
      WHEN 30 THEN v_increment:=200;
      ELSE         v_increment:=250;
    END CASE;
    UPDATE emp SET sal=sal+v_increment WHERE CURRENT OF c_emp;
  END LOOP;
  COMMIT;
END;
```

由于 COMMIT 语句会释放会话拥有的任何锁，因此如果在检索游标的循环内使用 COMMIT 语句，则会释放定义游标时对数据加的锁，导致利用游标修改或删除数据的操作失败。例如：

```
DECLARE
  CURSOR c_emp IS SELECT * FROM emp FOR UPDATE;
  v_increment NUMBER;
BEGIN
  FOR v_emp IN c_emp LOOP
    CASE v_emp.deptno
      WHEN 10 THEN  v_increment:=100;
      WHEN 20 THEN  v_increment:=150;
      WHEN 30 THEN  v_increment:=200;
      ELSE          v_increment:=250;
```

```
        END CASE;
        UPDATE emp SET sal=sal+v_increment WHERE CURRENT OF c_emp;
        COMMIT;
    END LOOP;
END;
/
DECLARE
*
第 1 行出现错误：
ORA-01002: 提取违反顺序
ORA-06512: 在 line 5
```

12.4.3 隐式游标

显式游标用于处理返回多行数据的 SELECT 查询，但所有的 SQL 语句都有一个执行的缓冲区，隐式游标就是指向该缓冲区的指针，由系统隐含地打开、处理和关闭。隐式游标又称为 SQL 游标。

隐式游标主要用于处理 INSERT，UPDATE，DELETE 以及单行的 SELECT…INTO 语句，没有 OPEN，FETCH，CLOSE 等操作命令。

与显式游标类似，隐式游标也有下列 4 个属性。

① SQL%ISOPEN：布尔型值，判断隐式游标是否已经打开。对用户而言，该属性值始终为 FALSE，因为操作时系统自动打开，操作完后立即自动关闭。

② SQL%FOUND：布尔型值，判断当前的操作是否会对数据库产生影响。如果有数据的插入、删除、修改或查询到数据，则返回 TRUE，否则返回 FALSE。

③ SQL%NOTFOUND：布尔型值，判断当前的操作是否对数据库产生影响。如果没有数据的插入、删除、修改或没有查询到数据，则返回 TRUE，否则返回 FALSE。

④ SQL%ROWCOUNT：数值型，返回当前操作所涉及的数据库中的行数。

例如，修改员工号为 1000 的员工工资，将其工资增加 100 元。如果该员工不存在，则向 emp 表中插入一个员工号为 1000，工资为 1500 元的员工。程序为：

```
BEGIN
    UPDATE emp SET sal=sal+100 WHERE empno=1000;
    IF SQL%NOTFOUND THEN
        INSERT INTO emp(empno,sal) VALUES(1000,1500);
    END IF;
END;
```

或

```
BEGIN
    UPDATE emp SET sal=sal+100 WHERE empno=1000;
    IF SQL%ROWCOUNT=0 THEN
        INSERT INTO emp(empno,sal) VALUES(1000,1500);
    END IF;
END;
```

注意：当 SELECT…INTO 语句没有查询到任何数据时，会激发 NO_DATA_FOUND 异常。

```
DECLARE
    v_emp    emp%ROWTYPE;
```

```
BEGIN
  SELECT * INTO v_emp FROM emp WHERE empno=1;
  IF SQL%NOTFOUND THEN
    DBMS_OUTPUT.PUT_LINE('SQL%NOTFOUND is true!');
  END IF;
EXCEPTION
  WHEN NO_DATA_FOUND THEN
    DBMS_OUTPUT.PUT_LINE('NO_DATA_FOUND raised!');
END;
/
NO_DATA_FOUND raised!
```

12.4.4 游标变量

前面介绍的显式游标在定义时与特定的查询绑定，其结构是不变的，因此又称为静态游标。游标变量是一个指向多行查询结果集的指针，不与特定的查询绑定，因此具有非常大的灵活性，可以在打开游标变量时定义查询，可以返回不同结构的结果集。

在 PL/SQL 中，使用游标变量包括定义游标引用类型（REF CURSOR）、声明游标变量、打开游标变量、检索游标变量、关闭游标变量等几个基本步骤。

1. 定义游标引用类型及声明游标变量

（1）定义游标引用类型

定义游标引用类型的语法为：

```
TYPE ref_cursor_type_name IS REF CURSOR [RETURN return_type]
```

RETURN 子句用于指定定义的游标类型返回结果集的类型，该类型必须是记录类型。如果定义游标引用类型时带有 RETURN 子句，则用其定义的变量称为强游标变量，否则称为弱游标变量。

在 Oracle 10g 中，系统预定义了一个游标引用类型，称为 SYS_REFCURSOR，可以直接使用它定义游标变量。

（2）声明游标变量

声明游标变量的基本形式为：

```
ref_cursor_type_name variable_name;
```

例如：

```
TYPE emp_cursor_type IS REF CURSOR RETURN emp%ROWTYPE;
TYPE general_cursor_type IS REF CURSOR;
v_emp emp_cursor_type;
v_general general_cursor_type;
my_cursor SYS_REFCURSOR;
```

2. 打开游标变量

定义了游标引用类型并声明了游标变量后，为了引用该游标变量，需要在打开游标变量时指定该游标变量所对应的查询语句，即对应的结果集。当执行打开游标操作时，系统会执行查询语句，将查询结果放入游标变量所指的内存空间中。

打开游标变量的语法为：

```
OPEN cursor_variable FOR select_statement;
```

注意：如果打开的游标变量是强游标变量，则查询语句的返回类型必须与游标引用类型定义中 RETURN 子句指定的返回类型相匹配。

例如：
```
OPEN v_emp FOR SELECT * FROM emp;
OPEN v_general FOR SELECT empno,ename,sal,deptno FROM emp;
OPEN my_cursor FOR SELECT * FROM dept;
```

3．检索游标变量

检索游标变量的方法与检索静态游标相似，使用 FETCH…INTO 语句循环检索游标变量结果集中的记录。语法为：
```
LOOP
FETCH cursor_variable INTO variable1,variable2, …;
EXIT WHEN cursor_variable%NOTFOUND;
……
END LOOP;
```

例如：
```
LOOP
   FETCH v_emp INTO v;
   EXIT WHEN v_emp%NOTFOUND;
   DBMS_OUTPUT.PUT_LINE(v.empno||' '||v.ename);
 END LOOP;
```

检索游标变量时只能使用简单循环或 WHILE 循环，不能采用 FOR 循环。

4．关闭游标变量

检索并处理完游标变量所对应的结果集后，可以关闭游标变量，释放存储空间。语法为：
```
CLOSE cursor_variable;
```
例如，上面例子的完整代码为：
```
DECLARE
  TYPE emp_cursor_type IS REF CURSOR RETURN emp%ROWTYPE;
  TYPE general_cursor_type IS REF CURSOR;
  v_emp emp_cursor_type;
  v_general general_cursor_type;
  my_cursor SYS_REFCURSOR;
  v_empinfo emp%ROWTYPE;
  v_deptinfo dept%ROWTYPE;
BEGIN
  OPEN v_emp FOR SELECT * FROM emp;
  LOOP
    FETCH v_emp INTO v_empinfo;
    EXIT WHEN v_emp%NOTFOUND;
    DBMS_OUTPUT.PUT_LINE(v_empinfo.empno||' '||v_empinfo.ename||' '||
                        v_empinfo.sal);
  END LOOP;
  CLOSE v_emp;

  OPEN my_cursor FOR SELECT * FROM dept;
  LOOP
    FETCH my_cursor INTO v_deptinfo;
    EXIT WHEN my_cursor%NOTFOUND;
```

```
      DBMS_OUTPUT.PUT_LINE(v_deptinfo.deptno||' '||v_deptinfo.dname);
    END LOOP;
    CLOSE my_cursor;
     --OPEN v_general FOR SELECT empno,ename,sal,deptno FROM emp;
  END;
```

使用游标变量，可以以不同的查询打开游标，非常灵活。例如，要求根据输入的不同表名进行不同处理，若表名为 emp，则显示高于 10 号部门平均工资的员工信息；若表名为 dept，则显示各个部门的人数。

```
  DECLARE
    v_table CHAR(20);
    TYPE type_cursor IS REF CURSOR;
    v_cursor type_cursor;
    v_emp emp%ROWTYPE;
    v_deptno emp.deptno%TYPE;
    v_num NUMBER;
  BEGIN
    v_table:='&table_name';
    IF v_table = 'emp' THEN
      OPEN v_cursor FOR SELECT * FROM emp WHERE sal>(SELECT AVG(sal)
                        FROM emp WHERE deptno=10);
    ELSIF v_table = 'dept' THEN
      OPEN v_cursor FOR SELECT deptno,count(*) num
                        FROM emp GROUP BY deptno;
    ELSE
      RAISE_APPLICATION_ERROR(-20000,'Input must be ''emp'' or ''dept''');
    END IF;
    LOOP
      IF v_table = 'emp' THEN
        FETCH v_cursor INTO v_emp;
        EXIT WHEN v_cursor%NOTFOUND;
        DBMS_OUTPUT.PUT_LINE(v_emp.empno||' '||v_emp.ename||' '||
                          v_emp.sal||' '||v_emp.deptno);
      ELSE
        FETCH v_cursor INTO v_deptno,v_num;
        EXIT WHEN v_cursor%NOTFOUND;
        DBMS_OUTPUT.PUT_LINE(v_deptno||' '||v_num);
      END IF;
    END LOOP;
    CLOSE v_cursor;
  END;
```

12.5 异 常 处 理

12.5.1 异常概述

1. Oracle 错误处理机制

开发 PL/SQL 程序时，应该充分考虑程序运行时可能出现的各种错误，并进行错误处理，尽量使程序从错误中恢复。否则，程序运行出现错误时，将终止程序的执行，同时显示错误信息。在 PL/SQL 中，采用异常和异常处理机制来实现错误处理。

PL/SQL 程序的错误可以分为两类，一类是编译错误，由 PL/SQL 编译器发出错误报告；另一类是运行时错误，由 PL/SQL 的运行时引擎发出报告。由于编译错误主要是语法方面的错误，如果不修改程序就无法执行，因此该错误可以由程序员来修改，而运行时错误是随着运行环境的变化而随时出现的，难以预防，因此需要在程序中尽可能地考虑各种可能的错误。

Oracle 中对运行时错误的处理采用了异常处理机制。一个错误对应一个异常，当错误产生时抛出相应的异常，并被异常处理器捕获，程序控制权传递给异常处理器，由异常处理器来处理运行时错误。

2．异常的类型

Oracle 运行时的错误可以分为 Oracle 错误（Oracle 错误都有一个内部的错误号码）和用户定义错误。与之对应，异常分为预定义异常、非预定义异常和用户定义异常 3 种，其中预定义异常对应于常见的 Oracle 错误，非预定义异常对应于其他的 Oracle 错误，而用户定义异常对应于用户定义错误。

（1）预定义异常

Oracle 预定义异常与 Oracle 错误之间的对应关系见表 12-4。

表 12-4　Oracle 预定义异常与 Oracle 错误之间的对应关系

预定义异常	Oracle 错误	异 常 说 明
CURSOR_ALREADY_OPEN	ORA-06511	尝试打开已经打开的游标
INVALID_CURSOR	ORA-01001	不合法的游标操作
NO_DATA_FOUND	ORA-01403	没有发现数据
TOO_MANY_ROWS	ORA-01422	SELECT INTO 语句返回多个数据行
INVALID_NUMBER	ORA-01722	转换数字失败
VALUE_ERROR	ORA-06502	赋值时变量长度小于值长度
ZERO_DIVIDE	ORA-01476	除数为零
ROWTYPE_MISMATCH	ORA-06604	主机游标变量与 PL/SQL 游标变量不匹配
DUP_VAL_ON_INDEX	ORA-00001	唯一性索引所对应列的值重复
SYS_INVALID_ROWID	ORA-01414	转换成 ROWID 失败
TIMEOUT_ON_RESOURCE	ORA-00051	等待资源超时
LOGIN_DENIED	ORA-01017	无效用户名/密码
CASE_NOT_FOUND	ORA-06592	没有匹配的 WHEN 子句
NOT_LOGGED_ON	ORA-01012	没有与数据库建立连接
STORAGE_ERROR	ORA-06500	PL/SQL 内部错误
PROGRAM_ERROR	ORA-06501	PL/SQL 内部错误
ACCESS_INTO_NULL	ORA-06530	给空对象属性赋值
COLLECTION_IS_NULL	ORA-06531	表或可变数组没有初始化
SELF_IS_NULL	ORA-30625	调用空对象实例的方法
SUBSCRIPT_BEYOND_COUNT	ORA-06533	嵌套表或可变数组索引引用时超出集合中元素的数量
SUBSCRIPT_OUTSIDE_LIMIT	ORA-06532	对嵌套表或可变数组索引的引用超出声明的范围

当 Oracle 错误产生时，与错误对应的预定义异常被自动抛出，通过捕获该异常可以对错误进行处理。

（2）非预定义异常

有一些 Oracle 错误没有预定义异常与其关联，需要在语句块的声明部分声明一个异常名称，然后通过编译指示 PRAGMA EXCEPTION_INIT 将该异常名称与一个 Oracle 错误相关联。此后，当执行过程出现该错误时将自动抛出该异常。

例如，在执行下列操作时，产生 ORA-02292 的 Oracle 错误，由于没有与之对应的异常，因此该错误产生时没有异常抛出，从而无法捕获和处理。

```
SQL>DELETE FROM dept WHERE deptno=10;
        *
ERROR 位于第 1 行:
ORA-02292: 违反完整约束条件 (SCOTT.FK_DEPTNO) - 已找到子记录日志。
```

为了解决这样的问题，可以为该错误定义异常，然后通过异常来处理相应的错误。例如：

```
DECLARE
    e_deptno_fk EXCEPTION;
    PRAGMA EXCEPTION_INIT(e_deptno_fk,-2292);
BEGIN
    ......
EXCEPTION
    ......
END;
```

（3）用户定义异常

用户定义错误是指，有些操作并不会产生 Oracle 错误，但是从业务规则角度考虑，认为是一种错误。例如，执行 UPDATE 操作没有更新任何行时，不会引发 Oracle 错误，也不会产生异常。但是，有时需要开发人员为此操作产生一个异常，以便进行处理，即用户定义异常。

12.5.2 异常处理过程

在 PL/SQL 程序中，错误处理又称为异常处理，分下列 3 个步骤进行。
- 在声明部分为错误定义异常，包括非预定义异常和用户定义异常。
- 在执行过程中当错误产生时抛出与错误对应的异常。
- 在异常处理部分通过异常处理器捕获异常，并进行异常处理。

1. 异常的定义

Oracle 中的 3 种异常，其中预定义异常由系统定义，而其他两种异常则需要用户定义。定义异常的方法是在 PL/SQL 块的声明部分定义一个 EXCEPTION 类型的变量，其语法为：

```
e_exception EXCEPTION;
```

如果是非预定义的异常，还需要使用编译指示 PRAGMA EXCEPTION_INIT 将异常与一个 Oracle 错误相关联，其语法为：

```
PRAGMA EXCEPTION_INIT(e_exception,-#####);
```

注意：Oracle 内部错误号用一个负的 5 位数表示，如-02292。其中-20999～-20000 为用户定义错误的保留号。

2. 异常的抛出

由于系统可以自动识别 Oracle 内部错误,因此当错误产生时系统会自动抛出与之对应的预定义异常或非预定义异常。但是,系统无法识别用户定义错误,因此当用户定义错误产生时,需要用户手动抛出与之对应的异常。用户定义异常的抛出语法为:

```
RAISE user_define_exception;
```

3. 异常的捕获及处理

当错误产生后,程序流程转移到异常处理部分。PL/SQL 块的异常处理部分由异常处理器和错误处理程序组成。异常处理器的功能就是捕获错误产生时所抛出的异常,为错误有针对性的处理提供可能。

异常处理器的基本形式为:

```
EXCEPTION
  WHEN exception1[OR excetpion2…]THEN sequence_of_statements1;
  WHEN exception3[OR exception4…]THEN sequence_of_statements2;
  ……
  WHEN OTHERS THEN Sequence_of_statementsn;
END;
```

注意:
① 一个异常处理器可以捕获多个异常,只需在 WHEN 子句中用 OR 连接即可。
② 一个异常只能被一个异常处理器捕获,并进行处理。

(1) 预定义异常及其处理

例如,查询名为 SMITH 的员工工资,如果该员工不存在,则输出 "There is not such an employee!";如果存在多个同名的员工,则输出其员工号和工资。程序为:

```
DECLARE
  v_sal emp.sal%type;
BEGIN
  SELECT sal INTO v_sal FROM emp WHERE ename='SMITH';
  DBMS_OUTPUT.PUT_LINE(v_sal);
EXCEPTION
  WHEN NO_DATA_FOUND THEN
    DBMS_OUTPUT.PUT_LINE('There is not such an employee! ');
  WHEN TOO_MANY_ROWS THEN
    FOR v_emp IN (SELECT * FROM emp WHERE ename='SMITH') LOOP
      DBMS_OUTPUT.PUT_LINE(v_emp.empno||' '||v_emp.sal);
    END LOOP;
END;
```

(2) 非预定义异常及其处理

例如,删除 dept 表中部门号为 10 的部门信息,如果不能删除则输出 "There are subrecords in emp table!"。程序为:

```
DECLARE
  e_deptno_fk EXCEPTION;
  PRAGMA EXCEPTION_INIT(e_deptno_fk,-2292);
BEGIN
  DELETE FROM dept WHERE deptno=10;
EXCEPTION
```

```
    WHEN e_deptno_fk THEN
       DBMS_OUTPUT.PUT_LINE(' There are subrecords in emp table! ');
    END;
    /
    There are subrecordS in emp table!
```

(3) 用户定义异常及其处理

例如，修改 7844 号员工的工资，保证修改后工资不超过 6000。程序为：

```
DECLARE
    e_highlimit EXCEPTION;
    v_sal emp.sal%TYPE;
BEGIN
    UPDATE emp SET sal=sal+100 WHERE empno=7844 RETURNING sal INTO v_sal;
    IF v_sal>6000 THEN
        RAISE e_highlimit;
    END IF;
EXCEPTION
    WHEN e_highlimit THEN
        DBMS_OUTPUT.PUT_LINE('The salary is too large! ');
        ROLLBACK;
END;
```

4. OTHERS 异常处理器

OTHERS 异常处理器是一个特殊的异常处理器，可以捕获所有的异常。通常，OTHERS 异常处理器总是作为异常处理部分的最后一个异常处理器，负责处理那些没有被其他异常处理器捕获的异常。例如：

```
DECLARE
    v_sal emp.sal%TYPE;
    e_highlimit EXCEPTION;
BEGIN
    SELECT sal INTO v_sal FROM emp WHERE ename='JOAN';
    UPDATE emp SET sal=sal+100 WHERE empno=7900;
    IF v_sal>6000 THEN
        RAISE e_highlimit;
    END IF;
EXCEPTION
    WHEN e_highlimit THEN
        DBMS_OUTPUT.PUT_LINE('The salary is too large! ');
     ROLLBACK;
    WHEN OTHERS THEN
        DBMS_OUTPUT.PUT_LINE('There is some wrong in selecting! ');
END;
/
There is some wrong in selecting!
```

虽然 OTHERS 异常处理器可以捕获各种异常，但并不返回相关错误信息，无法判断到底是哪个错误产生了异常，该错误是否有预定义的异常等。为此，PL/SQL 提供了两个函数来获取错误的相关信息。

① SQLCODE：返回当前错误代码。如果是用户定义错误，则返回值为 1；如果是 ORA-1403:NO

DATA FOUND 错误，则返回值为 100；其他 Oracle 内部错误则返回相应的错误号。

② SQLERRM：返回当前错误的消息文本。如果是 Oracle 内部错误，则返回系统内部的错误描述；如果是用户定义错误，则返回信息文本"User-defined Exception"。

例如：
```
DECLARE
  v_sal emp.sal%TYPE;
  e_highlimit EXCEPTION;
  v_code NUMBER(6);
  v_text VARCHAR2(200);
BEGIN
  SELECT sal INTO v_sal FROM emp WHERE ename='JOAN';
  UPDATE emp SET sal=sal+100 WHERE empno=7900;
  IF v_sal>6000 THEN
    RAISE e_highlimit;
  END IF;
EXCEPTION
  WHEN e_highlimit THEN
    DBMS_OUTPUT.PUT_LINE('The salary is too large! ');
    ROLLBACK;
  WHEN OTHERS THEN
    v_code:=SQLCODE;
    v_text:=SQLERRM;
    DBMS_OUTPUT.PUT_LINE(v_code||' '||v_text);
END;
/
100 ORA-01403：未找到数据
```

12.5.3 异常的传播

PL/SQL 程序运行过程中出现错误后，根据错误产生的位置不同，其异常传播也不同。

1. 执行部分的异常

当 PL/SQL 块的执行部分产生异常后，根据当前块是否有该异常的处理器，异常传播方式分为两种。

① 如果当前语句块有该异常的处理器，则程序流程转移到该异常处理器，并进行错误处理，成功完成该语句块。然后，程序的控制流程传递到外层语句块，继续执行。例如：

```
DECLARE
  v_sal emp.sal%TYPE;
BEGIN
  BEGIN
    SELECT sal INTO v_sal FROM emp WHERE ename='JOAN';
  EXCEPTION
    WHEN NO_DATA_FOUND THEN
      DBMS_OUTPUT.PUT_LINE('There is not such an employee! ');
  END;
  DBMS_OUTPUT.PUT_LINE('Now this is outputted by outer block! ');
END;
/
```

```
      There is not such an employee!
      Now this is outputted by outer block!
```
② 如果当前语句块没有该异常的处理器,则通过在外层语句块的执行部分产生该异常来传播该异常。然后,对外层语句块执行步骤①。如果没有外层语句块,则该异常将传播到调用环境。例如:

```
DECLARE
  v_sal emp.sal%TYPE;
BEGIN
  BEGIN
    SELECT sal INTO v_sal FROM emp WHERE deptno=10;
  EXCEPTION
    WHEN NO_DATA_FOUND THEN
      DBMS_OUTPUT.PUT_LINE('There is not such an employee! ');
  END;
  DBMS_OUTPUT.PUT_LINE('Now this is outputted by outer block! ');
EXCEPTION
  WHEN TOO_MANY_ROWS THEN
    DBMS_OUTPUT.PUT_LINE('There are more than one employee! ');
END;
/
There are more than one employee!
```

2. 声明部分和异常处理部分的异常

声明部分和异常处理部分的异常会立刻传播到外层语句块的异常处理部分,即使当前语句块有该异常的异常处理器。例如:

```
BEGIN
  DECLARE
    v_number NUMBER(6) := 'ABC';
BEGIN
  v_number:=10;
  EXCEPTION
    WHEN OTHERS THEN
      DBMS_OUTPUT.PUT_LINE('This is outputted by inner block! ');
  END;
EXCEPTION
  WHEN OTHERS THEN
    DBMS_OUTPUT.PUT_LINE('This is outputted by outer block! ');
END;
/
This is outputted by outer block!
```

由此可见,无论是执行部分的异常,还是声明部分或异常处理部分的异常,如果在本块中没有处理,最终都将向外层块中传播。因此,通常在程序最外层块的异常处理部分放置OTHERS异常处理器,以保证没有错误被漏掉检测,否则错误将传递到调用环境。

复 习 题

1．简答题
（1）简述 PL/SQL 语言的特点。
（2）简述 PL/SQL 程序结构及各个部分的作用。
（3）简述 PL/SQL 程序中选择结构、循环结构的实现方法。
（4）简述游标的作用和游标操作的基本步骤。
（5）说明游标与游标变量的区别。
（6）说明 PL/SQL 程序中的异常处理机制。
（7）说明 PL/SQL 程序中异常的传播方式。

2．实训题
（1）编写一个 PL/SQL 块，输出所有员工的员工姓名、员工号、工资和部门号。
（2）编写一个 PL/SQL 块，输出所有比本部门平均工资高的员工信息。
（3）编写一个 PL/SQL 块，输出所有员工及其部门领导的姓名、员工号及部门号。
（4）查询姓为"Smith"的员工信息，并输出其员工号、姓名、工资、部门号。如果该员工不存在，则插入一条新记录，员工号为 2012，员工姓为"Smith"，工资为 7500 元，入职日期为"2002 年 3 月 5 日"，部门号为 50。如果存在多个名为"Smith"的员工，则输出所有名为"Smith"的员工号、姓名、工资、入职日期、部门号 L。

第 13 章　PL/SQL 程序设计

PL/SQL 程序的模块化、易移植等特性是通过各种命名块的开发、应用体现出来的。本章将介绍存储过程、函数、包、触发器 4 种数据库对象的创建、调用及管理。

13.1　存储子程序

存储子程序是指被命名的 PL/SQL 块，以编译的形式存储在数据库服务器中，可以在应用程序中进行调用，是 PL/SQL 程序模块化的一种体现。PL/SQL 中的存储子程序包括存储过程和（存储）函数两种。通常，存储过程用于执行特定的操作，不需要返回值；而函数则用于返回特定的数据。在调用时，存储过程可以作为一个独立的表达式被调用，而函数只能作为表达式的一个组成部分被调用。

存储子程序是以独立对象的形式存储在数据库服务器中的，因此是一种全局结构，与之对应的是局部子程序，即嵌套在 PL/SQL 块中的局部过程和函数，其存储位置取决于其所在父块的位置。

13.1.1　存储过程

1．存储过程的创建

创建存储过程的基本语法为：

```
CREATE [OR REPLACE] PROCEDURE procedure_name
(parameter1_name [mode] datatype [DEFAULT|:=value]
[, parameter2_name [mode] datatype [DEFAULT|:=value],…])
AS|IS
   /*Declarative section is here */
BEGIN
   /*Executable section is here*/
EXCEPTION
   /*Exception section is here*/
END[procedure_name];
```

参数说明如下。

（1）参数的模式

PL/SQL 子程序的参数模式包括 IN，OUT，IN OUT 三种。

① IN（默认参数模式）表示当过程被调用时，实参值被传递给形参；在过程内，形参起常量作用，只能读该参数，而不能修改该参数；当子程序调用结束返回调用环境时，实参没有被改变。IN 模式参数可以是常量或表达式。

② OUT 表示当过程被调用时，实参值被忽略；在过程内，形参起未初始化的 PL/SQL 变量的作用，初始值为 NULL，可以进行读/写操作；当子程序调用结束后返回调用环境时，形参值被赋给实参。OUT 模式参数只能是变量，不能是常量或表达式。

③ IN OUT 表示当过程被调用时，实参值被传递给形参；在过程内，形参起已初始化的

PL/SQL 变量的作用，可读可写；当子程序调用结束返回调用环境时，形参值被赋给实参。IN OUT 模式参数只能是变量，不能是常量或表达式。

可以创建一个存储过程，对不同模式参数的使用情况进行测试。例如：

```
CREATE OR REPLACE PROCEDURE paramodetest (
  p_InParameter     IN NUMBER,
  p_OutParameter    OUT NUMBER,
  p_InOutParameter IN OUT NUMBER)
IS
  v_LocalVariable  NUMBER := 0;
BEGIN
  DBMS_OUTPUT.PUT_LINE('Inside ModeTest:');
  IF (p_InParameter IS NULL) THEN
    DBMS_OUTPUT.PUT('p_InParameter is NULL');
  ELSE
    DBMS_OUTPUT.PUT('p_InParameter = '||p_InParameter);
  END IF;
  IF (p_OutParameter IS NULL) THEN
    DBMS_OUTPUT.PUT('p_OutParameter is NULL');
  ELSE
    DBMS_OUTPUT.PUT('p_OutParameter = '||p_OutParameter);
  END IF;
  IF (p_InOutParameter IS NULL) THEN
    DBMS_OUTPUT.PUT_LINE('p_InOutParameter is NULL');
  ELSE
    DBMS_OUTPUT.PUT_LINE('p_InOutParameter = '||p_InOutParameter);
  END IF;
  --read and write the IN model parameter
  v_LocalVariable := p_InParameter;        -- legal
  -- p_InParameter := 7;                   -- illegal
  --read and write the OUT mode parameter
  p_OutParameter := 7;                     --legal
  v_LocalVariable := p_OutParameter;       --legal
  --read and write IN OUT mode parameter
  v_LocalVariable := p_InOutParameter;     --legal
  p_InOutParameter := 8;                   --legal
  DBMS_OUTPUT.PUT_LINE('At end of ModeTest:');
  IF (p_InParameter IS NULL) THEN
    DBMS_OUTPUT.PUT('p_InParameter is NULL');
  ELSE
    DBMS_OUTPUT.PUT('p_InParameter = '||p_InParameter);
  END IF;
  IF (p_OutParameter IS NULL) THEN
    DBMS_OUTPUT.PUT('p_OutParameter is NULL');
  ELSE
    DBMS_OUTPUT.PUT('p_OutParameter = '|| p_OutParameter);
  END IF;
  IF (p_InOutParameter IS NULL) THEN
```

```
    DBMS_OUTPUT.PUT_LINE('p_InOutParameter is NULL');
  ELSE
    DBMS_OUTPUT.PUT_LINE('p_InOutParameter = '||p_InOutParameter);
  END IF;
END paramodetest;
```

创建完存储过程后，可以通过该存储的调用，检测参数的使用情况。例如：

```
DECLARE
  v_In    NUMBER := 1;
  v_Out   NUMBER := 2;
  v_InOut NUMBER := 3;
BEGIN
  DBMS_OUTPUT.PUT_LINE('Before calling ModeTest:');
  DBMS_OUTPUT.PUT_LINE('v_In = ' || v_In ||' v_Out = ' || v_Out ||
                       ' v_InOut = ' || v_InOut);
  paramodetest (v_In, v_Out, v_InOut);
  DBMS_OUTPUT.PUT_LINE('After calling ModeTest:');
  DBMS_OUTPUT.PUT_LINE(' v_In = ' || v_In ||' v_Out = ' || v_Out ||
                       ' v_InOut = ' || v_InOut);
END;
/
Before calling ModeTest:
v_In = 1  v_Out = 2  v_InOut = 3
Inside ModeTest:
p_InParameter = 1p_OutParameter is NULLp_InOutParameter = 3
At end of ModeTest:
p_InParameter = 1p_OutParameter = 7p_InOutParameter = 8
After calling ModeTest:
v_In = 1  v_Out = 7  v_InOut = 8
```

（2）参数的限制

在声明形参时，不能定义形参的长度或精度、刻度，它们是作为参数传递机制的一部分被传递的，是由实参决定的。

例如，下列对参数的声明是错误的：

```
CREATE OR REPLACE PROCEDURE example (
  p_empno NUMBER(6),
  p_ename CHAR(20))
AS
BEING
  ……
END example;
```

应该更改为：

```
CREATE OR REPLACE PROCEDURE example (
  p_empno NUMBER,
  p_ename CHAR)
AS
BEING
  ……
END example;
```

（3）参数传递方式

当子程序被调用时，实参与形参之间值的传递方式取决于参数的模式。**IN** 参数为引用传递，即实参的指针被传递给形参；**OUT**，**IN OUT** 参数为值传递，即实参的值被复制给形参。

（4）参数默认值

可以为参数设置默认值，这样存储过程被调用时如果没有给该参数传递值，则采用默认值。需要注意，有默认值的参数应该放在参数列表的最后。例如：

```
CREATE OR REPLACE PROCEDURE defaultparameter(
  p_empno NUMBER,
  p_deptno NUMBER DEFAULT 10)
AS
BEING
……
END defaultparameter;
```

例如，创建一个存储过程，以部门号为参数，查询该部门的平均工资，并输出该部门中比平均工资高的员工号、员工名。程序为：

```
CREATE OR REPLACE PROCEDURE show_emp(
p_deptno emp.deptno%TYPE)
AS
  v_sal emp.sal%TYPE;
BEGIN
  SELECT avg(sal) INTO v_sal FROM emp WHERE deptno=p_deptno;
  DBMS_OUTPUT.PUT_LINE(p_deptno||' '||'average salary is: '||v_sal);
  FOR v_emp IN (SELECT * FROM emp WHERE deptno=p_deptno AND sal>v_sal)
  LOOP
    DBMS_OUTPUT.PUT_LINE(v_emp.empno||' '||v_emp.ename);
  END LOOP;
EXCEPTION
  WHEN NO_DATA_FOUND THEN
    DBMS_OUTPUT.PUT_LINE('The department doesn"t exists! ');
END show_emp;
```

通常，存储过程不需要返回值，如果需要返回一个值，可以通过函数调用来实现；但是，如果希望返回多个值，则可以使用 **OUT** 或 **IN OUT** 模式参数来实现。

例如，创建一个存储过程，以部门号为参数，返回该部门的人数和平均工资。程序为：

```
CREATE OR REPLACE PROCEDURE return_deptinfo(
p_deptno emp.deptno%TYPE,
p_avgsal OUT emp.sal%TYPE,
p_count  OUT NUMBER)
AS
BEGIN
  SELECT avg(sal),count(*) INTO p_avgsal,p_count FROM emp
  WHERE deptno=p_deptno;
EXCEPTION
  WHEN NO_DATA_FOUND THEN
    DBMS_OUTPUT.PUT_LINE('The department don"t exists!');
END return_deptinfo;
```

注意：使用 **OUT**，**IN OUT** 模式参数时，只有当程序正常结束时形参值才会传递给实参。

2. 存储过程的调用

存储子程序创建后，以编译的形式存储于数据库服务器端，供应用程序调用。如果不调用，存储子程序是不会执行的。通过子程序名称调用子程序时，实参的数量、顺序、类型要与形参的数量、顺序、类型相匹配。此外，由于 OUT，IN OUT 模式参数在子程序调用结束时将形参的值赋给实参，因此实参必须是变量，而不能是常量，但是对应于 IN 模式的实参可以是常量，也可以是变量。

（1）在 SQL*Plus 中调用存储过程

在 SQL*Plus 中可以使用 EXECUTE 或 CALL 命令调用存储过程，例如：

```
EXECUTE show_emp(10)
```

或

```
CALL    show_emp (10);
```

（2）在 PL/SQL 程序中调用存储过程

在 PL/SQL 程序中，存储过程可以作为一个独立的表达式被调用。例如：

```
DECLARE
  v_avgsal emp.sal%TYPE;
  v_count  NUMBER;
BEGIN
  show_emp(20);
  return_deptinfo(10,v_avgsal,v_count);
  DBMS_OUTPUT.PUT_LINE(v_avgsal||' '||v_count);
END;
```

3. 存储过程的管理

（1）修改存储过程

为了修改存储过程，可以先删除该存储过程，然后重新创建，但是这样需要为新创建的存储过程重新进行权限分配。如果采用 CREATE OR REPLACE PROCEDURE 方式重新创建并覆盖原有的存储过程，则会保留原有的权限分配。

（2）查看存储过程及其源代码

可以通过查询数据字典视图 USER_SOURCE 查看当前用户所有的存储过程及其源代码。例如：

```
SQL>SELECT name,text FROM user_source where type='PROCEDURE';
```

（3）重新编译存储过程

可以使用 ALTER PROCEDURE…COMPILE 命令重新编译存储过程。例如：

```
SQL>ALTER PROCEDURE show_emp COMPILE;
```

（4）删除存储过程

删除存储过程使用 DROP PROCEDURE 语句，例如：

```
SQL>DROP PROCEDURE show_emp;
```

13.1.2 函数

1. 函数的创建

函数的创建与存储过程的创建相似，不同之处在于，函数有一个显式的返回值。创建函数的基本语法为：

```
CREATE [OR REPLACE] FUNCTION function_name
```

```
    (parameter1_name [mode] datatype [DEFAULT|:=value]
[, parameter2_name [mode] datatype [DEFAULT|:=value],…])
RETURN return_datatype
AS|IS
    /*Declarative section is here */
BEGIN
    /*Executable section is here*/
EXCEPTION
    /*Exception section is here*/
END [function_name];
```

注意：

① 在函数定义的头部，参数列表之后，必须包含一个 RETURN 语句来指明函数返回值的类型，但不能约束返回值的长度、精度、刻度等。如果使用%TYPE，则可以隐含地包括长度、精度、刻度等约束信息。

② 在函数体的定义中，必须至少包含一个 RETURN 语句，来指明函数返回值。也可以有多个 RETURN 语句，但最终只有一个 RETURN 语句被执行。

例如，创建一个以部门号为参数，返回该部门最高工资的函数。程序为：

```
CREATE OR REPLACE FUNCTION ret_maxsal
(p_deptno emp.deptno%TYPE)
RETURN emp.sal%TYPE
AS
  v_maxsal emp.sal%TYPE;
BEGIN
  SELECT max(sal) INTO v_maxsal FROM emp WHERE deptno=p_deptno;
  RETURN v_maxsal;
EXCEPTION
  WHEN NO_DATA_FOUND THEN
     DBMS_OUTPUT.PUT_LINE('The deptno is invalid! ');
END ret_maxsal;
```

在创建函数时，函数参数的设置与存储过程参数设置相同，可以使用 IN，OUT，IN OUT 模式参数，可以设置参数的默认值，不能设置参数的长度、精度、刻度等。由于函数有一个显式的返回值，因此，通常函数参数采用 IN 模式。如果需要函数返回多个值，也可以使用 OUT 或 IN OUT 模式参数。

例如，创建一个函数，以部门号为参数，返回部门名、部门人数及部门平均工资。程序为：

```
CREATE OR REPLACE FUNCTION ret_deptinfo(
   p_deptno dept.deptno%TYPE,p_num OUT NUMBER,p_avg OUT NUMBER)
RETURN dept.dname%TYPE
AS
  v_dname dept.dname%TYPE;
BEGIN
  SELECT dname INTO v_dname FROM dept WHERE deptno=p_deptno;
  SELECT count(*),avg(sal) INTO p_num,p_avg
   FROM emp WHERE deptno=p_deptno;
  RETURN v_dname;
END ret_ deptinfo;
```

2. 函数的调用

可以在 SQL 语句中调用函数，也可以在 PL/SQL 程序中调用函数。

例如，通过 return_maxsal 函数的调用，输出各个部门的最高工资；通过 ret_deptinfo 函数调用，输出各个部门名、部门人数及平均工资。程序为：

```
DECLARE
   v_maxsal  emp.sal%TYPE;
   v_avgsal  emp.sal%TYPE;
   v_num     NUMBER;
   v_dname   dept.dname%TYPE;
BEGIN
   FOR v_dept IN (SELECT DISTINCT deptno FROM emp) LOOP
      v_maxsal:=ret_maxsal(v_dept.deptno);
      v_dname:=ret_deptinfo(v_dept.deptno,v_num,v_avgsal);
      DBMS_OUTPUT.PUT_LINE(v_dname||' '||v_maxsal||' '||
                           v_avgsal||' '||v_num);
   END LOOP;
END;
```

函数可以在 SQL 语句的以下部分调用：
- SELECT 语句的目标列；
- WHERE 和 HAVING 子句；
- CONNECT BY，START WITH，ORDER BY，GROUP BY 子句；
- INSERT 语句的 VALUES 子句中；
- UPDATE 语句的 SET 子句中。

如果要在 SQL 中调用函数，那么函数必须符合下列限制和要求：
- 在 SELECT 语句中的函数不能修改（INSERT，UPDATE，DELETE）调用函数的 SQL 语句中使用的表；
- 函数在一个远程或并行操作中使用时，不能读/写封装变量；
- 函数必须是一个存储数据库对象（或存储在包中）；
- 函数的参数只能使用 IN 模式；
- 形式参数类型必须使用数据库数据类型；
- 返回的数据类型必须是数据库数据类型。

3．函数的管理

（1）函数的修改

可以使用 CREATE OR REPLACE FUNCTION 语句重新创建并覆盖原有的函数，此时不需要重新设置该函数的权限分配。

（2）查看函数及其源代码

可以通过查询数据字典视图 USER_SOURCE 查看当前用户的所有函数及其源代码。例如：

```
SQL>SELECT name,text FROM user_source where type='FUNCTION';
```

（3）函数重编译

可以使用 ALTER FUNCTION…COMPILE 语句重编译函数。例如：

```
SQL>ALTER FUNCTION ret_maxsal COMPILE;
```

（4）删除函数

可以使用 DROP FUNCTION 语句删除函数。例如：

```
SQL>DROP FUNCTION ret_maxsal;
```

13.1.3 局部子程序

在 PL/SQL 中还有一种嵌套在其他 PL/SQL 块中的子程序，称为局部子程序。局部子程序只能在其定义的块内部被调用，而不能在其父块外被调用。

例如，在一个块内部定义一个函数和一个过程。函数以部门号为参数返回该部门的平均工资；过程以部门号为参数，输出该部门中工资低于部门平均工资的员工的员工号、员工名。

```
DECLARE
  v_deptno emp.deptno%TYPE;
  v_avgsal emp.sal%TYPE;
  FUNCTION return_avgsal(p_deptno emp.deptno%TYPE)
  RETURN emp.sal%TYPE
  AS
    v_sal emp.sal%TYPE;
  BEGIN
    SELECT avg(sal) INTO v_sal FROM emp WHERE deptno=p_deptno;
    RETURN v_sal;
  END return_avgsal;

  PROCEDURE show_emp(p_deptno emp.deptno%TYPE)
  AS
    CURSOR c_emp IS SELECT * FROM emp WHERE deptno=p_deptno;
  BEGIN
    FOR v_emp IN c_emp LOOP
        IF v_emp.sal<return_avgsal(v_emp.deptno) THEN
        DBMS_OUTPUT.PUT_LINE(v_emp.empno||' '||v_emp.ename);
        END IF;
    END LOOP;
  END show_emp;
BEGIN
  v_deptno:=&x;
  v_avgsal:=return_avgsal(v_deptno);
  show_emp(v_deptno);
END;
```

注意：
① 局部子程序只在当前语句块内有效。
② 局部子程序必须在 PL/SQL 块声明部分的最后进行定义。
③ 局部子程序必须在使用之前声明，如果是子程序间相互引用，则需要采用预先声明。
④ 局部子程序可以重载。

存储子程序与局部子程序的区别在于：
- 存储子程序已经编译好放在数据库服务器端，可以直接调用，而局部子程序存在于定义它的语句块中，在运行时需要先进行编译；
- 存储子程序不能重载，而局部子程序则可以进行重载；
- 存储子程序可以被任意的 PL/SQL 块调用，而局部子程序只能在定义它的块中被调用。

例如，在一个 PL/SQL 块中重载两个过程，一个以员工号为参数，输出该员工信息；另一个以员工名为参数,输出员工信息。利用这两个过程分别查询员工号为 7902,7934 和员工名为 SMITH,FORD 的员工信息。程序为:

```
DECLARE
  PROCEDURE show_empinfo(p_empno emp.empno%TYPE)
  AS
    v_emp emp%ROWTYPE;
  BEGIN
    SELECT * INTO v_emp FROM emp WHERE empno=p_empno;
    DBMS_OUTPUT.PUT_LINE(v_emp.ename||' '||v_emp.deptno);
  EXCEPTION
    WHEN NO_DATA_FOUND THEN
      DBMS_OUTPUT.PUT_LINE('There is not such an employee! ');
  END show_empinfo;

  PROCEDURE show_empinfo(p_ename emp.ename%TYPE)
  AS
    v_emp emp%ROWTYPE;
  BEGIN
    SELECT * INTO v_emp FROM emp WHERE ename=p_ename;
    DBMS_OUTPUT.PUT_LINE(v_emp.empno||' '||v_emp.deptno);
  EXCEPTION
    WHEN NO_DATA_FOUND THEN
    DBMS_OUTPUT.PUT_LINE('There is not such an employee! ');
    WHEN TOO_MANY_ROWS THEN
    DBMS_OUTPUT.PUT_LINE('There are more than on employee! ');
  END show_empinfo;
BEGIN
  show_empinfo(7902);
  show_empinfo(7934);
  show_empinfo('SMITH');
  show_empinfo('FORD');
END;
```

13.2 包

PL/SQL 程序包(Package)用于将相关的 PL/SQL 块或元素(过程、函数、变量、常量、自定义数据类型、游标等)组织在一起,成为一个完整的单元,编译后存储在数据库服务器中,作为一种全局结构,供应用程序调用。

在 Oracle 数据库中,包有两类,一类是系统内置的包,每个包是实现特定应用的过程、函数、常量等的集合,脚本存放在 ORACLE_HOME\ora92\rdbms\admin 中;另一类是根据应用需要由用户创建的包。本节将主要介绍用户创建的包。

包由包规范(Specification)和包体(Body)两部分组成,在数据库中独立存储。

13.2.1 包的创建

包的创建包括包规范和包体的创建。

1. 创建包规范

包规范提供与应用程序交互的接口,声明了包中所有可共享的元素,如过程、函数、游标、数据类型、异常和变量等,其中过程和函数只包括原型信息,不包括任何实现代码。在包规范中声明的元素不仅可以在包的内部使用,也可以被应用程序调用。

创建包规范的语法为:

```
CREATE OR REPLACE PACKAGE package_name
IS|AS
[PRAGMA SERIALLY_RESUABLE]
    type_definition|variable_declaration|exception_declaration|
    cursor_declaration| procedure_ declaration |function_ declaration
END [package_name];
```

注意:
① 元素声明的顺序可以是任意的,但必须先声明后使用。
② 所有元素都是可选的。
③ 过程和函数的声明只包括原型,不包括具体实现。

例如,创建一个包,包括 2 个变量、2 个过程和 1 个异常。程序为:

```
CREATE OR REPLACE PACKAGE pkg_emp
AS
 minsal   NUMBER;
 maxsal   NUMBER;
 e_beyondbound EXCEPTION;
 PROCEDURE update_sal(p_empno NUMBER,p_sal NUMBER);
 PROCEDURE add_employee(p_empno NUMBER,p_sal NUMBER);
END pkg_emp;
```

2. 创建包体

包体中包含了在包规范中声明的过程和函数的实现代码。此外,包体中还可以包含在包规范中没有声明的变量、游标、类型、异常、过程和函数等,但是它们是私有元素,只能由同一包中的过程或函数使用。

创建包体的语法为:

```
CREATE OR REPLACE PACKAGE BODY package_name
IS|AS
[PRAGMA SERIALLY_RESUABLE]
type_definition|variable_declaration|exception_declaration|
cursor_declaration| procedure_definition |function_definition
END [package_name];
```

注意:
① 包体中函数和过程的原型必须与包规范中的声明完全一致。
② 只有在包规范已经创建的条件下,才可以创建包体。
③ 如果包规范中不包含任何函数或过程,则可以不创建包体。

例如,pkg_emp 包体实现为:

```
CREATE OR REPLACE PACKAGE BODY pkg_emp
```

```
    AS
        PROCEDURE update_sal(p_empno NUMBER, p_sal NUMBER)
        AS
        BEGIN
          SELECT min(sal), max(sal) INTO minsal,maxsal FROM emp;
          IF p_sal BETWEEN minsal AND maxsal THEN
            UPDATE emp SET sal=p_sal WHERE empno=p_empno;
            IF SQL%NOTFOUND THEN
              RAISE_APPLICATION_ERROR(-20000,'The employee doesn" t exist');
            END IF;
          ELSE
            RAISE e_beyondbound;
          END IF;
        EXCEPTION
          WHEN e_beyondbound THEN
            DBMS_OUTPUT.PUT_LINE('The salary is beyond bound! ');
        END update_sal;

    PROCEDURE add_employee(p_empno NUMBER,p_sal NUMBER)
    AS
     BEGIN
        SELECT min(sal), max(sal) INTO minsal,maxsal FROM emp;
        IF p_sal BETWEEN minsal AND maxsal THEN
           INSERT INTO emp(empno,sal) VALUES(p_empno,p_sal);
        ELSE
           RAISE e_beyondbound;
        END IF;
      EXCEPTION
        WHEN e_beyondbound THEN
          DBMS_OUTPUT.PUT_LINE('The salary is beyond bound! ');
      END add_employee;
END pkg_emp;
```

13.2.2 包的调用

在包规范中声明的任何元素都是公有的,在包外部都是可见的,可以通过 package_name.element 形式调用,在包体中可以直接通过元素名进行调用。但是,在包体中定义而没有在包规范中声明的元素则是私有的,只能在包体中引用。

例如,调用包 pkg_emp 中的过程 update_sal,修改 7844 号员工工资为 3000 元。调用 add_employee 添加一个员工号为 1357,工资为 4000 元的员工。程序为:

```
BEGIN
  pkg_emp.update_sal(7844,3000);
  pkg_emp.add_employee(1357,4000);
END;
```

13.2.3 包重载

在包中定义的子程序可以进行重载,但重载时需注意以下几点。

① 重载子程序必须同名不同参,即名称相同,参数不同。参数不同体现为参数的个数、顺序、类型等不同。

② 如果两个子程序参数只是名称和模式不同,则不能重载。例如,下面的重载是错误的:
```
PROCEDURE overloadme(parameter1 IN NUMBER);
PROCEDURE overloadme(parameter2 OUT NUMBER);
```

③ 不能根据两个函数返回类型不同而对它们进行重载。例如,下面的重载是错误的:
```
FUNCTION overloadme RETURN DATE;
FUNCTION overloadme RETURN NUMBER;
```

④ 重载子程序参数必须在类型系列方面有所不同。例如,下面的重载是错误的:
```
PROCEDURE overloadchar(parameter IN CHAR);
PROCEDURE overloadchar(parameter IN VARCHAR2);
```

下面的例子是在一个包中重载两个过程,分别以部门号和部门名称为参数,查询相应部门的员工名、员工号信息。

```
CREATE OR REPLACE PACKAGE pkg_overload
AS
  PROCEDURE show_emp(p_deptno NUMBER);
  PROCEDURE show_emp(p_dname VARCHAR2);
END pkg_overload;

CREATE OR REPLACE PACKAGE BODY pkg_overload
AS
  PROCEDURE show_emp(p_deptno NUMBER)
  AS
  BEGIN
    FOR v_emp IN (SELECT * FROM emp WHERE deptno=p_deptno) LOOP
      DBMS_OUTPUT.PUT_LINE(v_emp.empno||' '||v_emp.ename);
    END LOOP;
  END show_emp;

  PROCEDURE show_emp(p_dname VARCHAR2)
  AS
    v_deptno NUMBER;
  BEGIN
    SELECT deptno INTO v_deptno FROM dept WHERE dname=p_dname;
    FOR v_emp IN (SELECT * FROM emp WHERE deptno=v_deptno) LOOP
      DBMS_OUTPUT.PUT_LINE(v_emp.empno||' '||v_emp.ename);
    END LOOP;
  END show_emp;
END pkg_overload;
```

13.2.4 包的初始化

包在第一次被调用时从磁盘读取到共享池中,并在整个会话的持续期间保持。在此过程中,可以自动执行一个初始化过程,对包进行实例化。

包的初始化过程只在包第一次被调用时执行,因此也称为一次性过程,它是一个匿名的 PL/SQL 块,在包体结构的最后,以 BEGIN 开始。

例如，在 pkg_emp 包中，可以在包初始化时给 minsal 和 maxsal 两个变量赋值，而在子程序中直接引用这两个变量。

```
CREATE OR REPLACE PACKAGE BODY pkg_emp
AS
  PROCEDURE update_sal(p_empno NUMBER, p_sal NUMBER)
  AS
  BEGIN
    IF p_sal BETWEEN minsal AND maxsal THEN
      UPDATE emp SET sal=p_sal WHERE empno=p_empno;
      IF SQL%NOTFOUND THEN
        RAISE_APPLICATION_ERROR(-20000, 'The employee doesn"t exist');
      END IF;
    ELSE
      RAISE e_beyondbound;
    END IF;
  EXCEPTION
    WHEN e_beyondbound THEN
      DBMS_OUTPUT.PUT_LINE('The salary is beyond bound! ');
  END update_sal;

  PROCEDURE add_employee(p_empno NUMBER,p_sal NUMBER)
  AS
  BEGIN
    IF p_sal BETWEEN minsal AND maxsal THEN
      INSERT INTO emp(empno,sal) VALUES(p_empno,p_sal);
    ELSE
      RAISE e_beyondbound;
    END IF;
  EXCEPTION
    WHEN e_beyondbound THEN
      DBMS_OUTPUT.PUT_LINE('The salary is beyond bound! ');
  END add_employee;
BEGIN    --package initial
  SELECT min(sal), max(sal) INTO minsal,maxsal FROM emp;
END pkg_emp;
```

13.2.5　包的管理

1. 修改包

可以通过 CREATE OR REPLACE PACKAGE 语句重建包规范，通过 CREATE OR REPLACE PACKAGE BODY 语句重建包体，此时不需要重新分配包的权限。

2. 查看包及其源代码

可以通过查询数据字典视图 USER_SOURCE 查看当前用户的所有包规范、包体及其源代码。例如：

```
SQL>SELECT name,text FROM user_source where type='PACKAGE';
SQL>SELECT name,text FROM user_source where type='PACKAGE BODY';
```

3. 重编译包

可以使用 ALTER PACKAGE…COMPILE 语句重新编译包规范和包体；可以使用 ALTER PACKAGE…COMPILE SPECIFICATION 语句重新编译包规范；可以使用 ALTER PACKAGE…COMPILE BODY 语句重新编译包体。例如：

```
SQL>ALTER PACKAGE pkg_emp COMPILE;
SQL>ALTER PACKAGE pkg_emp COMPILE SPECIFICATION;
SQL>ALTER PACKAGE pkg_emp COMPILE BODY;
```

4. 删除包

可以使用 DROP PACKAGE 语句删除整个包，也可以使用 DROP PACKAGE BODY 语句只删除包体。例如：

```
SQL>DROP PACKAGE BODY pkg_emp;
SQL>DROP PACKAGE pkg_emp;
```

13.3 触 发 器

13.3.1 触发器概述

1. 触发器的概念与作用

触发器是一种特殊类型的存储过程，编译后存储在数据库服务器中，当特定事件发生时，由系统自动调用执行，而不能由应用程序显式地调用执行。此外，触发器不接受任何参数。

触发器主要用于维护那些通过创建表时的声明约束不可能实现的复杂的完整性约束，并对数据库中特定事件进行监控和响应。

2. 触发器的类型

根据触发器作用的对象不同，触发器分为 3 类。

① DML 触发器：建立在基本表上的触发器，响应基本表的 INSERT、UPDATE、DELETE 操作。

② INSTEAD OF 触发器：建立在视图上的触发器，响应视图上的 INSERT、UPDATE、DELETE 操作。

③ 系统触发器：建立在系统或模式上的触发器，响应系统事件和 DDL（CREATE、ALTER、DROP）操作。

3. 触发器组成

触发器由触发器头部和触发器体两个部分组成，主要包括以下参数。

① 作用对象：触发器作用的对象包括表、视图、数据库和模式。

② 触发事件：激发触发器执行的事件。如 DML、DDL、数据库系统事件等，可以将多个事件用关系运算符 OR 组合。

③ 触发时间：用于指定触发器在触发事件完成之前还是之后执行。如果指定为 AFTER，则表示先执行触发事件，然后再执行触发器；如果指定为BEFORE，则表示先执行触发器，然后再执行触发事件。

④ 触发级别：触发级别用于指定触发器响应触发事件的方式。默认为语句级触发器，即触发事件发生后，触发器只执行一次。如果指定为 FOR EACH ROW，即为行级触发器，则触发事件每次作用于一个记录，触发器就会执行一次。

⑤ 触发条件：由 WHEN 子句指定一个逻辑表达式，当触发事件发生，而且 WHEN 条件为 TRUE 时，触发器才会执行。

⑥ 触发操作：触发器执行时所进行的操作。

13.3.2 DML 触发器

1. DML 触发器的种类及执行顺序

建立在基本表上的触发器称为 DML 触发器。当对基本表进行数据的 INSERT，UPDATE 和 DELETE 操作时，会激发相应 DML 触发器的执行。

DML 触发器包括语句级前触发器、语句级后触发器、行级前触发器、行级后触发器 4 大类，其执行的顺序如下。

① 如果存在，则执行语句级前触发器。

② 对于受触发事件影响的每个记录：
- 如果存在，则执行行级前触发器；
- 执行当前记录的 DML 操作（触发事件）；
- 如果存在，则执行行级后触发器。

③ 如果存在，则执行语句级后触发器。

在每类触发器内部，根据事件的不同又分为 3 种，如针对 INSERT 操作的语句级前触发器、语句级后触发器、行级前触发器、行级后触发器。对于同级别的 DML 触发器，其执行顺序是随机的。

2. 创建 DML 触发器

创建 DML 触发器的语法为：

```
CREATE [OR REPLACE] TRIGGER trigger_name
BEFORE|AFTER triggering_event [OF column_name]
ON table_name
[FOR EACH ROW]
[WHEN trigger_condition]
DECLARE
   /*Declarative section is here */
BEGIN
   /*Excutable section si here*/
EXCEPTION
   /*Exception section is here*/
END [trigger_name];
```

（1）语句级触发器

在默认情况下创建的 DML 触发器为语句级触发器，即触发事件发生后，触发器只执行一次。在语句级触发器中不能对列值进行访问和操作，也不能获取当前行的信息。

例如，为 emp 表创建一个触发器，禁止在星期六、星期日对该表进行 DML 操作。程序为：

```
CREATE OR REPLACE TRIGGER trg_emp_weekend
BEFORE INSERT OR UPDATE OR DELETE ON emp
BEGIN
  IF TO_CHAR(SYSDATE, 'DY', 'nls_date_language=american') IN('SAT', 'SUN')
  THEN
     raise_application_error(-20000, 'Can"t operate in weekend. ');
```

```
      END IF;
    END trg_emp_weekend;
```
如果触发器响应多个 DML 事件,而且需要根据事件的不同进行不同的操作,则可以在触发器体中使用 3 个条件谓词。

① INSERTING:当触发事件是 INSERT 操作时,该条件谓词返回 TRUE,否则返回 FALSE。
② UPDATING:当触发事件是 UPDATE 操作时,该条件谓词返回 TRUE,否则返回 FALSE。
③ DELETING:当触发事件是 DELETE 操作时,该条件谓词返回 TRUE,否则返回 FALSE。

例如,为 emp 表创建一个触发器,当执行插入操作时,统计操作后员工人数;当执行更新工资操作时,统计更新后员工平均工资;当执行删除操作时,统计删除后各个部门的人数。程序为:

```
    CREATE OR REPLACE TRIGGER trg_emp_dml
    AFTER INSERT OR UPDATE OR DELETE ON emp
    DECLARE
      v_count NUMBER;
      v_sal   NUMBER(6,2);
    BEGIN
      IF INSERTING THEN
        SELECT count(*) INTO v_count FROM emp;
        DBMS_OUTPUT.PUT_LINE(v_count);
      ELSIF UPDATING THEN
        SELECT avg(sal) INTO v_sal FROM emp;
        DBMS_OUTPUT.PUT_LINE(v_sal);
      ELSE
        FOR v_dept IN (SELECT deptno,count(*) num FROM emp GROUP BY deptno) LOOP
          DBMS_OUTPUT.PUT_LINE(v_dept.deptno||' '||v_dept.num);
        END LOOP;
      END IF;
    END trg_emp_dml;
```

(2) 行级触发器

行级触发器是指执行 DML 操作时,每操作一个记录,触发器就执行一次,一个 DML 操作涉及多少个记录,触发器就执行多少次。在行级触发器中可以使用 WHEN 条件,进一步控制触发器的执行。在触发器体中,可以对当前操作的记录进行访问和操作。

在行级触发器中引入了 :old 和 :new 两个标识符,来访问和操作当前被处理记录中的数据。PL/SQL 将 :old 和 :new 作为 triggering_table%ROWTYPE 类型的两个变量。在不同触发事件中,:old 和 :new 的意义不同,见表 13-1。

表 13-1　:old 和 :new 标识符含义

触 发 事 件	:old	:new
INSERT	未定义,所有字段都为 NULL	当语句完成时,被插入的记录
UPDATE	更新前原始记录	当语句完成时,更新后的记录
DELETE	记录被删除前的原始值	未定义,所有字段都为 NULL

在触发器体内引用这两个标识符时,只能作为单个字段引用而不能作为整个记录引用,方法为 :old.field 和 :new.field。如果在 WHEN 子句中引用这两个标识符,则标识符前不需要加 ":"。

例如，为 emp 表创建一个触发器，当插入新员工时显示新员工的员工号、员工名；当更新员工工资时，显示修改前后员工工资；当删除员工时，显示被删除的员工号、员工名。

```
CREATE OR REPLACE TRIGGER trg_emp_dml_row
BEFORE INSERT OR UPDATE OR DELETE ON emp
FOR EACH ROW
BEGIN
 IF INSERTING THEN
    DBMS_OUTPUT.PUT_LINE(:new.empno||' '||:new.ename);
 ELSIF UPDATING THEN
    DBMS_OUTPUT.PUT_LINE(:old.sal||' '||:new.sal);
 ELSE
    DBMS_OUTPUT.PUT_LINE(:old.empno||' '||:old.ename);
 END IF;
END trg_emp_dml_row;
```

在行级触发器中，可以使用 WHEN 子句进一步控制触发器的执行。例如，修改员工工资时，保证修改后的工资高于修改前的工资。

```
CREATE OR REPLACE TRIGGER trg_emp_update_row
BEFORE UPDATE OF sal ON emp
FOR EACH ROW
WHEN(new.sal<=old.sal)
BEGIN
  RAISE_APPLICATION_ERROR(-20001, 'The salary is lower! ');
END trg_emp_update_row;
```

虽然触发事件 UPDATE 发生了，但是如果修改后的工资大于修改前的工资，则触发器并不执行，而只有当修改后的工资小于或等于修改前的工资时，触发器才执行。

13.3.3　INSTEAD OF 触发器

INSTEAD OF 触发器是建立在视图上的触发器，响应视图上的 DML 操作。由于对视图的 DML 操作最终会转换为对基本表的操作，因此激发 INSTEAD OF 触发器的 DML 语句本身并不执行，而是转换到触发器体中处理，所以这种类型的触发器称为 INSTEAD OF（替代）触发器。此外，INSTEAD OF 触发器必须是行级触发器。

INSTEAD OF 触发器的主要作用是修改一个本来不可以修改的视图。因为如果视图定义中包括下列任何一项，则视图不可以修改：

- 集合操作符（UNION，UNION ALL，MINUS，INTERSECT）；
- 聚集函数（SUM，AVG 等）；
- GROUP BY，CONNECT BY 或 START WITH 子句；
- DISTINCT 操作符；
- 涉及多个表的连接操作。

创建 INSTEAD OF 触发器的语法为：

```
CREATE [OR REPLACE] TRIGGER trigger_name
INSTEAD OF triggering_event [OF column_name]
ON view_name
FOR EACH ROW
[WHEN trigger_condition]
```

```
DECLARE
   /*Declarative section is here */
BEGIN
   /*Excutable section si here*/
EXCEPTION
   /*Exception section is here*/
END [trigger_name];
```

例如，创建一个包括员工及其所在部门信息的视图 empdept，然后向视图中插入一条记录（2345，'TOM'，3000，'SALES'）。

```
CREATE OR REPLACE VIEW empdept
AS
SELECT empno,ename,sal,dname FROM emp,dept WHERE emp.deptno=dept.deptno
WITH CHECK OPTION;
```

直接向视图中插入数据，将导致错误发生。例如：

```
INSERT INTO empdept VALUES(2345,'TOM',3000,'SALES');
           *
ERROR 位于第 1 行:
ORA-01733: 此处不允许虚拟列
```

在 empdept 视图上创建一个 INSTRAD OF 触发器。例如：

```
CREATE OR REPLACE TRIGGER trig_view
INSTEAD OF INSERT ON empdept
FOR EACH ROW
DECLARE
    v_deptno dept.deptno%type;
BEGIN
    SELECT deptno INTO v_deptno FROM dept WHERE dname=:new.dname;
    INSERT INTO emp(empno,ename,sal,deptno)
    VALUES(:new.empno,:new.ename,v_deptno,:new.sal);
END trig_view;
```

创建触发器后，操作可以正常进行。例如：

```
INSERT INTO empdept VALUES(2345,'TOM',3000,'SALES');
已创建 1 行。
```

13.3.4 系统触发器

1．触发事件

系统触发器是建立在数据库或模式之上的触发器，触发事件包括 DDL 事件（CREATE，ALTER，DROP 等）和数据库事件（服务器的启动、关闭，用户登录、注销和服务器错误等）。

DDL 事件包括 CREATE，ALTER，DROP，RENAME，GRANT，REVOKE，AUDIT，NOAUDIT，COMMENT，TRUNCATE，ANALYZE，ASSOCIATE STATISTICS，DISASSOCIATE STATISTICS 等。触发时间可以是 BEFORE，也可以是 AFTER。

数据库事件包括 STARTUP，SHUTDOWN，SERVERERROR，LOGON，LOGOFF 等。触发时间由具体事件决定，见表 13-2。

表 13-2 系统触发器的触发事件

事件	允许计时	描述
STARTUP	AFTER	当实例开始时激发
SHUTDOWN	BEFORE	当实例正常关闭时激发
SERVERERROR	AFTER	只要错误发生就激发
LOGON	AFTER	在一个用户成功连接到该数据库时激发
LOGOFF	BEFORE	用户注销开始时激发

2．创建系统触发器

创建系统触发器的语法为：

```
CREATE [OR REPLACE] TRIGGER trigger_name
BEFORE|AFTER ddl_event_list|database_event_list
ON DATABASE|SCHEMA
[WHEN trigger_condition]
DECLARE
    /*Declarative section is here */
BEGIN
    /*Executable section is here*/
EXCEPTION
    /*Exception section is here*/
END [trigger_name];
```

对于基于数据库（DATABASE）的触发器，只要系统中该触发事件发生，且满足触发条件，则触发器执行；而对于基于模式（SCHEMAN）的触发器，只有当特定模式中的触发事件发生时，触发器才执行。

注意：STARTUP 和 SHUTDOWN 事件只能激发基于数据库的触发器。

例如，将每个用户的登录信息写入 temp_table 表中。

```
CREATE OR REPLACE TRIGGER log_user_connection
AFTER LOGON ON DATABASE
BEGIN
    INSERT INTO scott.temp_table VALUES (user,sysdate);
END log_user_connection;
```

在系统触发器内部可以使用表 13-3 所示的事件属性函数以获得触发事件的信息。由于系统没有为这些事件属性函数指定同义词，因此在调用时必须在其前加上"SYS."前缀。

表 13-3 事件属性函数

事件属性函数	数据类型	描述
ora_client_ip_address	VARCHAR2	返回客户端 IP 地址
ora_database_name	VARCHAR2	返回数据库名
ora_des_encrypted_password	VARCHAR2	返回 DES 加密后的用户口令
ora_dict_obj_name	VARCHAR2	返回 DDL 操作所对应的数据库对象名称
ora_dict_obj_name_list(name_list OUT ora_name_lisr_t)	BINARY_INTEGER	返回特定事件所修改的数据库对象个数,参数返回事件所修改的数据库对象名列表
ora_dict_obj_owner	VARCHAR2	返回 DDL 操作所对应对象的所有者名称

续表

事件属性函数	数据类型	描述
ora_dict_obj_owner_list(name_list OUT ora_name_lisr_t)	BINARY_INTEGER	返回特定事件所修改数据库对象的所有者个数，参数返回所修改对象的所有者列表
ora_dict_obj_type	VARCHAR2	返回 DDL 操作所对应数据库对象的类型
ora_grantee(user_list OUT ora_name_list_t)	BINARY_INTEGER	返回被授权用户的个数，参数返回被授权用户的列表
ora_instance_num	NUMBER	返回例程编号
ora_is_alter_column(column_name IN VARCHAR2)	BOOLEAN	用于检测特定列是否被修改
ora_is_creating_nested_table	BOOLEAN	用于检测是否正在建立嵌套表
ora_is_drop_column(column_name IN VARCHAR2)	BOOLEAN	用于检测特定列是否被删除
ora_is_servererror(error_number)	BOOLEAN	用于检测是否返回了特定 Oracle 错误
ora_login_user	VARCHAR2	返回登录用户名
ora_partition_pos	BINARY_INTEGER	用于确定SQL语句文本中插入PARTITION子句的位置
ora_privilege_list(privilege_list OUT ora_name_list_t)	BINARY_INTEGER	用于返回被授予或者被收回权限的个数，参数返回被授予或回收的权限列表
ora_revokee(user_list OUT ora_name_list_t)	BINARY_INTEGER	返回被回收权限的用户个数，参数返回被回收权限的用户列表
ora_server_error(position)	NUMBER	返回在错误堆栈中特定错误位置所对应的错误号
ora_server_error_depth	BINARY_INTEGER	返回在错误堆栈中错误信息的总数
ora_server_error_msg(position BINARY_INTEGER)	VARCHAR2	返回在错误堆栈中特定错误位置的错误消息
ora_server_error_num_params(position BINARY_INTEGER)	BINARY_INTEGER	返回在错误堆栈中特定错误位置被替换为错误消息的字符串个数
ora_server_error_param(position BINARY_INTEGER)	VARCHAR2	返回在错误堆栈中特定错误位置特定参数号所对应的字符串替代值
ora_sql_txt(sql_txt out ora_name_list_t)	BINARY_INTEGER	返回触发器语句 SQL 文本的元素个数
ora_sysevent	VARCHAR2	返回激发触发器的系统事件名
ora_with_grant_option	BOOLEAN	用于确定授权是否带有 WITH GRANT OPTION 选项
space_error_info(error_number OUT NUMBER, error_type OUT VARCHAR2, object_owner OUT VARCHAR2, table_space_name OUT VARCHAR2, object_name OUT VARCHAR2, sub_object_name OUT VARCHAR2)	BOOLEAN	用于确定错误是否与 out-of-space 相关

例如，当数据库中执行 CREATE 操作时，将创建的对象信息记录到 ddl_creations 表中。

```
CREATE TABLE ddl_creations (
    user_id        VARCHAR2(30),
    object_type    VARCHAR2(20),
```

```
    object_name    VARCHAR2(30),
    object_owner   VARCHAR2(30),
    creation_date  DATE);

CREATE OR REPLACE TRIGGER log_creations
AFTER CREATE ON DATABASE
BEGIN
  INSERT INTO ddl_creations
  VALUES(ora_login_user, ora_dict_obj_type, ora_dict_obj_name,
         ora_dict_obj_owner,sysdate);
END log_creations;
```

13.3.5 变异表触发器

变异表是指激发触发器的 DML 语句所操作的表，即触发器为之定义的表，或者由于 DELETE CASCADE 操作而需要修改的表，即当前表的子表。

约束表是指由于引用完整性约束而需要从中读取或修改数据的表，即当前表的父表。

当对一个表创建行级触发器，或创建由 DELETE CASCADE 操作而激发的语句级触发器时，有下列两条限制：

① 不能读取或修改任何触发语句的变异表；

② 不能读取或修改触发表的一个约束表的 PRIMARY KEY，UNIQUE 或 FOREIGN KEY 关键字的列，但可以修改其他列。

注意：如果 INSERT...VALUES 语句只影响一行，那么该语句的行级前触发器不会把触发表当做变异表对待。这是行级别触发器可以读取或修改触发表的唯一情况。诸如 INSERT INTO table SELECT...等语句总是把触发表当做变异表，即使子查询仅仅返回一条记录。

例如，为 emp 表创建一个触发器，更新员工所在部门时保证部门中员工人数不超过 8 人。如果不考虑上述限制条件，则程序为：

```
CREATE OR REPLACE TRIGGER updatetrigger
BEFORE UPDATE ON EMP
FOR EACH ROW
DECLARE
 v_num NUMBER;
BEGIN
 SELECT count(*) INTO v_num FROM emp WHERE deptno=:new.deptno;
 IF(v_num>7) THEN
    RAISE_APPLICATION_ERROR(-20001,'the employee is more than'||v_num);
 END IF;
END;
```

当执行 UPDATE 操作时会出现错误。例如：

```
SQL> UPDATE emp SET deptno=30 WHERE empno=7844;
UPDATE emp SET deptno=30 WHERE empno=7844
       *
第 1 行出现错误：
ORA-04091：表 SCOTT.EMP 发生了变化，触发器/函数不能读它
ORA-06512：在 "SCOTT.UPDATETRIGGER",line 4
ORA-04088：触发器 'SCOTT.UPDATETRIGGER' 执行过程中出错
```

错误原因是，在行级触发器中不能对变异表进行查询（SELECT）操作。但是，如果是针对INSERT操作的行级触发器，而且每次只执行单行数据插入操作，这时触发器会正常运行。例如，为emp表创建一个触发器，向一个部门插入新员工时，保证该部门人数不超过8人。程序为：

```
CREATE OR REPLACE TRIGGER inserttrigger
BEFORE INSERT ON EMP
FOR EACH ROW
DECLARE
 v_num NUMBER;
BEGIN
 SELECT count(*) INTO v_num FROM emp WHERE deptno=:new.deptno;
 IF(v_num>7) THEN
   RAISE_APPLICATION_ERROR(-20001,'the employee is more than'||v_num);
 END IF;
END;
```

当执行单行数据插入操作时，可以正常进行。例如：

```
SQL> INSERT INTO emp(empno,ename,sal,deptno) VALUES(1,'ZHANG',1000,10);
```

如果既想更新变异表，同时又需要查询变异表，那么如何处理呢？

因为变异表触发器的限制条件主要是针对行级触发器的，那么，可以将行级触发器与语句级触发器结合起来，在行级触发器中获取要修改的记录的信息，存放到一个软件包的全局变量中，然后在语句级后触发器中利用软件包中全局变量信息对变异表的查询，并根据查询的结果进行业务处理。

例如，为了实现在更新员工所在部门或向部门插入新员工时，部门中员工人数不超过8人，可以在emp表上创建两个触发器，同时创建一个共享信息的包。程序为：

```
CREATE OR REPLACE PACKAGE share_pkg
AS
 v_deptno NUMBER(2);
END;

CREATE OR REPLACE TRIGGER rmutate_trigger
BEFORE INSERT OR UPDATE OF deptno ON EMP
FOR EACH ROW
BEGIN
  share_pkg.v_deptno:=:new.deptno;
END;

CREATE OR REPLACE TRIGGER smutate_trigger
AFTER INSERT OR UPDATE OF deptno ON EMP
DECLARE
  v_num number(3);
BEGIN
  SELECT count(*) INTO v_num FROM emp WHERE deptno=share_pkg.v_deptno;
  IF v_num>8 THEN
    RAISE_APPLICATION_ERROR(-20003,
       'TOO MANY EMPLOYEES IN DEPARTMENT '||share_pkg.v_deptno);
  END IF;
END;
```

当执行插入或更新操作时，只要部门人数不超过 8 人，就可以正常进行；如果部门人数超过 8 人，触发器将阻止操作的进行。例如：
```
SQL>INSERT INTO emp(empno,ename,sal,deptno) VALUES(2,'WANG',2000,10);
SQL>UPDATE emp SET deptno=10 WHERE empno=7844;
SQL>UPDATE emp SET deptno=10 WHERE empno=7369;
 UPDATE emp SET deptno=10 WHERE empno=7369
            *
第 1 行出现错误：
ORA-20003: TOO MANY EMPLOYEES IN DEPARTMENT 10
ORA-06512: 在 "SCOTT.SMUTATE_TRIGGER", line 6
ORA-04088: 触发器 'SCOTT.SMUTATE_TRIGGER' 执行过程中出错
```

13.3.6 触发器的管理

1．触发器的名称

触发器存在于单独的名字空间中，在一个模式中可以与其他对象同名，而过程、函数、包具有相同的名字空间，因此相互间不能同名。

2．触发器的限制

① 不能出现任何事务控制语句。因为触发器作为触发语句执行的一部分，处于同一个事务中。
② 触发器体所调用的过程或函数都不能发出任何事务控制语句（自治事务子程序除外）。
③ 触发器体中不能声明 LONG 或 LONG RAW 变量，而且:new 和:old 不能引用 LONG 或 LONG RAW 类型的列。
④ 触发器体中可以引用 LOB 和 OBJECT 列，但不能修改该列的值。
⑤ 触发器的大小不能超过 32KB。

3．激活或禁用触发器

可以激活或禁用某个触发器。语法为：
```
ALTER TRIGGER triggername ENABLE|DISABLE;
```
也可以激活或禁用某个表对象上的所有触发器。语法为：
```
ALTER TABLE table_name ENABLE|DISABLE ALL TRIGGERS;
```

4．修改触发器

可以使用 CREATE OR REPLACE TRIGGER 语句修改触发器，此时不需要为触发器重新分配权限。

5．重新编译触发器

当触发器失效后，可以使用 ALTER TRIGGER...COMPILE 语句重新编译触发器。语法为：
```
ALTER TRIGGER trigger_name COMPILE;
```

6．查看触发器及其源代码

可以通过查询数据字典视图 USER_TRIGGERS 查看当前用户所有触发器及其源代码等信息。例如：
```
SQL>SELECT trigger_name,trigger_type,table_name,trigger_body
    FROM user_triggers;
```

7．删除触发器

当触发器不再需要时，可以使用 DROP TRIGGER 语句删除触发器。语法为：
```
DROP TRIGGER trigger_name;
```

复 习 题

1. 简答题
（1）说明 Oracle 常用的命名块及其特点、作用。
（2）说明触发器的种类和对应的作用对象、触发事件。
（3）如果在一个表上创建了语句级前触发器、语句级后触发器、行级前触发器、行级后触发器，说明 4 种触发器和触发事件的执行顺序。
（4）说明 DML 触发器中行级触发器和语句级触发器的区别以及何时创建。
（5）说明基于数据库的系统触发器和基于模式的系统触发器的区别。
（6）说明变异表触发器有哪些特殊的限制。

2. 实训题
（1）创建一个存储过程，以员工号为参数，输出该员工的工资。
（2）创建一个存储过程，以员工号为参数，修改该员工的工资。若该员工属于 10 号部门，则工资增加 150 元；若属于 20 号部门，则工资增加 200 元；若属于 30 号部门，则工资增加 250 元；若属于其他部门，则工资增长 300 元。
（3）创建一个存储过程，以员工号为参数，返回该员工的工作年限（以参数形式返回）。
（4）创建一个存储过程，以部门号为参数，输出入职日期最早的 10 个员工信息。
（5）创建一个函数，以员工号为参数，返回该员工的工资。
（6）创建一个函数，以部门号为参数，返回该部门的平均工资；
（7）创建一个函数，以员工号为参数，返回该员工所在部门的平均工资。
（8）创建一个包，包中包含一个函数和一个过程。函数以部门号为参数，返回该部门员工的最高工资；过程以部门号为参数，输出该部门中工资最高的员工名、员工号。
（9）创建一个包，包中包含一个过程和一个游标。游标返回所有员工的信息；存储过程实现每次输出游标中的 5 条记录。
（10）在 emp 表上创建一个触发器，保证每天 8:00～17:00 之外的时间禁止对该表进行 DML 操作。
（11）在 emp 表上创建一个触发器，当插入、删除或修改员工信息时，统计各个部门的人数及平均工资，并输出。
（12）在 emp 表上创建一个触发器，保证修改员工工资时，修改后的工资低于该部门最高工资，同时高于该部门最低工资。
（13）在 dept 表上创建一个触发器，保证删除该表中记录的操作可以正常进行。
（14）创建一个存储过程，以员工号和部门号作为参数，修改员工所在的部门为所输入的部门号。如果修改成功，则显示"员工由…号部门调入…号部门"；如果不存在该员工，则显示"员工号不存在，请输入正确的员工号"；如果不存在该部门，则显示"该部门不存在，请输入正确的部门号"。
（15）创建一个存储过程，以一个整数为参数，输入工资最高的前几个（参数值）员工的信息。
（16）创建一个存储过程，以两个整数为参数，输出工资排序在两个参数之间的员工信息。

3. 选择题
（1）You need to remove the database trigger trg_emp. Which command do you use to remove

the trigger in the SQL*Plus environment?
- A. DROP TRIGGER trg_emp
- B. DELETE TRIGGER trg_emp
- C. REMOVE TRIGGER trg_emp
- D. ALTER TRIGGER trg_emp REMOVE

(2) Which statement about triggers is true?
- A. You use an application trigger to fire when a DELETE statement occurs
- B. You use a database trigger to fire when an INSERT statement occurs
- C. You use a system event trigger to fire when an UPDATE statement occurs
- D. You use an INSTEAD OF trigger to fire when a SELECT statement occurs

(3) Which three statements are true regarding database triggers?
- A. A database trigger is a PL/SQL block, C, or Java procedure associated with a table, view, schema, or the database
- B. A database trigger needs to be executed explicitly whenever a particular event takes place
- C. A database trigger executes implicitly whenever a particular event takes place
- D. A database trigger fires whenever a data event (such as DML) or system event (such as logon, shutdown) occurs on a schema or database
- E. With a schema, triggers fire for each event for all users; with a database, triggers fire for each event for that specific user

(4) Which two statements about the overloading feature of packages are true?
- A. Only local or packaged subprograms can be overloaded
- B. Overloading allows different functions with the same name that differ only in their return types
- C. Overloading allows different subprograms with the same name, number, type and order of parameters
- D. Overloading allows different subprograms with the same name and same number or type of parameters
- E. Overloading allows different subprograms with same name, but different in either number, type or order of parameters

(5) Which two statements about packages are true?
- A. Packages can be nested
- B. You can pass parameters to packages
- C. A package is loaded into memory each time it is invoked
- D. The contents of packages can be shared by many applications
- E. You can achieve information hiding by making package constructs private

(6) Which two statements about packages are true?
- A. Both the specification and body are required components of a package
- B. The package specification is optional, but the package body is required
- C. The package specification is required, but the package body is optional
- D. The specification and body of the package are stored together in the database
- E. The specification and body of the package are stored separately in the database

(7) You have a row level BEFORE UPDATE trigger on the EMP table. This trigger contains a

SELECT statement on the EMP table to ensure that the new salary value falls within the minimum and maximum salary for a given job title. What happens when you try to update a salary value in the EMP table?

  A. The trigger fires successfully

  B. The trigger fails because it needs to be a row level AFTER UPDATE trigger

  C. The trigger fails because a SELECT statement on the table being updated is not allowed

  D. The trigger fails because you cannot use the minimum and maximum functions in a BEFORE UPDATE trigger

(8) Which part of a database trigger determines the number of times the trigger body executes?

  A. trigger type   B. trigger body   C. trigger event   D. trigger timing

(9) Given a function CALCTAX

```
CREATE OR REPLACE FUNCTION calctax (sal NUMBER)
RETURN NUMBER
IS
BEGIN
RETURN (sal * 0.05);
END;
```

If you want to run the above function from the SQL*Plus prompt, which statement is true?

A. You need to execute the command
CALCTAX(1000);.

B. You need to execute the command
EXECUTE FUNCTION calctax;.

C. You need to create a SQL*Plus environment variable X and issue the command
:X := CALCTAX(1000);.

D. You need to create a SQL*Plus environment variable X and issue the command
EXECUTE:X := CALCTAX;.

E. You need to create a SQL*Plus environment variable X and issue the command
EXECUTE:X := CALCTAX(1000);

(10) When a program executes a SELECT...FOR UPDATE statement,Which of the following must it do?

  A. Execute a COMMIT or ROLLBACK to end the transaction,even if no data has changed

  B. Change the data values in the rows selected,then commit or rollback to end the transaction

  C. Execute a COMMIT or ROLLBACK to end the transaction ,but only if data has changed

  D. Because a transaction doesn't start until data has actually changed,no COMMIT or ROLLBACK needs to executed

第 14 章 基于 Oracle 数据库的应用开发

本章首先介绍一个图书管理系统数据库的设计与开发过程,然后通过一个人事管理系统的开发来介绍 Oracle 10g 数据库的应用。通过本章的学习,读者可以清楚地了解 Oracle 数据库设计开发过程以及在项目开发中的应用。

14.1 图书管理系统数据库设计与开发

14.1.1 图书管理系统需求分析

图书管理系统可以实现对图书类别管理、图书信息管理、读者类别管理、读者信息管理、图书借阅管理、图书借阅规则管理及系统管理等,用例如图 14-1 所示。

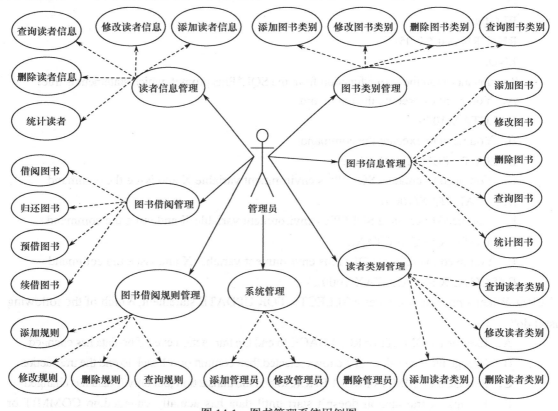

图 14-1 图书管理系统用例图

14.1.2 图书管理系统数据库对象设计

1. 表设计

通过对图书管理系统业务分析,设计该系统的 9 个关系表(见表 14-1 至表 14-9)。

表 14-1 book_class 表结构及其约束

字段名	数据类型	长度	约束	说明
classid	NUMBER	11	主码	学科类型编号
classname	VARCHAR2	20	NOT NULL	学科类型名称
demo	VARCHAR2	100		说明

表 14-2 book_type 表结构及其约束

字段名	数据类型	长度	约束	说明
typeid	NUMBER	11	主码	图书类型编号
typename	VARCHAR2	20	NOT NULL	图书类型名称
demo	VARCHAR2	100		说明

表 14-3 book 表结构及其约束

字段名	数据类型	长度	约束	说明
bookid	NUMBER	11	主码	书籍编号
bookname	VARCHAR2	20	NOT NULL	书籍名称
author1	VARCHAR2	20	NOT NULL	书籍作者
author2	VARCHAR2	20		书籍作者
author3	VARCHAR2	20		书籍作者
pubdate	DATE			出版日期
publish	VARCHAR2	30		出版社
photo	VARCHAR2	100		图片地址
abstract	VARCHAR2	4000		内容简介
price	NUMBER	7,2	NOT NULL	价格
ISBN	VARCHAR2	17	NOT NULL	书籍 ISBN 码
bookclass	NUMBER	11	外码	学科类型
booktype	NUMBER	11	外码	藏书类型

表 14-4 reader_type 表结构及其约束

字段名	数据类型	长度	约束	说明
typeid	NUMBER	11	主码	图书类型编号
typename	VARCHAR2	20	NOT NULL	图书类型名称
demo	VARCHAR2	100		说明

表 14-5 reader 表结构及其约束

字段名	数据类型	长度	约束	说明
readerid	NUMBER	11	主码	读者编号
name	VARCHAR2	10	NOT NULL	读者姓名
telephone	VARCHAR2	15		联系电话
email	VARCHAR2	30		邮箱地址
dept	VARCHAR2	20		所在院系
right	NUMBER	1	取值为 0 或 1	借阅权限
readertype	NUMBER	11	外码	读者类型
demo	VARCHAR2	1000		说明

表 14-6 borrow 表结构及其约束

字段名	数据类型	长度	约束		说明
readerid	NUMBER	11	外码	联合主码	读者编号
bookid	NUMBER	11	外码		图书编号
borrowdate	DATE				出借日期
due	DATE				应还日期
last_due	DATE				实际归还日期

表 14-7 rule 表结构及其约束

字段名	数据类型	长度	约束		说明
booktype	NUMBER	11	外码	联合主码	藏书类型编号
readertype	NUMBER	11	外码		读者类型编号
days	NUMBER	5	NOT NULL		期限（天）
num	NUMBER	5	NOT NULL		册数（本）
renew	NUMBER	5	NOT NULL		续借次数（次）
overtime	NUMBER	5,2	NOT NULL		逾期处罚（元/册/天）

表 14-8 admin 表结构及其约束

字段名	数据类型	长度	约束	说明
Id	NUMBER	11	主码	管理员编号
username	VARCHAR2	10	NOT NULL	管理员账号
password	VARCHAR2	11	NOT NULL	账号密码

表 14-9 preconcert（预约表）表结构及其约束

字段名	数据类型	长度	约束		说明
readerid	NUMBER	11	主码	联合主码	读者编号
bookid	NUMBER	11	主码		图书编号
predate	DATE				预约日期

2．序列设计

为了方便产生读者编号、图书编号，在数据库中分别用下列序列产生相应编号。

（1）SEQ_READERS：产生读者编号，起始值为 10000。

（2）SEQ_BOOKS：产生图书编号，起始值为 100。

3．视图设计

为了方便查询读者借阅图书的情况以及图书的借阅统计，创建下列视图。

（1）创建名为"reader_book_view"的视图，包括读者信息、所借图书信息及借阅信息。

（2）创建名为"book_type_stat_view"的视图，包括各类图书的借阅统计信息。

4．PL/SQL 功能模块设计

利用 PL/SQL 程序创建下列各种数据库对象。

（1）创建一个计算借阅超期天数的存储过程。

（2）创建一个计算图书应归还日期的函数。

（3）创建一个计算超期罚款的存储过程。

（4）创建一个触发器，禁止星期六、星期日以及非工作时间借阅图书操作。

14.1.3 图书管理系统数据库对象创建

1. 表的创建

（1）创建 admin 表

```
CREATE TABLE admin(
id NUMBER(11) PRIMARY KEY,username VARCHAR2(10) NOT NULL,
pASsword VARCHAR2(11) NOT NULL);
```

（2）创建 reader_type 表

```
CREATE TABLE reader_type(
typeid NUMBER(11) PRIMARY KEY,typename VARCHAR2(20) NOT NULL,
demo VARCHAR2(100));
```

（3）创建 reader 表

```
CREATE TABLE reader(
readerid NUMBER(11) PRIMARY KEY, name VARCHAR2(10) NOT NULL,
telephone VARCHAR2(15),email VARCHAR2(30),dept VARCHAR2(20),
right NUMBER(1) CHECK(right=0 or right=1),
readertype NUMBER(11) REFERENCES reader_type(typeid),
demo VARCHAR2(1000));
```

（4）创建 book_type 表

```
CREATE TABLE book_type(
typeid NUMBER(11) PRIMARY KEY,typename VARCHAR2(20) NOT NULL,
demo VARCHAR2(100));
```

（5）创建 book_class 表

```
CREATE TABLE book_class(
clASsid NUMBER(11) PRIMARY KEY,clASsname VARCHAR2(20) NOT NULL,
demo VARCHAR2(100));
```

（6）创建 book 表

```
CREATE TABLE book(
bookid NUMBER(11) PRIMARY KEY,bookname VARCHAR2(20) NOT NULL,
author1 VARCHAR2(20) NOT NULL,author2 VARCHAR2(20),
author3 VARCHAR2(20),pubDATE DATE,publish VARCHAR2(30),
photo VARCHAR2(100),abstract VARCHAR2(4000),
price NUMBER(7,2) NOT NULL,isbn VARCHAR2(17) NOT NULL,
bookclASs NUMBER(11) REFERENCES book_clASs(clASsid),
booktype NUMBER(11) REFERENCES book_type(typeid));
```

（7）创建 borrow 表

```
CREATE TABLE borrow(
readerid NUMBER(11) REFERENCES reader(readerid),
bookid NUMBER(11) REFERENCES book(bookid),borrowdate DATE,
due DATE,last_due DATE,PRIMARY KEY(readerid,bookid));
```

（8）创建 preconcert 表

```
CREATE TABLE preconcert(
```

```
readerid NUMBER(11) REFERENCES reader(readerid),
bookid NUMBER(11) REFERENCES book(bookid),
predate DATE,PRIMARY KEY(readerid,bookid));
```

(9) 创建 rule 表

```
CREATE TABLE rule(
booktype NUMBER(11) REFERENCES book_type(typeid),
readertype NUMBER(11) REFERENCES reader_type(typeid),
days NUMBER(5) NOT NULL,num NUMBER(5) NOT NULL,
renew NUMBER(5) NOT NULL,overtime NUMBER(5,2) NOT NULL,
PRIMARY KEY(booktype,readertype));
```

2．序列的创建

(1) `CREATE SEQUENCE seq_reader START WITH 1 INCREMENT BY 10000;`

(2) `CREATE SEQUENCE seq_book START WITH 1 INCREMENT BY 100;`

3．视图的创建

(1) 创建视图 reader_book_view

```
CREATE OR REPLACE VIEW reader_book_view
AS
SELECT name,bookname,borrowdate,due,last_due FROM reader,book,borrow
WHWER reader.readid=borrow.readid AND borrow.bookid=book.bookid;
```

(2) 创建视图 book_type_stat_view

```
CREATE OR REPLACE VIEW book_type_stat_view
AS
SELECT booktype,COUNT(booktype) FROM (
SELECT readerid,borrow.booktype,booktype,borrowdate,due,last_due
FROM borrow,book WHERE book.bookid=borrow.bookid)
```

4．PL/SQL 程序设计

(1) 计算借阅超期天数的存储过程

```
CREATE OR REPLACE PROCEDURE p_days_FROM_due(
v_readerid NUMBER,v_bookid NUMBER,v_days out NUMBER)
AS
BEGIN
   SELECT due -sysdate INTO v_days FROM borrow
   WHERE readerid=v_readerid AND bookid=v_bookid;
   IF v_days<=0 THEN
     v_day:=0;
   END IF;
END;
```

(2) 计算图书应归还日期的函数

```
CREATE OR REPLACE FUNCTION f_date_is_due(
   v_readerid NUMBER,v_bookid NUMBER)
RETURN VARCHAR2
AS
   v_booktype NUMBER;
   v_readertype NUMBER;
   v_date VARCHAR2(10);
BEGIN
```

```
    SELECT booktype INTO v_booktype FROM book WHERE bookid=v_bookid;
    SELECT readertype INTO v_readertype FROM reader WHERE readerid=v_readerid;
    SELECT to_char(sysdate+days, 'yyyy-mm-dd') INTO v_date FROM rule
      WHERE readertype=v_readertype AND booktype=v_booktype;
    RETURN v_date;
END;
```

（3）计算超期罚款的存储过程

```
CREATE OR REPLACE PROCEDURE p_timeover_money(
    v_readerid NUMBER,v_bookid NUMBER,v_money OUT NUMBER)
AS
    v_days NUMBER;
    v_readertype NUMBER;
    v_booktype NUMBER;
BEGIN
    p_days_from_due(v_readerid,v_bookid,v_days);
    SELECT booktype INTO v_booktype FROM book WHERE bookid=v_bookid;
    SELECT readertype INTO v_readertype FROM reader WHERE readerid=v_readerid;
    SELECT overtime*floor(abs(v_days)) INTO v_money FROM rule
      WHERE readertype=v_readertype AND booktype=v_booktype;
END;
```

（4）判断读者可否进行借阅的存储过程

```
CREATE OR REPLACE PROCEDURE p_can_borrow(
    v_readerid NUMBER,v_bookid NUMBER,v_num OUT NUMBER)
AS
    v_right NUMBER;
    v_borrowed_num NUMBER;
    v_rule_num NUMBER;
BEGIN
    SELECT right INTO v_right FROM reader WHERE readerid=v_readerid;
    v_borrowed_num:=f_borrowed_num(v_readerid,v_bookid);
    v_rule_num:=f_rule_num(v_readerid,v_bookid);
    IF v_right=1 THEN
    /*借阅权限已关闭*/
        v_num:=0;
    ELSE
        v_num:=v_rule_num-v_borrowed_num;
    END IF;
EXCEPTION
  WHEN OTHERS THEN
    v_num:=0;
END;
```

14.1.4 图书管理系统应用开发

图书管理系统采用 B/S 架构，前台采用 JSP 技术实现。整个系统的实现源代码可以到华信教育资源网（www.hxedu.com.cn）下载。

14.2 人事管理系统开发

14.2.1 系统描述

本节将介绍一个 B/S 结构的人事管理系统的设计与开发。主要包括后台数据库的建立和前台应用程序的开发。对于前者，要求数据一致性和完整性，数据安全性好；而对于后者，要求设计应用程序功能完备，包括员工基本信息管理、员工工资信息管理、员工请假信息管理、销假信息管理及相关信息的维护等。

14.2.2 数据库表设计

通过对人事管理系统的分析，设计了员工基本信息表、员工工资信息表、员工请假信息表和管理员表（见表 14-10 至表 14-13）。

表 14-10 员工基本信息表（emp）

字段名	约束	名称	类型	字段名	约束	名称	类型
empnum	主码	员工编号	VARCHAR2(16)	address		地址	VARCHAR2(40)
empname	NOT NULL	姓名	VARCHAR2(16)	policy	NOT NULL	政治面貌	NUMBER
Sex	NOT NULL	性别	NUMBER	phone	NOT NULL	电话	VARCHAR2(16)
birthday	NOT NULL	出生日期	DATE	degree		学历	NUMBER
nation	NOT NULL	民族	VARCHAR2(10)	college	NOT NULL	毕业院校	VARCHAR2(40)
nativeplace	NOT NULL	户籍	VARCHAR2(40)	duty		职务	VARCHAR2(16)
Ident	NOT NULL	身份证号	VARCHAR2(16)	title		职称	VARCHAR2(16)
department	NOT NULL	所属部门	VARCHAR2(16)	sort	NOT NULL	在职类别	NUMBER
marriage	NOT NULL	婚姻状况	NUMBER	remark		备注	VARCHAR2(400)

表 14-11 员工工资信息表（pay）

字段名	约束	名称	类型	字段名	约束	名称	类型
Id	主码	工资编号	NUMBER	tax	NOT NULL	个人所得税	NUMBER
empnum	外码	员工编号	VARCHAR2(16)	insure_shiye	NOT NULL	失业保险	NUMBER
basepay	NOT NULL	基本工资	NUMBER	insure_yanglao	NOT NULL	养老保险	NUMBER
Post	NOT NULL	岗位工资	NUMBER	insure_yiliao	NOT NULL	医疗保险	NUMBER
workprice	NOT NULL	出勤费	NUMBER	shouldpay	NOT NULL	应发工资	NUMBER
Mess	NOT NULL	伙食补贴	NUMBER	shoulddeduct	NOT NULL	应扣工资	NUMBER
traffic	NOT NULL	交通补贴	NUMBER	pay	NOT NULL	实发工资	NUMBER
Price	NOT NULL	物价补贴	NUMBER				

表 14-12 员工请假信息表（leave）

字段名	约束	名称	类型	字段名	约束	名称	类型
Id	主码	请假编号	NUMBER	leavepass	NOT NULL	请假批准人	VARCHAR2(16)
empnum	外码	员工编号	CHAR(16)	reason	NOT NULL	请假原因	VARCHAR2(400)
startdate	NOT NULL	请假开始时间	DATE	applydate	NOT NULL	申请日期	DATE
enddate	NOT NULL	请假终止时间	DATE	canceldate	NOT NULL	销假日期	DATE
alldate	NOT NULL	请假总天数	NUMBER				

表 14-13　管理员表（admin）

字段名	约束	名称	类型
id	主码	编号	NUMBER
username	NOT NULL	管理员名	VARCHAR2(16)
password	NOT NULL	密码	VARCHAR2(16)

14.2.3　重要界面的设计与实现

1．管理员登录界面

人事管理系统主要是为从事人事管理的人员服务的，人事管理人员凭借管理员的用户名和密码登录人事管理系统。登录成功以后，会显示登录成功的提示以及各方面的导航条，其中包括员工个人信息管理、工资管理、请假管理等。这样管理员才可以可视化地完成对人员各种信息的管理，如添加、修改、删除、查询等各种操作。相应的登录界面如图 14-2 所示。

2．增加人员基本信息界面

管理员在成功登录系统后可以做所有的管理工作，其中有一项就是对人员基本信息的管理，包括添加人员信息以及查询人员信息，员工信息必须详细添加，所有项目都应该有实际的意义，来源于实际的数据。相应的人员信息添加界面如图 14-3 所示。

图 14-2　管理员登录界面

图 14-3　人员信息添加界面

3．查询员工基本信息界面

查询员工信息是一个常用的功能，我们支持按两种查询条件的查询。一种方式是输入查询员工姓名并且实现模糊查询，能查询出与部分字符串匹配的员工姓名的相关信息；另一种查询方式是根据员工编号进行员工相关信息的查询，员工编号是员工的唯一标识，可以查询出唯一的员工信息。相应的员工信息查询界面如图 14-4 所示。

4．员工请假信息界面

员工请假信息管理主要实现对员工请假信息的添加，对员工销假信息的管理以及统计请假信息概况等功能。员工请假信息是在数据库中已有员工请假信息的基础上添加的，避免了添加重复、错误信息的可能。相应的员工请假信息添加界面如图 14-5 所示。

5．员工工资信息维护与管理

主要用于添加员工工资信息，对员工工资信息的管理以及统计工资信息概况等功能。员工工资信息的添加是在数据库中已有员工工资的基础上进行的，避免了添加重复、错误信息的可能。相应的员工工资信息管理界面如图 14-6 所示。

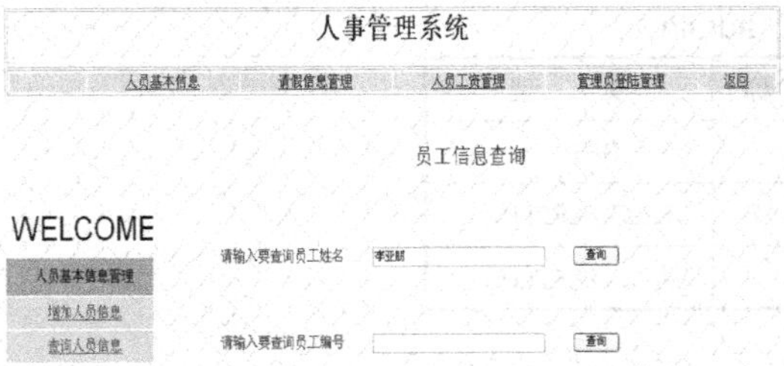

图 14-4　员工信息查询界面 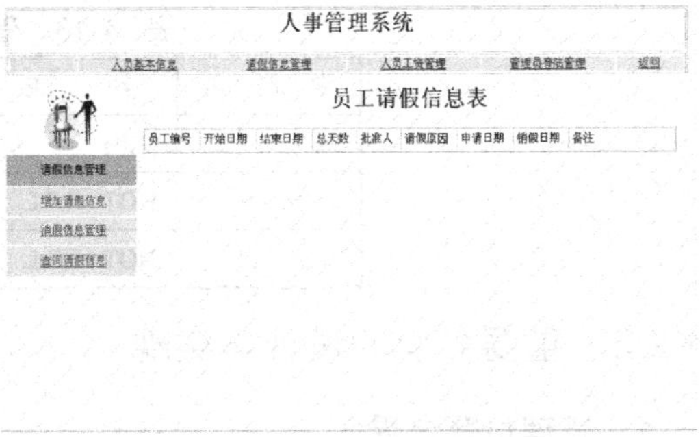　　　　　　　图 14-5　员工请假信息添加界面

图 14-6　员工工资信息管理界面

14.2.4　主要代码的实现

1．系统采用 JDBC 的数据库链接

```
try{
    Class.forName("oracle.jdbc.driver.OracleDriver").newInstance();
    //加载数据库链接的驱动程序
    String url="jdbc:oracle:thin:@localhost:1521:orcl";
    //链接的字符串，其中 orcl 为你的数据库的 SID
    String user="scott";
    String password="tiger";
    Connection conn= DriverManager.getConnection(url,user,password);
    //与数据库建立链接
    Statement stmt=conn.createStatement();
    //产生 Statement 对象，用于执行 SQL 语句
}
```

2．员工工资信息管理代码

下面将介绍 3 个 JSP 程序，它们将完成对某个员工工资的添加功能。

（1）addpay1.jsp

该程序主要用于显示所有员工的员工编号和员工姓名列表，通过下一个程序 addpay2.jsp 来处理某个员工个人工资信息的添加。

```
<%@ page contentType="text/html; charset=gbk" import=" java.sql.*"%>
<HTML>
<HEAD>
<TITLE> New Document </TITLE>
```

```
</HEAD>
<BODY background="images/b073.gif">
<h1 align="center">员工列表</h1>
<%
    Class.forName("oracle.jdbc.driver.OracleDriver").newInstance();
    String s = "jdbc:oracle:thin:@localhost:1521:orcl";
    Connection con= DriverManager.getConnection(s,"scott","tiger");
    Statement st = con.createStatement();
    ResultSet rs = st.executeQuery("select empnum,empname from emp");
%>
<table width="80%" border="2" cellspacing="0" cellpadding="5"
align="center">
<%
        while(rs.next())
    {
        String empnum = rs.getString("empnum");
%>
<tr><td width='16%'><a href="addpay2.jsp?id=<%=empnum%>" title="点击填写
员工工资表" >员工编号</a></td><td width='16%'> <%=empnum%></td>
<%
        String empname = rs.getString("empname");
%>
<td width='16%'>员工姓名</td><td width='16%'> <%=empname%></td></tr>
<%
     }
    rs.close();
    st.close();
    con.close();
%>
</table>
</BODY>
</HTML>
```

（2）addpay2.jsp

该程序主要用于添加某个员工的个人工资信息，当然此操作是由管理员来完成的。

```
<%@ page import=" java.sql.*,java.lang.*" contentType="text/html;
charset=gb2312" %>
<html>
<head>
<meta http-equiv="Content-Type" content="text/html; charset=gb2312">
<title>填写员工工资信息</title>
<style type="text/css">
<!--
.style2 {
    font-size: 16px;
    font-family: "宋体";
    color: #9966FF;
}
.style3 {
```

```
        font-size: 16px;
        font-family: "宋体";
}
-->
</style>
<script language="javascript">
function aa()
{
   if (document.addpay.text1.value=="")
       {alert("请输入人员编号！");
        document.addpay.text1.focus();
         return false;
          }
   if (document.addpay.text2.value=="")
        {   alert("请输入基本工资！");
            document.addpay.text2.focus();
            return false;
            }
   if (document.addpay.text3.value=="")
        {   alert("请输入岗位工资！");
            document.addpay.text3.focus();
            return false;
            }
   return true;
    }
</script>
</head>
<body background="images/b073.gif">
<h1 align="center">填写员工工资信息</h1>
<form action="pay.jsp" method="post" name="addpay" onSubmit="return aa();">
<table width="766" height="415" border="0">
<%
     String empnum=request.getParameter("id");
%>
  <tr>
    <td width="339"><div align="right"><span class="xl23 style2">员工编号 </span></div></td>
    <td width="417"><input name="text1" type="text" size="30" value="<%=empnum%>"></td>
  </tr>
    <tr>
    <td><div align="right" class="style2">基本工资 </div></td>
    <td><input name="text2" type="text" size="30" value="0.00"></td>
  </tr>
    <tr>
    <td><div align="right" class="style2">岗位工资 </div></td>
    <td><input name="text3" type="text" size="30"  value="0.00"></td>
```

```html
    </tr>
    <tr>
      <td><div align="right" class="style2">出 勤 费 </div>
      </td>
      <td><input name="text4" type="text" size="30"  value="0.00"></td>
    </tr>
    <tr>
      <td><div align="right" class="style2">伙食补贴 </div></td>
      <td><input name="text5" type="text" size="30"  value="0.00"></td>
    </tr>
    <tr>
      <td><div align="right" class="style2">交通补贴 </div></td>
      <td><input name="text6" type="text" size="30"  value="0.00"></td>
    </tr>
    <tr>
      <td><div align="right" class="style2">物价补贴 </div></td>
      <td><input name="text7" type="text" size="30"  value="0.00"></td>
    </tr>
    <tr>
      <td><div align="right" class="style2">个人所得税</div></td>
      <td><input name="text8" type="text" size="30"  value="0.00"></td>
    </tr>
    <tr>
      <td><div align="right" class="style2">失业保险 </div></td>
      <td><input name="text9" type="text" size="30"  value="0.00"></td>
    </tr>
    <tr>
      <td><div align="right" class="style2">养老保险 </div></td>
      <td><input name="text10" type="text" size="30"  value="0.00"></td>
    </tr>
    <tr>
      <td><div align="right" class="style2">医疗保险 </div></td>
      <td><input name="text11" type="text" size="30"  value="0.00"></td>
    </tr>
    <tr>
      <td colspan="2"><div align="center">
        <input type="submit" name="add" value="提交" >
        <input type="reset" name="addpay2" value="取消">
      </div></td>
    </tr>
  </table>
</form>
</body>
</html>
```

（3）pay.jsp

该程序主要用于添加某个员工的个人工资信息，将员工的个人工资信息添加到后台的数据库表中。

```jsp
<%@ page  import=" java.sql.*" contentType="text/html; charset=gb2312" %>
<body background="images/b073.gif">
<%
    String empnum3 = request.getParameter("text1");
     Class.forName("oracle.jdbc.driver.OracleDriver").newInstance();
     String s = "jdbc:oracle:thin:@localhost:1521:orcl";
     Connection con= DriverManager.getConnection(s,"scott","tiger");
     Statement st = con.createStatement();
     ResultSet rs = st.executeQuery("select empnum from pay");
     while(rs.next())
     {
         String empnum2 = rs.getString("empnum");
         if(empnum3.equals(empnum2))
         {
%>
<jsp:forward page="double.jsp"/>//有此员工工资信息,发生重复
<%
         }
     }
    double shoudpay2 =(double)
    ( Double.parseDouble(request.getParameter("text2"))+
    Double.parseDouble(request.getParameter("text3"))+Double.parseDouble(request.getParameter("text4"))+Double.parseDouble(request.getParameter("text5"))+Double.parseDouble(request.getParameter("text6"))+Double.parseDouble(request.getParameter("text7")));
     double
     shoulddeduct2=(double)(Double.parseDouble(request.getParameter("text8"))+
     Double.parseDouble(request.getParameter("text9"))+Double.parseDouble(request.getParameter("text10"))+Double.parseDouble(request.getParameter("text11")));
     double pay2 = shoudpay2-shoulddeduct2;
     String empnum=new
     String(request.getParameter("text1").getBytes("8859_1"));
     String basepay=new
     String(request.getParameter("text2").getBytes("8859_1"));
     String post=new String(request.getParameter("text3").getBytes("8859_1"));
     String workprice=new
     String(request.getParameter("text4").getBytes("8859_1"));
     String mess=new String(request.getParameter("text5").getBytes("8859_1"));
     String traffic=new
     String(request.getParameter("text6").getBytes("8859_1"));
     String price=new
     String(request.getParameter("text7").getBytes("8859_1"));
     String tax=new String(request.getParameter("text8").getBytes("8859_1"));
     String insure_shiye=new
     String(request.getParameter("text9").getBytes("8859_1"));
     String insure_yanglao=new
     String(request.getParameter("text10").getBytes("8859_1"));
```

```jsp
String insure_yiliao=new
String(request.getParameter("text11").getBytes("8859_1"));
String shouldpay=new
String(Double.toString(shoudpay2).getBytes("8859_1"));
String shoulddeduct=new
String(Double.toString(shoulddeduct2).getBytes("8859_1"));
String pay=new String(Double.toString(pay2).getBytes("8859_1"));
try
{
String sql = "insert into
pay(empnum,basepay,post,workprice,mess,traffic,price,tax,insure_shiye,
insure_yanglao,insure_yiliao,shouldpay,shoulddeduct,pay) values
(?,?,?,?,?,?,?,?,?,?,?,?,?,?)";
        PreparedStatement ps = con.prepareStatement(sql);
        ps.setString(1,empnum);
        ps.setString(2,basepay);
        ps.setString(3,post);
        ps.setString(4,workprice);
        ps.setString(5,mess);
        ps.setString(6,traffic);
        ps.setString(7,price);
        ps.setString(8,tax);
        ps.setString(9,insure_shiye);
        ps.setString(10,insure_yanglao);
        ps.setString(11,insure_yiliao);
        ps.setString(12,shouldpay);
        ps.setString(13,shoulddeduct);
        ps.setString(14,pay);
        int i=ps.executeUpDATE();
        if(i>0)
        {
            %>
<jsp:forward page="addsuccess.jsp"/>
<%
    }
    else{
%>
<jsp:forward page="fail.jsp"/>
<%
        }
      rs.close();
      st.close();
      con.close();
   }
     catch (SQLException e)
     {
        e.prNUMBERStackTrace();
     }
```

```
    %>
    </body>
    </html>
```

人事管理系统采用 B/S 架构,前台采用 JSP 技术实现。整个系统的实现源代码可以到华信教育资源网(www.hxedu.com.cn)下载。

复 习 题

1. 简答题

(1)说明利用 PL/SQL 进行数据库端开发的优点。
(2)描述基于 Oracle 数据库的应用程序开发的基本过程。
(2)描述基于 Oracle 数据库进行 B/S 结构应用程序开发的基本技术。

2. 实训题

利用 Oracle 数据库与 JSP 技术实现图书管理系统的开发。

附录 A 实 验

实验 1 Oracle 数据库安装与配置

1．实验目的
（1）掌握 Oracle 数据库服务器的安装与配置。
（2）了解如何检查安装后的数据库服务器产品，验证安装是否成功。
（3）掌握 Oracle 数据库服务器安装过程中出现的问题的解决方法。

2．实验要求
（1）完成 Oracle 10g 数据库服务器的安装。
（2）完成 Oracle 10g 数据库客户端网路服务名的配置。
（3）检查安装后的数据库服务器产品可用性。
（4）解决 Oracle 数据库服务器安装过程中出现的问题。

3．实验步骤
（1）从 Oracle 官方网站下载与操作系统匹配的 Oracle 10g 数据库服务器和客户机安装程序。
（2）解压 Oracle 10g 数据库服务器安装程序，进行数据库服务器软件的安装。
（3）在安装数据库服务器的同时，创建一个名为 BOOKSALES 数据库。
（4）安装完数据库服务器程序后，解压客户机程序，并进行客户机的安装。
（5）安装完客户机程序后，启动客户机的"Net Configuration Assistant"，进行本地 NET 服务名配置，将数据库服务器中的 BOOKSALES 数据库配置到客户端。
（6）启动 OEM 管理工具，登录、查看、操作 BOOKSALES 数据库。
（7）启动 SQL Plus 工具，分别以 SYS 用户和 SYSTEM 用户登录 BOOKSALES 数据库。

实验 2 Oracle 数据库物理存储结构管理

1．实验目的
（1）掌握 Oracle 数据库数据文件的管理。
（2）掌握 Oracle 数据库控制文件的管理。
（3）掌握 Oracle 数据库重做日志文件的管理。
（4）掌握 Oracle 数据库归档管理。

2．实验要求
（1）完成数据文件的管理操作，包括数据文件的创建、修改、重命名、移植及查询等操作。
（2）完成控制文件的管理操作，包括控制文件的添加、备份、删除以及查询操作。
（3）完成重做日志文件的管理操作，包括重做日志文件组及其成员文件的添加、删除、查询等操作，以及重做日志文件的重命名、移植、日志切换等操作。
（4）完成数据库归档模式设置、归档路径设置。

3. 实验步骤

（1）向 BOOKSALES 数据库的 USERS 表空间添加一个大小为 10MB 的数据文件 users02.dbf。

（2）向 BOOKSALES 数据库的 TEMP 表空间添加一个大小为 10MB 的临时数据文件 temp02.dbf。

（3）向 BOOKSALES 数据库的 USERS 表空间中添加一个可以自动扩展的数据文件 user03.dbf，大小 5MB，每次扩展 1MB，最大容量为 100MB。

（4）取消 BOOKSALES 数据库数据文件 user03.dbf 的自动扩展。

（5）将 BOOKSALES 数据库数据文件 users02.dbf 更名为 users002.dbf。

（6）查询 BOOKSALES 数据库当前所有的数据文件的详细信息。

（7）为 BOOKSALES 数据库添加一个多路复用的控制文件 control03.ctl。

（8）以二进制文件的形式备份 BOOKSALES 数据库的控制文件。

（9）将 BOOKSALES 数据库的控制文件以文本方式备份到跟踪文件中，并查看备份的内容。

（10）删除 BOOKSALES 数据库的控制文件 control03.ctl。

（11）查询 BOOKSALES 数据库当前所有控制文件信息。

（12）向 BOOKSALES 数据库添加一个重做日志文件组（组号为 4），包含一个成员文件 undo04a.log，大小为 4MB。

（13）向 BOOKSALES 数据库的重做日志组 4 中添加一个成员文件，名称为 undo04b.log。

（14）将 BOOKSALES 数据库的重做日志组 4 中所有成员文件移植到一个新的目录下。

（15）查询 BOOKSALES 数据库中所有重做日志文件组的状态。

（16）查询 BOOKSALES 数据库中所有重做日志文件成员的状态。

（17）删除 BOOKSALES 数据库的重做日志组 4 中的成员文件 undo04b.log。

（18）删除 BOOKSALES 数据库的重做日志组 4。

（19）查看 BOOKSALES 数据库是否处于归档模式。

（20）将 BOOKSALES 数据库设置为归档模式。

（21）为 BOOKSALES 数据库设置 3 个归档目标，其中一个为强制归档目标。

（22）对 BOOKSALES 数据库进行 5 次日志切换，查看归档日志信息。

实验 3 Oracle 数据库逻辑存储结构管理

1. 实验目的
（1）掌握 Oracle 数据库表空间的管理。
（2）掌握数据库表空间不同状态时对数据操作的影响。

2. 实验要求
（1）分别创建永久性表空间、临时性表空间、撤销表空间。
（2）完成表空间的管理操作，包括修改表空间大小、修改表空间的可用性、修改表空间的读写、表空间的备份、表空间信息查询、删除表空间。

3. 实验步骤
（1）为 BOOKSALES 数据库创建一个名为 BOOKTBS1 的永久性表空间，区采用自动扩展方式，段采用自动管理方式。

（2）为 BOOKSALES 数据库创建一个名为 BOOKTBS2 的永久性表空间，区采用定制分配，每次分配大小为 1MB，段采用手动管理方式。

（3）为 BOOKSALES 数据库创建一个临时表空间 TEMP02。

（4）将 BOOKSALES 数据库临时表空间 TEMP 和 TEMP02 都放入临时表空间组 TEMPGROUP 中。

（5）为 BOOKSALES 数据库创建一个名为 UNDO02 的撤销表空间，并设置为当前数据库的在线撤销表空间。

（6）为 BOOKSALES 数据库的表空间 BOOKTBS1 添加一个大小为 50MB 的数据文件，以改变该表空间的大小。

（7）将 BOOKSALES 数据库的表空间 BOOKTBS2 的数据文件修改为可以自动扩展，每次扩展 5MB，最大容量为 100MB。

（8）创建一个名为 test 的表，存储于 BOOKTBS1 表空间中，向表中插入一条记录。
```
SQL>CREATE TABLE test(ID NUMBER PRIMARY KEY,name CHAR(20)) TABLESPACE booktbs1;
SQL> INSERT INTO test VALUES(1,'FIRST ROW');
```

（9）将 BOOKSALES 数据库的 BOOKTBS1 表空间设置为脱机状态，测试该表空间是否可以使用。

（10）将 BOOKSALES 数据库的 BOOKTBS1 表空间设置为联机状态，测试该表空间是否可以使用。

（11）将 BOOKSALES 数据库的 BOOKTBS1 表空间设置为只读状态，测试该表空间是否可以进行数据写入操作。

（12）将 BOOKSALES 数据库的 BOOKTBS1 表空间设置为读写状态，测试该表空间是否可以进行数据读写操作。

（13）将 BOOKSALES 数据库的 BOOKTBS1 设置为数据库默认表空间，将临时表空间组 TEMPGROUP 设置为数据库的默认临时表空间。

（14）分别备份 BOOKSALES 数据库的 USERS 和 BOOKTBS1、BOOKTBS3 三个表空间。

（15）查询 BOOKSALES 数据库所有表空间及其状态信息。

（16）查询 BOOKSALES 数据库所有表空间及其数据文件信息。

（17）删除 BOOKSALES 数据库 BOOKTBS2 表空间及其所有内容，同时删除操作系统上的数据文件。

实验 4　Oracle 数据库模式对象管理

1．实验目的
（1）掌握表的创建与管理。
（2）掌握索引的创建与管理。
（3）掌握视图的创建与管理。
（4）掌握序列的创建与应用。

2．实验要求
（1）为图书销售系统创建表。
（2）在图书销售系统适当表的适当列上创建适当类型的索引。

(3) 为图书销售系统创建视图。
(4) 为图书销售系统创建序列。

3. 实验步骤

(1) 打开 SQL Plus，以 system 用户登录 BOOKSALES 数据库。
(2) 按下列方式创建一个用户 bs，并给该用户授权。
```
SQL>CREATE USER bs IDENTIFIED BY bs DEFAULT TABLESPACE USERS;
SQL>GRANT RESOURCE,CONNECT,CREATE VIEW TO bs;
```
(3) 使用 bs 用户登录数据库，并进行下面的相关操作。
(4) 根据图书销售系统关系模式设计，创建表 A-1 至表 A-6。

表 A-1 CUSTOMERS

字段名	数据类型	长度	约束	说明
customer_id	NUMBER	4	PRIMARY KEY	客户编号
name	CHAR	20	NOT NULL	客户名称
phone	VARCHAR2	50	NOT NULL	电话
email	VARCHAR2	50		Email
address	VARCHAR2	200		地址
code	VARCHAR2	10		邮政编码

表 A-2 PUBLISHERS

字段名	数据类型	长度	约束	说明
publisher_id	NUMBER	2	PRIMARY KEY	出版社号
name	VARCHAR2	50		出版社名
contact	CHAR	10		联系人
phone	VARCHAR2	50		电话

表 A-3 BOOKS

字段名	数据类型	长度	约束	说明
ISBN	VARCHAR2	50	PRIMARY KEY	图书号
title	VARCHAR2	50		图书名
author	VARCHAR2	50		作者
pubdate	DATE			出版日期
publisher_id	NUMBER	2	FOREIGN KEY	出版社 ID
cost	NUMBER	6,2		批发（大于 10 本）价格
retail	NUMBER	6,2		零售价格
category	VARCHAR2	50		图书类型

表 A-4 ORDERS

字段名	数据类型	长度	约束	说明
order_id	NUMBER	4	PRIMARY KEY	订单号
customer_id	NUMBER	4	FOREIGN KEY	顾客号
orderdate	DATE		NOT NULL	订货日期
shipdate	DATE			发货日期
shipaddress	VARCHAR2	200		发货地址
shipcode	VARCHAR2	10		发货邮政编码

表 A-5 ORDERITEM

字段名	数据类型	长度	约束		说明
order_id	NUMBER	4	FOREIGN KEY	PRIMARY KEY	订单号
item_id	NUMBER	4			订单明细号
ISBN	VARCHAR2	50	NOT NULL		图书编号
quantity	NUMBER	4			图书数量

表 A-6 PROMOTION

字段名	数据类型	长度	约束	说明
gift_id	NUMBER	2		礼品编号
name	CHAR	20	PRIMARY KEY	礼品名称
minretail	VARCHAR2	50		图书最低价
maxretail	CHAR	10		图书最高价

（5）在 CUSTOMERS 表的 name 列上创建一个 B-树索引，要求索引值为大写字母。

（6）在 BOOKS 表的 title 列上创建一个非唯一性索引。

（7）在 ORDERS 表的 ISBN 列上创建一个唯一性索引。

（8）创建一个视图 customers_book，描述客户与订单的详细信息，包括客户编号、客户名单、订购图书的 ISBN、图书名称、图书数量、订货日期、发货日期等。

（9）创建一个视图 customers_gift，描述客户获得礼品的信息，包括客户名称、订购图书名称、图书总价、礼品名称。

（10）定义序列 seq_customers，产生客户编号，序列起始值为 1，步长为 1，不缓存，不循环。

（11）定义序列 seq_orders，产生订单编号，序列起始值为 1000，步长为 1，不缓存，不循环。

（12）定义序列 seq_orderitem，产生订单编号，序列起始值为 1，步长为 1，不缓存，不循环。

实验 5 SQL 语句应用

1．实验目的
（1）掌握数据的插入（INSERT）、修改（UPDATE）和删除（DELETE）操作。
（2）掌握不同类型的数据查询（SELECT）操作。

2．实验要求
（1）利用 INSERT 语句向图书销售系统表中插入数据。
（2）利用 UPDATE 语句修改图书销售系统表中的数据。
（3）利用 DELETE 语句删除图书销售系统表中的数据。
（4）利用 SELECT 语句实现对图书销售系统数据的有条件查询、分组查询、连接查询、子查询等。

3．实验步骤
（1）以 bs 用户登录 BOOKSALES 数据库，将下列表（表 A-7 至表 A-12）中的数据插入到数据库的相应表中。

表 A-7 CUSTOMERS

customer_id	name	phone	E-mail	address	code
1（序列生成）	王牧	83823422	wangmu@sina.com	北京	110010
2（序列生成）	李青	83824566	liqing@sina.com	大连	116023

表 A-8 PUBLISHERS

publisher_id	name	contact	phone
1	电子工业出版社	张芳	56231234
2	机械工业出版社	孙翔	89673456

表 A-9 BOOKS

ISBN	title	author	pubdate	publisher_id	cost	retail	category
978-7-121-18619-8	文化基础	王澜	2010-1-1	2	35	28	管理
978-7-122-18619-8	Oracle	孙风栋	2011-2-1	1	40	32	计算机

表 A-10 ORDERS

order_id	customer_id	orderdate	shipdate	shipaddress	shipcode
1000（序列生成）	1	2013-2-1	2013-2-5	大连	116023
1001（序列生成）	2	2013-3-1	2013-3-10	大连	116023

表 A-11 ORDERITEM

order_id	item_id	ISBN	quantity
1000	1	978-7-121-18619-8	5
1000	2	978-7-122-18619-8	20
1001	1	978-7-121-18619-8	15

表 A-12 PROMOTION

gift_id	name	minretail	maxretail
1	签字笔	100	150
2	笔记本	150	300
3	保温杯	300	500

（2）将 ISBN 为 978-7-121-18619-8 的图书的零售价格（retail）修改为 30。

（3）将订单号为 1000 的订单的发货日期修改为"2013-2-2"。

（4）查询 BOOKS 表中包含的所有图书列表。

（5）列出 BOOKS 表中有图书类型非空的图书书名。

（6）列出 BOOKS 表中每本书的书名和出版日期。对 pubdate 字段使用 Publication Date 列标题。

（7）列出 CUSTOMERS 表中每一个客户的客户号以及他们所在的地址。

（8）创建一个包含各个出版社的名称、联系人以及出版社电话号码的列表。其中，联系人的列在显示的结果中重命名为 Contact Person。

（9）查询下达了订单的每一个客户的客户号。

（10）查询 2013 年 3 月 1 日之后发货的订单。

（11）查询居住在北京或大连的客户，将结果按姓名的升序排列。

（12）列出姓"王"的作者编写的所有图书信息，并将结果按姓名降序排序。
（13）查询"儿童"类和"烹饪"类的所有图书。
（14）查询书名的第二个字母是"A"、第四个字母是"N"的图书信息。
（15）查询电子工业出版社在 2012 年出版的所有"计算机"类图书的名称。
（16）查询图书名称、出版社名称、出版社联系人的名称、E-mail 和电话号码。
（17）查询当前还没有发货的订单信息及下达订单的用户名，查询结果按下达订单日期排序。
（18）查询已经购买了"计算机"类图书的所有人的客户号和姓名。
（19）查询"王牧"购买的图书的 ISBN 以及书名。
（20）查询订购图书"Oracle 数据库基础"的客户将收到什么样的礼品。
（21）确定客户"张扬"订购的图书的作者。
（22）查询 CUSTOMERS 表中的每一个客户所下达的订单数量。
（23）查询价格低于同一种类中其他图书的平均价格的图书的信息。
（24）查询每个出版社出版图书的平均价格、最高价格、最低价格。
（25）统计每个客户购买图书的数量及总价钱。
（26）查询比 1 号订单中图书数量多的其他订单信息。
（27）查询所以客户及其订购图书的信息。
（28）查询没有订购任何图书的客户信息。
（29）查询订购金额最高的客户信息。
（30）查询名为"赵敏"的客户订购图书的订单信息、订单明细。

实验 6　PL/SQL 程序设计

1．实验目的
（1）掌握 PL/SQL 程序开发方法。
（2）掌握函数的创建与调用。
（3）掌握存储过程的创建与调用。
（4）掌握触发器的创建与应用。
（5）掌握包的创建与应用。

2．实验要求
（1）根据图书销售系统业务要求创建实现特定功能的函数。
（2）根据图书销售系统业务要求创建实现特定功能的存储过程。
（3）根据图书销售系统业务要求创建实现特定功能的触发器。
（4）根据图书销售系统业务要求将图书销售系统相关的函数、存储过程封装到包里。

3．实验步骤
以 bs 用户登录 BOOKSALES 数据库，利用 PL/SQL 程序编写下列功能模块。
（1）创建一个函数，以客户号为参数，返回该客户订购图书的价格总额。
（2）创建一个函数，以订单号为参数，返回该订单订购图书的价格总额。
（3）创建一个函数，以出版社名为参数，返回该出版社出版的图书的平均价格。
（4）创建一个函数，以客户号为参数，返回该客户可以获得的礼品名称。
（5）创建一个函数，以图书号为参数，统计该图书被订购的总数量。

（6）创建一个存储过程，输出不同类型图书的数量、平均价格。

（7）创建一个存储过程，以客户号为参数，输出该客户订购的所有图书的名称与数量。

（8）创建一个存储过程，以订单号为单数，输出该订单中所有图书的名称、单价、数量。

（9）创建一个存储过程，以出版社名为参数，输出该出版社出版的所有图书的名称、ISBN、批发价格、零售价格信息。

（10）创建一个存储过程，输出每个客户订购的图书的数量、价格总额。

（11）创建一个存储过程，输出销售数量前 3 名的图书的信息及销售名次。

（12）创建一个存储过程，输出订购图书数量最多的客户的信息及订购图书的数量。

（13）创建一个存储过程，输出各类图书中销售数量最多的图书的信息及销售的数量。

（14）创建一个存储过程，实现查询客户订购图书详细信息的分页显示。

（15）创建一个包，利用集合实现图书销量排行榜的分页显示。

（16）创建一个包，包含一个函数和一个过程。函数以图书类型为参数，返回该类型图书的平均价格。过程输出各种类型图书中价格高于同类型图书平均价格的图书信息。

（17）创建一个触发器，当客户下完订单后，自动统计该订单所有图书价格总额。

（18）创建一个触发器，禁止客户在非工作时间（早上 8:00 之前，晚上 17:00 之后）下订单。

实验 7　Oracle 数据库安全管理

1．实验目的

（1）掌握 Oracle 数据库安全控制的实现。

（2）掌握 Oracle 数据库用户管理。

（3）掌握 Oracle 数据库权限管理。

（4）掌握 Oracle 数据库角色管理。

（5）了解 Oracle 数据库概要文件的管理。

（6）了解 Oracle 数据库审计。

2．实验要求

（1）为 BOOKSALES 数据库创建用户。

（2）为 BOOKSALES 数据库用户进行权限授予与回收

（3）为 BOOKSALES 数据库创建角色，利用角色为用户授权。

（4）为 BOOKSALES 数据库创建概要文件，并指定给用户。

（5）对 BOOKSALES 数据库中的用户操作进行审计。

3．实验步骤

（1）创建一个名为 Tom 的用户，采用口令认证方式，口令为 Tom，默认表空间为 USERS 表空间，默认临时表空间为 TEMP，在 USERS 表空间上配额为10MB，在 BOOKTBS1 表空间上的配额为 50MB。

（2）创建一个名为 Joan 的用户，采用口令认证方式，口令为 Joan，默认表空间为 BOOKTBS2 表空间，默认临时表空间为 TEMP，在 USERS 表空间上配额为10MB，在 BOOKTBS2 表空间上的配额为 20MB。该用户的初始状态为锁定状态。

（3）为方便数据库中用户的登录，为 BOOKSALES 数据库中所有用户授予 CREATE

SESSION 系统权限。

（4）分别使用 Tom 用户和 Joan 用户登录 BOOKSALES 数据库，测试是否成功。

（5）为 Joan 用户账户解锁，并重新进行登录。

（6）Tom 用户和 Joan 用户登录成功后，分别查询 Tom 表、Joan 表中的数据。

（7）为 Tom 用户授予 CREATE TABLE、CREATE VIEW 系统权限，并可以进行权限传递；将图书销售系统中的各个表的 SELECT、UPDATE、DELETE、INSERT 对象权限授予 Tom 用户，也具有传递性。

（8）Tom 用户将图书销售系统中的 customers 表、publishers 表、books 表的查询权限以及 CREATE VIEW、CREATE TABLE 的系统权限授予 Joan 用户。

（9）利用 Joan 用户登录 BOOKSALES 数据库，查询 customers 表、publishers 表、books 表中的数据。创建一个包含出版社及其出版的图书信息的视图 publisher_book。

（10）Tom 用户回收其授予 Joan 用户的 CREATE VIEW 的系统权限。

（11）Tom 用户回收其授予 Joan 用户的在 customers 表上的 SELECT 权限。

（12）利用 system 用户登录 BOOKSALES 数据库，回收 Tom 用户所有具有的 CREATE TABLE 系统权限以及在 customers 表、publishers 表、books 表上 SELECT 权限。

（13）分别查询 Tom 用户、Joan 用户所具有的对象权限和系统权限详细信息。

（14）创建一个角色 bs_role，将 BOOKSALES 数据库中 books 表的所有对象权限以及对 customers 表、publisher 表、orders 表的 SELECT 权限授予该角色。

（15）将 bs_role 角色授予 Joan 用户，将 CREATE SESSION、RESOURCE、bs_role 角色授予 Tom 用户。

（16）创建一个 bs_profile1 的概要文件，限定该用户的最长会话时间为 30 分钟，如果连续 10 分钟空闲，则结束会话。同时，限定其口令有效期为 20 天，连续登录 2 次失败后将锁定账户，10 天后自动解锁。

（17）创建一个概要文件 bs_profile2，要求每个用户的最多会话数为 3 个，最长的连接时间为 60 分钟，最大空闲时间为 20 分钟，每个会话占用 CPU 的最大时间为 10 秒；用户最多尝试登录次数为 3 次，登录失败后账户锁定日期为 7 天。

（18）将概要文件 bs_profile1 指定给 Tom 用户，将概要文件 bs_profile2 指定给 Joan 用户。

（19）利用 Tom 用户登录 BOOKSALES 数据库，连续两次输入错误口令，查看账户状态；利用 Joan 用户登录 BOOKSALES 数据库，测试最多可以启动多少个会话。

实验 8　Oracle 数据库备份与恢复

1. 实验目的

（1）掌握 Oracle 数据库各种物理备份的方法。
（2）掌握 Oracle 数据库各种物理恢复的方法。
（3）掌握利用 RMAN 工具进行数据库的备份与恢复。
（4）掌握数据的导出与导入操作。

2. 实验要求

（1）对 BOOKSALES 数据库进行一次冷备份。
（2）对 BOOKSALES 数据库进行一次热备份。

（3）利用 RMAN 工具对 BOOKSALES 数据库的数据文件、表空间、控制文件、初始化参数文件、归档日志文件进行备份。

（4）利用热备份恢复数据库。

（5）利用 RMAN 备份恢复数据库库。

（6）利用备份进行数据库的不完全恢复。

3．实验步骤

（1）关闭 BOOKSALES 数据库，进行一次完全冷备份。

（2）启动数据库后，在数据库中创建一个名为 cold 表，并插入数据，以改变数据库的状态。

（3）利用数据库冷备份恢复 BOOKSALES 数据库到备份时刻的状态，并查看恢复后是否存在 cold 表。

（4）将 BOOKSALES 数据库设置为归档模式。

（5）对 BOOKSALES 数据库进行一次热备份。

（6）在数据库中创建一个名为 hot 表，并插入数据，以改变数据库的状态。

（7）假设保存 hot 表的数据文件损坏，利用热备份进行数据库恢复。

（8）数据库恢复后，验证 hot 表的状态及其数据情况。

（9）利用数据库的热备份，分别进行基于时间、基于 SCN 和基于 CANCEL 的不完全恢复。

（10）为了使用 RMAN 工具备份与恢复 BOOKSALES 数据库，配置 RMAN 的自动通道分配。

（11）利用 RMAN 工具完全备份 BOOKSALES 数据库。

（12）利用 RMAN 工具备份 BOOKSALES 数据库的初始化参数文件和控制文件。

（13）利用 RMAN 工具对 USERS 表空间、BOOKTBS1 表空间进行备份。

（14）利用 RMAN 工具对 BOOKSALES 数据库的数据文件 users01.dbf、users02.dbf 进行备份。

（15）利用 RMAN 工具备份 BOOKSALES 数据库的控制文件。

（16）利用 RMAN 工具备份 BOOKSALES 数据库的归档文件。

（17）利用 RMAN 备份 BOOKSALES 数据库形成的备份集，恢复数据库。

（18）利用 EXPDP 工具导出 BOOKSALES 数据库的整个数据库。

（19）利用 EXPDP 工具导出 BOOKSALES 数据库的 USERS 表空间。

（20）利用 EXPDP 工具导出 BOOKSALES 数据库 publisher 表和 books 表。

（21）利用 EXPDP 工具导出 BOOKSALES 数据库中 bs 模式下的所有数据库对象及数据。

（22）删除 BOOKSALES 数据库中的 orderitem 表和 order 表，使用转储文件，利用 IMPDP 工具进行恢复。

（23）删除 BOOKSALES 数据库中的 USERS 表空间，使用转储文件，利用 IMPDP 工具进行恢复。

参 考 文 献

[1] Oracle® Database Administrator's Guide 10g Release 2(10.2)B14231-02．May 2006．
[2] Oracle® Database New Features Guide 10g Release 2(10.2)B14214-04．January 2008．
[3] Oracle® Database Installation Guide 10g Release 2(10.2)for Microsoft Windows(32-Bit) B14316-04. November 2007.
[4] SQL*Plus® Quick Reference Release 10.2 B14356-01．June 2005．
[5] Oracle® Enterprise Manager Concepts 10g Release 5(10.2.0.5)B31949-10. March 2009.
[6] Oracle® Enterprise Manager Advanced Configuration 10g Release 3(10.2.0.3.0)40002-02. February 2007.
[7] Oracle® Database Backup and Recovery Reference 10g Release 2(10.2) B14194-03．November 2005．
[8] Oracle® Database PL/SQL User's Guide and Reference 10g Release 2(10.2) B14261-01．June 2005．
[9] Oracle® Database PL/SQL Packages and Types Reference 10g Release 2(10.2) B14258-02. November 2007.
[10] Oracle® Database Error Messages 10g Release 2(10.2) B14219-01. June 2006.
[11] Oracle® Database Security Guide 10g Release 2(10.2) B14266-04. November 2008.
[12] Oracle® Database SQL Reference 10g Release 2(10.2) B14200-02. December 2005.
[13] Oracle® Database Java Developer's Guide 10g Release 2(10.2) B14187-01．August 2006．
[14] Oracle® Database Utilities 10g Release 2(10.2)B14215-01．June 2005．
[15] 孙风栋．Oracle数据库基础教程．北京：电子工业出版社，2007．
[16] 赵振平．Oracle数据库精讲与疑难解析．北京：电子工业出版社，2008．
[17] 路川，胡欣杰．Oracle 10g宝典．北京：电子工业出版社，2006．
[18] 郑阿奇．Oracle实用教程．北京：电子工业出版社，2007．
[19] Scott Urman, Ron Hardman, Michael McLaughlin. Oracle Database 10g PL/SQL Programming. 北京：清华大学出版社，2005．
[20] Rich Greenwald，Robert Stackowiak. Professional Oracle Programming．北京：清华大学出版社，2008．
[21] Steven Feuerstein，Bill Pribyl．Oracle PL/SQL Programming（Second Edition）．北京：中国电力出版社，2004．
[22] Scott Urman. Oracle 9i PL/SQL Programming．北京：机械工业出版社，2004．
[23] 黄河．Oracle 9i for Winodws NT/2000 数据库系统培训教程（基础篇）．北京：清华大学出版社，2002．
[24] 智雨青，彭晏飞，李季．Oracle 9i DBA 认证教程．北京：清华大学出版社，2003．
[25] 王海亮，林立新，焦大光，郑建茹．精通 Oracle 10g PL/SQL 编程．北京：中国水利水电出版社，2004．

反侵权盗版声明

电子工业出版社依法对本作品享有专有出版权。任何未经权利人书面许可，复制、销售或通过信息网络传播本作品的行为；歪曲、篡改、剽窃本作品的行为，均违反《中华人民共和国著作权法》，其行为人应承担相应的民事责任和行政责任，构成犯罪的，将被依法追究刑事责任。

为了维护市场秩序，保护权利人的合法权益，我社将依法查处和打击侵权盗版的单位和个人。欢迎社会各界人士积极举报侵权盗版行为，本社将奖励举报有功人员，并保证举报人的信息不被泄露。

举报电话：（010）88254396；（010）88258888
传　　真：（010）88254397
E-mail：dbqq@phei.com.cn
通信地址：北京市万寿路 173 信箱
　　　　　电子工业出版社总编办公室
邮　　编：100036